ro
ro
ro

Über die Verfasser

Günter Buttler, Prof. Dr. rer. pol.; geboren in Wanne-Eickel. Studium der Betriebswirtschaftslehre an den Universitäten Freiburg, Bonn und Köln; von 1964 bis 1978 wissenschaftlicher Mitarbeiter am Lehrstuhl für Wirtschafts- und Sozialwissenschaften der Universität zu Köln; 1967 Promotion zum Dr. rer. pol., 1975 Habilitation für das Fach Statistik; von 1978 bis 2004 Inhaber des Lehrstuhls für Statistik und empirische Wirtschaftsforschung an der Universität Erlangen-Nürnberg.

Buchpublikationen: Einführung in die Statistik, 1976 (mit R. Stroh), Frankfurt/Main: Deutscher Fachverlag; Bevölkerungsrückgang in der Bundesrepublik, 1979, Köln: Deutscher Institutsverlag; Wege aus dem Pflegenotstand, 1985 (mit Ph. Herder-Dorneich u. a.), Baden-Baden: Nomos; Statistik zwischen Theorie und Praxis, 1985 (mit H. Dickmann u. a.), Göttingen: Vandenhoeck & Ruprecht; Flexible Arbeitszeiten gegen starre Sozialsysteme, 1986 (hg. mit K. Oettle und H. Winterstein), Baden-Baden: Nomos; Der gefährdete Wohlstand, 1992, Frankfurt/Main: Fischer; Existenzgründung, Rahmenbedingungen und Strategien, 2000 (hg. mit H. Herrmann u. a.), Wiesbaden: Gabler; Statistik mit Stichproben, 2002 (mit N. Fickel), Reinbek bei Hamburg: Rowohlt.

Klaus Oeckler, Diplomkaufmann; geboren 1976 in Coburg. Studium der Betriebswirtschaftslehre an der Universität Erlangen-Nürnberg; von 2003 bis 2005 wissenschaftlicher Mitarbeiter am Lehrstuhl für Statistik und empirische Wirtschaftsforschung der Universität Erlangen-Nürnberg; seit 2005 Statistiker mit dem Spezialgebiet Arbeitsmarkt bei der Bundesagentur für Arbeit sowie Lehrbeauftragter an der Universität Erlangen-Nürnberg, zurzeit für die Veranstaltung «Unternehmen, Märkte, Volkswirtschaften».

Günter Buttler / Klaus Oeckler

Einführung in die Statistik

rowohlts enzyklopädie
im Rowohlt Taschenbuch Verlag

rowohlts enzyklopädie
Herausgegeben von Burghard König

Vollständig überarbeitete Neuausgabe

Veröffentlicht im Rowohlt Taschenbuch Verlag,
Reinbek bei Hamburg, Mai 2010

Umschlaggestaltung any.way, Walter Hellmann
Satz aus der Proforma und The Sans, InDesign,
von Pinkuin Satz und Datentechnik, Berlin
Druck und Bindung CPI – Clausen & Bosse, Leck
Printed in Germany
ISBN 978 3 499 55708 8

Inhalt

12 Das Messen von Zusammenhängen 214

13 Abhängigkeitsrechnung 240

14 Datenorganisation mit Excel 2007 254

Anhang 269

Einführende Bemerkungen

Die Statistik gewinnt im modernen Leben ständig an Bedeutung. Man sollte daher meinen, dass gewisse statistische Grundkenntnisse inzwischen zur Allgemeinbildung gehören. Das ist jedoch nicht der Fall. Nach wir vor gilt Statistik als Sache für Spezialisten, die nur in einigen wenigen Fachrichtungen der Hochschulen gelehrt wird.

Mit dem vorliegenden Buch wird der Versuch gemacht zu zeigen, dass man sich auch mit Statistik beschäftigen kann, ohne dazu umfangreiche mathematische Kenntnisse zu brauchen. Es sind im Wesentlichen nur die vier Grundrechenarten, die benötigt werden. Und auch das von vielen so gefürchtete Rechnen mit Formeln ist gar nicht so schwierig, wenn man bedenkt, dass Formeln knappe und präzise Rechenanweisungen sind, die lediglich angeben, in welcher Weise statistische Zahlen verarbeitet werden sollen.

Der Stoff beschränkt sich auf Methoden, die gewöhnlich als beschreibende Statistik bezeichnet werden. Sie haben im täglichen Leben, in Wirtschaft und Verwaltung nach wie vor die größere praktische Bedeutung. Außerdem sind sie in der Regel wesentlich einfacher und anschaulicher. Verzichtet wird hier auf alle Methoden der schließenden Statistik, bei der es darum geht, die Genauigkeit von Stichprobendaten zu beurteilen. Sie sind methodisch anspruchsvoller und erfordern meist größere mathematische Vorkenntnisse. Da dieser Statistikkurs jedoch keine Spezialisten ausbilden soll, dürfte die Beschränkung gerechtfertigt sein.

Zur Überprüfung des Gelernten finden sich im Anschluss an jede Lektion eine Reihe von Fragen und Aufgaben. Es empfiehlt sich, beide schriftlich zu lösen. Erst wenn bei der Lösung nachhaltige Schwierigkeiten auftreten, sollte man zur Beantwortung der Fragen im Text, zur Lösung der Aufgaben am Schluss des Buchs nachschauen.

Die Beispiele und Rechenaufgaben sind bewusst klein gehalten, um den Rechenaufwand in Grenzen zu halten. Sie können also leicht mit einem Taschenrechner, notfalls sogar mit Papier und Bleistift bearbeitet werden. Da praktische Aufgaben jedoch in aller Regel sehr viel umfangreicher sind, das heißt größere Datenmengen umfassen, für deren Bewältigung man heute einen Computer verwendet, werden jeweils auch Hinweise gegeben, wie man derartige Berechnungen mit Hilfe des wohl meistgenutzten Tabellenkalkulationsprogramms Excel durchführen kann. Wer sich also etwas intensiver mit der Statistik beschäftigen will, sollte die Excel-Anweisungen anwenden, sofern das Programm zur Verfügung steht. Angesichts der immer noch wachsenden Datenfülle werden heute statistische Analysen fast nur noch mit dem Computer durchgeführt. Dafür gibt es besondere statistische Programmpakete wie SPSS, SAS oder die kostenfreie Software R. Deren Berücksichtigung würde jedoch den Rahmen dieser Einführung weit übersteigen.

Die «Einführung in die Statistik» ist sowohl für Schüler und Auszubildende als auch für bereits Berufstätige gedacht. Auszubildende, Schüler und Studierende können bei ihrer Vorbereitung auf das Berufsleben ebenso wenig auf statistische Grundkenntnisse verzichten wie Sachbearbeiter in Wirtschaft und Verwaltung, bei deren Ausbildung Statistik meist zu kurz gekommen ist. Es sollten sich insbesondere Handels- und Handwerksbetriebe, die sich keinen Statistiker leisten können, mit den Grundlagen der Statistik vertraut machen. Die statistische Durchleuchtung ihres Betriebs wie auch das Verständnis für statistische Zusammenhänge im sehr kompliziert gewordenen Wirtschaftsleben verdienen zunehmende Beachtung. Die «Einführung in die Statistik» versucht, hierzu die notwendigen Kenntnisse zu vermitteln.

An dem Zustandekommen des Buchs waren – in alphabetischer Reihenfolge – Adrian Becker, Dr. Carola Burkert, Anita Eggers, Kathrin Feldbaum, Carsten Renner, Ursula Sachse und Dr. Ralph Wirth beteiligt. Von Prof. Dr. Norman Fickel stammt die Erstfassung von Kapitel 14 (Excel). Ihm und allen Genannten danken wir herzlich für die wertvolle Unterstützung.

Günter Buttler
Klaus Oeckler

1 Wozu braucht man Statistik?

1.1 Statistik als Entscheidungshilfe

Mit Statistik verbinden die meisten Menschen eine Aufstellung von Tabellen und Schaubildern, insbesondere ein verwirrendes Spiel mit Zahlen. Etwas Konkretes können sich die wenigsten darunter vorstellen. Man staunt über die Ergebnisse, die bei Hochrechnungen zu Wahlen oder bei anderen Vorausberechnungen zustande kommen; man vermutet dabei «höhere Mathematik». Auf keinen Fall, glaubt man, ist Statistik etwas für den Laien.

Doch ist Statistik wirklich nur eine Angelegenheit für Spezialisten? – Nein, denn jeder von uns betreibt Statistik oder kommt mit ihr in Berührung, wenn auch meist, ohne sich darüber klar zu sein.

Dazu einige Beispiele: Wenn wir in der Zeitung lesen, dass die Lebenshaltungskosten gegenüber dem Vorjahr um zwei Prozent gestiegen sind oder dass Bayern München die Tabelle der Fußballbundesliga mit 42 Punkten anführt, so lesen wir Statistiken.

Wir «beliefern» aber auch die Statistik. Von Zeit zu Zeit füllen wir nämlich, zuletzt 1987 im Rahmen der Volkszählung, einen Bogen mit einer Reihe von Fragen zur persönlichen Situation aus. Aber auch wenn wir mit Behörden zu tun haben, z. B. unsere Steuererklärung abgeben, einen Wohnsitzwechsel vornehmen oder einen neuen Wagen anmelden, liefern wir Daten, die später statistisch verwertet werden.

Wozu werden aber alle diese Daten und noch viele mehr benötigt? Sicher nicht, um in den Aktenschränken zu schlummern. Es geht vielmehr darum, Daten zu sammeln, die, in geeigneter Weise verarbeitet, als Entscheidungshilfen dienen sollen. Der Staat kann beispielsweise den Einsatz knapper Steuermittel für den Bau von Schulen, Krankenhäusern oder Straßen nur dann sinnvoll planen, wenn bekannt ist, wo Bedarf besteht und wie hoch er ist. Angaben hierfür sind aber nicht automatisch verfügbar, sie müssen erst mühsam und zum Teil unter erheblichem Aufwand gesammelt werden.

Aber nicht nur staatliche Institutionen treffen Entscheidungen, für die sie Informationen benötigen. Auch jeder einzelne Mensch steht täglich vor der gleichen Situation, oft ohne sich darüber im Klaren zu sein, weil er diese Entscheidungen gewohnheitsmäßig trifft. Wenn eine Hausfrau vor den Festtagen einkaufen geht, verarbeitet sie meist unbewusst eine Fülle von Informationen, bevor sie sich entscheidet, wo, was, wie viel, zu welchen Preisen etc. sie kaufen will.

Entscheidungen werden dadurch erschwert, dass ihre Auswirkungen meist nicht von vornherein festliegen. Es besteht ein gewisses Maß an Unsicherheit. Diese lässt sich zwar nicht vollständig beseitigen, man kann sie jedoch einengen, indem man möglichst viele Informationen sammelt, die für die Entscheidung wichtig sind. Machen wir uns das an zwei Beispielen klar:

Beispiel 1

Ich möchte mir ein Paar Schuhe kaufen. Die Entscheidung, in das nächste Schuhgeschäft zu gehen und unbesehen das erstbeste Paar Schuhe zu kaufen, wird mit Sicherheit unbefriedigend sein. Ich werde mir vielmehr vorher überlegen, wie viel Geld ich auszugeben bereit bin und in welchem Geschäft ich voraussichtlich ein Paar Schuhe finden werde, die meinem Geschmack entsprechen, die bequem und auch haltbar sind. Im Laden lasse ich mir dann mehrere Paare zeigen, messe sie an meinen Preisvorstellungen und probiere die an, die mir zusagen. Unter Umständen werde ich noch einige andere Geschäfte besuchen, um weitere Vergleiche anzustellen. Je gründlicher ich dabei vorgehe, desto sicherer kann ich sein, die für mich optimalen Schuhe zu kaufen. Meine Entscheidung wird also umso günstiger ausfallen, je besser meine Informationen über das Schuhangebot sind.

Beispiel 2

Ein Unternehmer plant, ein neues Produkt herzustellen und zu verkaufen. Keine leichte Entscheidung! In solch einer Situation wird ein vernünftiger Mensch nicht auf seine Intuition vertrauen oder einen Hellseher befragen, da diese Entscheidung schwerwiegende Folgen hat. Er wird sich vielmehr systematisch Informationen über die Kosten der Produktion, die Größe der möglichen Nachfrage, den zu erzielenden Preis, die Reaktion der Konkurrenz usw. beschaffen. Das ist zwar keine Garantie dafür, dass das neue Produkt ein Erfolg wird. Die Unsicherheit wird jedoch wesentlich eingeengt. Die möglichen Konsequenzen lassen sich besser übersehen.

Vergleichen wir die beiden Beispiele: In Beispiel 2 werden wesentlich mehr Informationen benötigt als in Beispiel 1. Je größer aber die Zahl der Daten ist, die es zu sammeln und zu ordnen gilt, um aus ihnen entscheidungsrelevante Informationen zu machen, desto wichtiger wird es, dabei methodisch, d. h. systematisch und nach festgelegten Regeln vorzugehen. Diese Methode wird als Statistik bezeichnet.

Wir können Statistik nun wie folgt definieren: *Statistik ist das methodische Vorgehen bei der Beschaffung von Informationen, die man braucht, um vernünftige Entscheidungen treffen zu können.*

Zwei Gesichtspunkte müssen dabei herausgestellt werden:

- Es muss sich um eine Vielzahl von Daten handeln. Für Alltagsentscheidungen braucht man normalerweise keine besondere Methode. Dazu reicht der gesunde Menschenverstand.
- Die Fülle an Daten muss gestrafft werden, damit sie überhaupt erst überschaubar wird. Erst durch die Straffung bzw. Zusammenfassung werden aus den Daten entscheidungsrelevante Informationen.

In beiden Fällen ist die Statistik nicht nur ein nützliches Hilfsmittel, sie ist die Voraussetzung dafür, dass sinnvolle Ergebnisse erzielt werden.

1.2 Zweckbestimmung der Statistik

Aus der Definition der Statistik, Informationen für Entscheidungen bereitzustellen, ergibt sich, dass sie niemals Selbstzweck sein sollte. Sie hat stets einer bestimmten konkreten Aufgabe zu dienen. Das gilt umso mehr, je umfangreicher das Datenmaterial und je schwieriger es zu beschaffen ist.

Die großen statistischen Untersuchungen, die in der Bundesrepublik von amtlichen Stellen regelmäßig durchgeführt werden, sind zwar sehr aufwendig, ihre Ergebnisse werden aber auch für eine Vielzahl von Zwecken benötigt. Nehmen wir ein einfaches Beispiel: das Alter, das im Rahmen der Volkszählung bei allen Einwohnern erfasst wird:

- Die Zahl der Kinder unter sechs Jahren gibt Auskunft darüber, wie viele Schüler in den nächsten Jahren eingeschult werden müssen. Daraus ergibt sich in Verbindung mit der Zahl der erwarteten Schulabgänger, ob die Zahl der Schulen und der Lehrer fürs Erste ausreicht oder rechtzeitig vergrößert werden muss.
- Die Zahl der Personen der mittleren Jahrgänge (16–65 Jahre) kann als Anhaltspunkt für die Zahl der Arbeitskräfte dienen. Rücken zahlenmäßig starke jüngere Jahrgänge nach, müssen für sie unter Umständen neue Arbeitsplätze geschaffen werden.
- Aus den älteren Jahrgängen ergibt sich die Zahl der Rentner und Pensionäre, d. h. der Personen, deren Einkommen vom jeweils «aktiven» Teil der Bevölkerung aufgebracht werden muss.

Mit dieser beispielhaften Aufzählung sind die Verwendungsmöglichkeiten von Daten über den Altersaufbau noch keineswegs erschöpft. Außerdem stellen sie nur einen kleinen Ausschnitt aus dem Befragungsprogramm der Volkszählung dar.

Gegen den Grundsatz der Zweckbestimmung der Statistik wird häufig verstoßen. In vielen Bereichen werden Unmengen an Daten gesammelt, ohne dass ein entsprechender konkreter Nutzen aus ihnen gezogen wird. In solchen Fällen spricht man nicht zu Unrecht von Zahlenfriedhöfen.

An dieser Entwicklung ist nicht zuletzt der Einsatz von Computern beteiligt, die in kürzester Zeit riesige Mengen an Daten aufnehmen, verarbeiten und ausgeben können. Ein Computer ist aber nichts anderes als eine unvorstellbar schnelle Rechenmaschine, die zusätzlich die Fähigkeit hat, große Datenmengen zu speichern. Eine Rechenmaschine führt aber stets nur die Operationen aus, die man ihr vorgibt.

Die Meinung, Statistik sei im Computerzeitalter überholt, beruht auf der irrigen Vorstellung, dass ein Computer ohne menschliches Zutun rechnet. Nach wie vor stellt aber die Statistik die Methoden zur Verfügung, mit deren Hilfe Daten erfasst, verarbeitet und in komprimierter Form dargestellt werden können. Folglich gilt, dass die Statistik umso wichtiger ist, je leistungsfähiger die Computer werden, d. h., je größere Datenmengen sie verarbeiten können. Nur mit Hilfe statistischer Methoden kann erreicht werden, dass sie für menschliche Entscheidungen überschaubar werden.

1.3 Statistische Daten

Die Daten, mit denen die Statistik zu tun hat, lassen sich grundsätzlich in zwei Kategorien einteilen, und zwar in

- verbale Daten und in
- quantitative, zahlenmäßige Daten.

Verbale Daten drücken sich in einer mehr oder minder großen Zahl von Wörtern aus. Da deren Bedeutung aber nicht von allen Menschen in gleicher Weise verstanden wird, sind solche verbalen Aussagen meist nicht sehr präzise. Beispielsweise ist die Aussage «Heute ist es kalt» eine verbale Angabe. Es kann durchaus sein, dass jemand anders das gleiche Wetter als angenehm empfindet und möglicherweise zu dem Schluss kommt, es sei warm. Ein neutraler Dritter wird daher mit beiden Aussagen dann wenig anfangen können, wenn es ihm um eine objektive Beurteilung des Wetters geht.

Wesentlich kürzer und präziser ist dagegen die Aussage: «Es herrschen –10 °C.» Kern dieser Information ist eine zahlenmäßige Angabe zu einem klar definierten Tatbestand, hier der Temperatur, gemessen in Grad Celsius. Diese Information ist objektiv. Sie wird in ihrer Aussagefähigkeit nicht durch subjektive Empfindungen beeinträchtigt.

Die Statistik befasst sich vornehmlich mit quantitativen Daten. Mehrere solche Größen, die sich auf den gleichen Tatbestand beziehen, können ohne weiteres zusammengefasst und in einer allgemeinen Aussage verarbeitet werden. Beispielsweise lässt sich aus den Temperaturangaben, die an einem bestimmten Ort während des Monats August jeweils um 12 Uhr gemessen werden, die mittlere Mittagstemperatur im August ermitteln.

Bei verbalen Daten gilt es, den Bedeutungsspielraum nach Möglichkeit einzuengen. Eine Zusammenfassung ist nämlich nur dann sinnvoll, wenn gleiche verbale Angaben auch als gleichwertig angesehen werden können. Um das zu erreichen, werden mögliche Angaben meist von vornherein festgelegt. Zur Charakterisierung des Wetters kommen – bei sehr grober Einteilung – dann beispielsweise nur noch die Antworten «warm», «weder warm noch kalt» sowie «kalt» in Frage. Eine Zusammenfassung ist insoweit möglich, als gezählt werden kann, wie oft die einzelnen Angaben «warm», «weder warm noch kalt» und «kalt» gemacht werden.

Angaben, die so beschaffen sind, dass sie sich für eine irgendwie geartete Zusammenfassung eignen, werden als statistische Daten bezeichnet. Sie können sowohl verbaler als auch zahlenmäßiger Art sein. Es handelt sich jedoch niemals um nackte, unbenannte Zahlen. Die Angabe «10» ist keine statistisch brauchbare Angabe, solange nicht zusätzlich bekannt ist, welche Maßeinheit dazugehört, ob es sich etwa um 10 °C, zehn Autos oder zehn Personen handelt.

Daten, die bereits in zusammengefasster Form, etwa in Gestalt einer Tabelle, vorliegen, werden im allgemeinen Sprachgebrauch ebenfalls als Statistik bezeichnet. Der Begriff Statistik hat also eine doppelte Bedeutung. Er bezeichnet nicht nur die Methoden zur Datenbeschaffung und -verarbeitung, sondern auch das Ergebnis des Methodeneinsatzes, die zusammengefassten statistischen Daten.

1.4 Der Modellcharakter statistischer Daten

Um einen bestimmten Sachverhalt zu erfassen, d.h., um die Daten zu sammeln, die diesen Sachverhalt kennzeichnen, ist regelmäßig eine Beschränkung auf das Wesentliche erforderlich. Wenn es beispielsweise darum geht, die Unfallsituation an einer Straßenkreuzung zu analysieren, wird man über einen längeren Zeitraum hinweg u.a. die Verkehrsdichte erfassen sowie Art und Ursache der Unfälle. Darüber hinaus gibt es eine größere Zahl von Daten, die nur einen losen oder gar keinen Zusammenhang mit dem Unfallgeschehen aufweisen, z.B. Angaben über die Verkehrsteilnehmer, die nicht in einen Unfall verwickelt sind.

Doch selbst wichtige Daten müssen oft vernachlässigt werden, weil ihre Erfassung schwierig ist oder weil sie aus Zeit- oder Kostengründen später ohnehin nicht verarbeitet werden können. Dazu mögen Hintergrundinformationen über die Unfallbeteiligten gehören, die durchaus wichtig sein können, weil von ihnen das Verkehrsverhalten mitbestimmt wird.

Von vornherein ist also festzulegen, welche Aspekte eines Problems so bedeutsam erscheinen, dass man sie unbedingt berücksichtigen muss. Alle übrigen Gegebenheiten werden zwangsläufig vernachlässigt. *Es wird unterstellt, dass die ausgewählten Daten die Realität in ausreichendem Maß repräsentieren.*

Diese Beschränkung auf das Wesentliche wird als Modellbildung bezeichnet. Ein Modell ist folglich ein vereinfachtes Abbild der Wirklichkeit. Genau genommen beschreiben die statistischen Daten daher auch nicht mehr die Wirklichkeit, sondern nur noch das jeweilige Modell. Entsprechend gelten die Ergebnisse nur im Rahmen des Modells. Ob und in welchem Umfang sie auch für die Wirklichkeit gültig sind, hängt davon ab, wie gut das Modell die Realität wiedergibt.

In vielen Fällen braucht man sich über dieses Problem keine Gedanken zu machen. Je komplizierter aber die zu untersuchenden Sachverhalte sind, desto größer sind normalerweise auch die Abweichungen zwischen Modell und Wirklichkeit. Dazu das folgende

Beispiel 3

Um die Entwicklung der Lebensmittelpreise in der Bundesrepublik innerhalb eines Jahres zu erfassen, müsste man streng genommen sämtliche während dieser Zeit in allen Geschäften der Bundesrepublik angebotenen Waren berücksichtigen. Das ist aber völlig unmöglich. Man beschränkt sich daher auf relativ wenige Güter, die als repräsentativ für eine größere Menge verwandter Produkte angesehen werden können.

Die verschiedenen Leberwurstsorten können beispielsweise durch Kalbsleberwurst repräsentiert werden. Es werden auch nicht die laufenden Preisveränderungen erfasst und nicht sämtliche Geschäfte berücksichtigt. Es gilt als ausreichend, einmal im Monat in ausgewählten Geschäften die Preise der repräsentativen Güter festzustellen. In geeigneter Weise zusammengefasst, sollen sie die Preisveränderungen aller Lebensmittel in der Bundesrepublik kennzeichnen.

Im Beispiel wird die Wirklichkeit, hier also die Gesamtheit der Preise aller Lebensmittel und ihre ständigen Schwankungen, in dreifacher Weise vereinfacht, und zwar:

- materiell durch eine Auswahl von Waren,

- zeitlich durch Beschränkung auf einzelne Zeitpunkte,
- räumlich durch eine Auswahl von Geschäften.

Das gesamte Lebensmittelangebot in der Bundesrepublik wird durch ein stark vereinfachtes Modell wiedergegeben. Die ermittelten Preisveränderungen sind folglich grundsätzlich nur für das Modell, d. h. die repräsentativen Güter an bestimmten Stichtagen, gültig. Die Übertragung auf die Wirklichkeit, die Aussage, dass die Preise für Lebensmittel, und zwar für die Gesamtheit der Lebensmittel, um den berechneten Betrag gestiegen sind, ist nur korrekt, soweit das Modell die Wirklichkeit trotz der Vereinfachung unverzerrt wiedergibt: Man muss annehmen können, dass die Preise des nicht berücksichtigten Güterangebots sich etwa in gleichem Maß verändert haben.

Eine Beurteilung dieser Annahme wird noch dadurch erschwert, dass es in den meisten Fällen keine eindeutigen, allgemein anerkannten Grundsätze gibt, wie derartige Modelle zu bestimmen sind. Vielmehr gibt es eine mehr oder minder große Zahl von Möglichkeiten, die in der Regel auch zu unterschiedlichen Ergebnissen führen.

Die Vielfalt von Möglichkeiten, wie man einen Sachverhalt erfassen kann, ist charakteristisch für die Statistik. Sie hat ihr den Vorwurf eingebracht, eine besonders raffinierte Art der Lüge zu sein. Wie anders sollte sonst der Laie den Umstand bezeichnen, dass ein einziger Sachverhalt durch verschiedene, zum Teil sogar gegenteilige Angaben gekennzeichnet werden kann. Ein Musterbeispiel hierfür liefern Diskussionen unter Politikern über die Preisentwicklung. Je nach Interessenlage werden unterschiedliche Zahlen genannt, die alle richtig sein können. (Es kommt aber auch vor, dass mit falschen Zahlen argumentiert wird, sei es aus Vergesslichkeit oder mit Absicht.) Die Zuhörer sind jedoch verwirrt, weil sie nicht wissen, dass sich die Angaben auf abweichende Modelle beziehen, die jeweils andere Aspekte der Preisentwicklung, also etwa andere ausgewählte Güterbereiche, berücksichtigen.

Es dürfte einleuchten, dass es wichtig ist, die Entstehungsgeschichte statistischer Daten zu kennen, wenn man ihren Aussagegehalt einigermaßen korrekt beurteilen will. Dazu braucht man kein ausgebildeter Statistiker zu sein. In den meisten Fällen genügt es, über die grundsätzliche Problematik Bescheid zu wissen. Man sollte sich stets darüber im

Klaren sein, dass es unmöglich ist, einen komplizierten Sachverhalt durch eine einzige oder ganz wenige Zahlen vollständig und objektiv zu erfassen. Derartige Angaben sind notgedrungen unvollständig. Es ist aber besser, seine Entscheidungen aufgrund unvollständiger Informationen zu treffen, sofern man nur ihre Schwachstellen kennt, als wenn man gar keine Informationen hat oder sie wegen der Fülle von Einzelheiten nicht mehr überblicken kann.

1.5 Anwendungsgebiete der Statistik

Statistische Methoden können mit Erfolg überall dort eingesetzt werden, wo größere Datenmengen zu verarbeiten sind. Das gilt mittlerweile für fast alle Bereiche des menschlichen Lebens, nicht nur für die Wirtschaft, sondern auch für Bildung und Gesundheit, Rechtspflege, Politik und Ähnliches mehr. Die folgenden Beispiele mögen einen Eindruck von der Vielfalt der Anwendungsmöglichkeiten statistischer Methoden geben.

Medizin

1. In der Medizin gewinnt die sogenannte Computerdiagnose immer größere Bedeutung. Aus zahlreichen individuellen Krankheitsbildern werden typische, d. h. regelmäßig oder häufig auftretende Symptome der einzelnen Krankheiten abgeleitet und gespeichert. Zeigt ein Patient bestimmte Symptome, lässt sich durch einen Vergleich mit den gespeicherten Angaben eine schnelle und vor allem objektivierte Diagnose erstellen.
2. Aus Kostengründen kann die Wirksamkeit neuer Medikamente meist nur an einem kleinen Personenkreis erprobt werden. Stellt man bei den Versuchspersonen eine erhöhte Wirksamkeit fest, lässt sich daraus nicht unmittelbar ableiten, dass dies auch für die Allgemeinheit gilt. Die Ergebnisse können durch zufallsbedingte Effekte beeinträchtigt sein. Es ist möglich, dass gerade die Versuchspersonen besonders auf das neue Medikament reagieren. Mit Hilfe statistischer Methoden lassen sich derartige Einflüsse jedoch isolieren.

Politik

3. In der Bundesrepublik werden von Zeit zu Zeit Befragungen durchgeführt, um zu erfahren, wie die einzelnen Parteien jeweils beurteilt werden. Aus Kostengründen kann stets nur ein kleiner Teil der Wahlberechtigten befragt werden. Damit die Ergebnisse dennoch bundesweite Bedeutung erhalten, müssen sowohl die Befragungen als auch die Auswertung der Ergebnisse statistischen Regeln folgen.
4. Um die Öffentlichkeit im Anschluss an Wahlen möglichst frühzeitig über das Wahlergebnis informieren zu können, werden einzelne Wahlbezirke bestimmt, deren Ergebnisse vorrangig ausgezählt werden. Folgt man bei der Auswahl der Bezirke und der Verallgemeinerung statistischen Grundsätzen, lässt sich mit hinreichender Genauigkeit der Wahlausgang berechnen, lange bevor die offizielle Auszählung der Stimmen beendet ist.

Verkehr

5. Zur Bekämpfung der Ursache von Straßenverkehrsunfällen wird eine detaillierte Unfallursachenstatistik benötigt. Sie gibt Aufschlüsse darüber, welches die häufigsten Anlässe für Unfälle sind und wo folglich Abhilfemaßnahmen mit Vorrang zu treffen sind.
6. Um die Diskussion über eine Geschwindigkeitsbegrenzung auf den deutschen Autobahnen zu versachlichen, wird ein Großversuch durchgeführt, bei dem auf wechselnden Versuchsstrecken die Geschwindigkeit begrenzt wird. Durch Vergleiche im Zeitablauf soll ermittelt werden, wie sich die Geschwindigkeitsbegrenzung auswirkt. Statistische Methoden werden bei der Auswahl der Versuchsstrecken und der Auswertung der Unfallzahlen benötigt.

Wirtschaft

7. Um ihre Maßnahmen zur Regulierung des Wirtschaftslebens rechtzeitig und in ausreichendem Umfang planen zu können, benötigt die Regierung Informationen über die konjunkturelle Situation. Eine Erfassung der vielfältigen wirtschaftlichen Aktivitäten und ihre Beurteilung sind aber ohne umfangreiche statistische Arbeiten nicht möglich.
8. Die Überprüfung, ob industrielle Massenprodukte den gewünschten Qualitätsnormen genügen, erfordert gewöhnlich sehr hohe Kosten. Aus diesem Grund verzichtet man meist auf eine Überprüfung sämtlicher Erzeugnisse

und kontrolliert lediglich einzelne Stücke. Sofern bei der Auswahl dieser Stücke statistische Grundsätze beachtet werden, reicht dieses Vorgehen aus, den gesamten Fertigungsprozess zu überwachen.

9. Die Bekleidungsindustrie ist daran interessiert, ihre Produkte den Bedürfnissen der Bevölkerung anzupassen, d. h., Kleidungsstücke in den Größen anzubieten, die benötigt werden. Andererseits sprechen Kostengründe für eine weitgehende Beschränkung der produzierten Größen. Um einen Kompromiss zwischen den individuellen Erfordernissen der Kunden und den Vereinheitlichungsbestrebungen der Industrie zu finden, sind von Zeit zu Zeit umfangreiche Untersuchungen erforderlich, um die Körpermaße der Menschen, z. B. Größe, Brust- und Taillenumfang, Schulterbreite und anderes mehr, zu erfassen. Anhand der Häufigkeit der verschiedenen Kombinationen von Körpermaßen werden die gängigen Bekleidungsgrößen festgelegt.

10. Die Prämien der Lebensversicherungsunternehmen sollten so bemessen sein, dass alle Versicherungssummen bei Fälligkeit, also etwa beim Tod des Versicherungsnehmers, ausgezahlt werden können und dass darüber hinaus dem Versicherungsunternehmen ein angemessener Gewinn bleibt. Da aber nicht alle Menschen gleich alt werden, müssen statistische Berechnungen über die durchschnittliche Lebenserwartung zugrunde gelegt werden.

Fragen

1. Nennen Sie fünf Beispiele zu statistischen Angaben, auf die Sie in letzter Zeit gestoßen sind.
2. Welche Vorgänge im Leben eines Menschen werden Ihrer Meinung nach von der Statistik erfasst?
3. Warum braucht man Informationen, um vernünftige Entscheidungen treffen zu können?
4. Welche Rolle spielt die Statistik bei der Vorbereitung von Entscheidungen?
5. Was versteht man unter einem Zahlenfriedhof?
6. Auf welche Weise ergänzen sich Statistik und Computer?
7. Worin besteht der Unterschied zwischen verbalen und quantitativen Informationen?
8. Nennen Sie fünf Beispiele für verbale und quantitative Daten.
9. Welche Bedeutungen hat der Begriff «Statistik»?
10. Was versteht man unter Modellbildung in der Statistik?
11. Warum kann man die Wirklichkeit nicht vollständig erfassen?
12. Welche Probleme entstehen, wenn man die Ergebnisse statistischer Untersuchungen auf die Wirklichkeit übertragen will?
13. Gibt es für jeden Sachverhalt nur ein einziges passendes Modell?
14. Kann man Entscheidungen nur treffen, wenn man vollständige Informationen hat?

2 Probleme bei der Beschaffung statistischer Daten

2.1 Untersuchungszweck und Gesamtheit

Am Anfang einer jeden statistischen Untersuchung muss der Untersuchungszweck festgelegt werden, mit anderen Worten: Wofür braucht man Informationen?

Das klingt anspruchsvoll, bedeutet aber nichts anderes, als dass man sich einige Gedanken über die Entscheidung macht, die man statistisch untermauern will. Ebenso wie man vor dem Einkaufen überlegt, welche Dinge man benötigt, sollte der Statistiker die Ausgangsposition klären, bevor er beginnt, Daten zusammenzutragen. Auf diese Weise wird vermieden, dass etwas Wichtiges übersehen wird. Andererseits spart man Zeit und Geld, wenn man auf Daten verzichtet, die man später nicht benötigt.

Beispiel 1

In einer Schule mit 1200 Schülern soll der Verkauf von Getränken in der großen Pause eingeführt werden. Die Frau des Hausmeisters, die den Verkauf vornehmen soll, bittet den Schulleiter, feststellen zu lassen, wie viele Schüler welches Getränk kaufen möchten.

Zur Entscheidung steht also, welche Getränke die Hausmeisterfrau in welchem Umfang beschaffen soll. Es reicht jedoch nicht aus, die Schüler lediglich zu fragen, *was* sie *wie oft* kaufen wollen. Gleichzeitig müssen die voraussichtlichen Preise angegeben werden. Denn der Absatz hängt wesentlich davon ab, ob eine Flasche Cola beispielsweise 0,50 € oder 1 € kostet. Zu berücksichtigen ist ferner, dass es sich bei den Angaben der Schüler lediglich um unverbindliche Absichtserklärungen handelt und dass die Nachfrage witterungsbedingt stark schwanken kann.

Eine besondere Rolle spielen diese Überlegungen bei der Umfrage dann, wenn auch leicht verderbliche Getränke wie Milch und Kakao vom Lieferanten ohne Rückgaberecht bezogen werden müssen. In einem solchen Fall ist u.a. zu erfragen, ob die Schüler, die Milch trinken möchten, auch bereit sind, ihre Bestellungen jeweils für eine Woche im Voraus verbindlich abzugeben.

Aus dem Untersuchungszweck ergibt sich die sogenannte Gesamtheit (Grundgesamtheit, Masse). Es handelt sich dabei um die Menge von Elementen, auf die sich die Entscheidung erstreckt und über die folglich Informationen benötigt werden. Im Beispiel 1 sind es die Schüler, zu denen unter Umständen noch die Lehr- und Verwaltungskräfte der Schule hinzukommen, also die Menge der potenziellen Käufer von Getränken.

Gesamtheiten sind nicht objektiv vorgegeben. Ihre Abgrenzung, die Festlegung der Elemente, die zur Gesamtheit gehören sollen, richtet sich nach dem jeweiligen Untersuchungszweck.

Eine Gesamtheit setzt sich in der Regel aus einer Mehrzahl natürlicher Elemente, den statistischen *Einheiten*, zusammen. Sie sind Träger der gewünschten Daten. Einheiten können z. B. sein:

- Personen,
- Haushalte,
- Unternehmen,
- Unfälle,
- Tore beim Fußballspiel.

Die Zahl der Einheiten wird auch als *Umfang der Gesamtheit* bezeichnet.

Um eine Gesamtheit präzise bestimmen zu können, muss sie in dreifacher Hinsicht abgegrenzt sein, und zwar

- sachlich,
- örtlich,
- zeitlich.

Die sachliche und örtliche Abgrenzung der Gesamtheit in Beispiel 1 erfolgt durch Beschränkung auf die Schüler und Bediensteten der Schule. Da die Zahl der Schüler im Zeitablauf schwankt, muss auch eine zeitliche Fixierung vorgenommen werden. Es hat auch wenig Zweck, etwa die Schüler der Abschlussklasse zu fragen, sofern sie die Schule verlassen werden, bevor der Verkauf beginnt.

Beispiel 2

Es wird oft von einem Akademikermangel gesprochen. Ob es so weit kommt, hängt davon ab, wie sich die Zahl der Hochschulabsolventen der verschiedenen Fachrichtungen entwickelt. Man muss also u. a. wissen, welche Berufsziele die Studierenden haben. Eine Befragung könnte hierüber Auskunft geben. Vorab ist jedoch zu klären:

- Wer zählt zu den Studenten? Sollen nur Studierende wissenschaftlicher Hochschulen oder auch Fachhochschüler erfasst werden? Was geschieht mit den ausländischen Studenten (= sachliche Abgrenzung)?
- Beschränkt man sich auf die Hochschulen in der Bundesrepublik, oder berücksichtigt man auch Studienmöglichkeiten im Ausland (= örtliche Abgrenzung)?
- Welcher Zeitpunkt wird festgelegt, der darüber entscheidet, ob jemand Student ist oder nicht? Die Benennung eines Stichtags ist erforderlich, weil sich Umfang und Zusammensetzung der Studentenschaft laufend verändern (= zeitliche Abgrenzung).

Für den Statistiker ist eine klare Abgrenzung der Gesamtheit Voraussetzung für korrekte Ergebnisse. Aber selbst wenn man keine eigenen statistischen Untersuchungen durchzuführen hat, sondern nur mit statistischen Daten in Berührung kommt, erleichtert die Kenntnis der jeweiligen Gesamtheit eine Beurteilung. Denn statistische Aussagen beziehen sich stets nur auf eine bestimmte Gesamtheit. Ob sie darüber hinaus auch für andere Bereiche gelten, ist zunächst fraglich. Dieser Grundsatz wird häufig übersehen. Zwar wird niemand ernsthaft annehmen, dass die Angabe «Bei der Bundestagswahl 2009 erzielte die SPD in Niedersachsen 29,3 Prozent der Stimmen» auch für das gesamte Bundesgebiet richtig ist. Im Bundesgebiet entfielen demgegenüber nur 23,0 Prozent der (Zweit-) Stimmen auf die SPD. Viele Leute haben aber keine Bedenken, etwa die politischen Verhältnisse in einzelnen Entwicklungsländern, über die die Presse berichtet, pauschal auf alle Entwicklungsländer zu übertragen. Im Prinzip handelt es sich aber um das gleiche Problem: Angaben, die für eine bestimmte Gesamtheit richtig sind, lassen sich nicht ohne weiteres auf andere Gesamtheiten übertragen.

Bei der zeitlichen Abgrenzung von Gesamtheiten muss man zwei Fälle unterscheiden:

- die Angabe eines Zeitpunkts,
- die Angabe eines Zeitraums.

Gesamtheiten, deren Einheiten eine unterschiedlich lange Zeit existieren, d. h. zur Gesamtheit gehören, werden als *Bestandsmassen* bezeichnet. Umfang und Zusammensetzung schwanken im Zeitablauf, sodass eine genaue Erfassung nur für einen Zeitpunkt möglich ist.

Beispiel 3

Nehmen wir die Zahl der Arbeitslosen in der Bundesrepublik als Gesamtheit. Es werden laufend Neuzugänge registriert, weil Leute ihren Arbeitsplatz verloren haben und sich bei einer Arbeitsagentur um eine neue Stelle bemühen. Andererseits gibt es auch Abgänge, weil Arbeitslose etwa eine neue Stelle finden.

Erfasst man die Arbeitslosen zu unterschiedlichen Zeitpunkten, erhält man zwei Gesamtheiten, die nicht nur teilweise aus unterschiedlichen Personen bestehen, sondern gewöhnlich auch unterschiedlich groß sind. Da die Arbeitslosigkeit u. a. von der konjunkturellen Situation und der Jahreszeit abhängt, gleichen sich Zu- und Abgänge meist nicht aus. Will man dennoch die Arbeitslosigkeit für einen Zeitraum durch eine einzige Zahl angeben, muss man aus den Zählungen an verschiedenen Zeitpunkten einen Durchschnitt errechnen. Die Arbeitslosigkeit des Jahres 2009 ergibt sich beispielsweise als Durchschnitt aus den Arbeitslosenzahlen, die jeweils etwa zur Monatsmitte erfasst werden.

Weitere Beispiele für Bestandsmassen sind die Menge aller
- Einwohner der Bundesrepublik,
- Unternehmen in Baden-Württemberg,
- Kraftfahrzeuge in München,
- Schiffe auf dem Rhein.

Es gibt aber auch Gesamtheiten, die sich aus kurzlebigen Elementen, aus Ereignissen, zusammensetzen, die nur für einen Zeitraum sinnvoll erfasst werden können. Es wäre beispielsweise wenig sinnvoll zu fragen, wie viele Unfälle sich um 12 Uhr mittags an einem bestimmten Tag in Hamburg ereignen. Derartige Gesamtheiten werden als *Bewegungsmassen* bezeichnet.

Beispiele für Bewegungsmassen sind
- Umsätze von Unternehmen,
- Regenfälle,

– Geburten,
– Todesfälle.

Es ist Ermessenssache, welche Zeiteinheit man jeweils für die Erfassung einer Bewegungsmasse zugrunde legt. Je größer der Zeitraum ist, desto größer ist auch der Umfang der Gesamtheit. Angaben zum Umfang von Bewegungsmassen sind daher sinnlos, wenn man nicht gleichzeitig den jeweiligen Zeitraum nennt. Ebenso ist es selbstverständlich, dass Gesamtheiten nur dann miteinander verglichen werden können, wenn sie sich auf gleich lange Zeiträume beziehen.

Zwischen Bestands- und Bewegungsmassen besteht insofern ein Zusammenhang, als man zu jeder Bestandsmasse mindestens zwei Bewegungsmassen angeben kann. Es sind dies die Gesamtheiten der Zugänge *(Zugangsmasse)* und der Abgänge *(Abgangsmasse)*, die unter Umständen in mehrere Teilgesamtheiten zerlegt werden können.

Beispiel 4

Die Zahl der Patienten in einem Krankenhaus ist eine Bestandsmasse. Am Anfang eines Jahres wurden 428 Patienten gezählt, am Jahresende 440. Im Laufe des Jahres wurden 12 943 Kranke neu aufgenommen, während 12 581 Patienten entlassen werden konnten. 350 Patienten starben im Krankenhaus. Es gibt in diesem Fall also eine Zugangsmasse, die Aufnahmen, und zwei Abgangsmassen, die Entlassungen und die Todesfälle.

Der Krankenbestand am Jahresende lässt sich errechnen, wenn man zum Anfangsbestand die Zugänge addiert und die Abgänge subtrahiert. Diese Vorgehensweise wird als *Fortschreibung* bezeichnet. Durch Fortschreibung wird beispielsweise die Einwohnerzahl der Bundesrepublik in den Jahren ermittelt, in denen keine Bestandserfassung durch eine Volkszählung erfolgt.

2.2 Vollerhebung oder Teilerhebung?

Ist eine Gesamtheit festgelegt, erhebt sich die Frage, ob sie vollständig, d. h. in allen ihren Elementen, erfasst werden soll oder ob es möglich ist, nur einen Teil der Einheiten zu berücksichtigen. Die Beantwortung erscheint auf den ersten Blick einfach. Wenn man vollständige, lückenlose

Informationen über eine Gesamtheit wünscht, muss man auch sämtliche Einheiten erfassen. In einem solchen Fall spricht man von *Voll-* oder *Totalerhebung*.

Die Vorteile einer Vollerhebung sind offenkundig. Man kann die Gesamtheit nach verschiedenen Gesichtspunkten beliebig weit aufgliedern, da man ja Informationen über jede einzelne Einheit hat.

Die vollständige Erfassung einer Gesamtheit ist in vielen praktischen Fällen aber gar nicht möglich, weil ein mehr oder minder großer Teil der Einheiten nicht erreichbar ist oder sich weigert, die gewünschten Informationen zu geben. Es entsteht das schwierige Probleme der *Nichtbeantwortung*. Gewöhnlich ist der nicht erfasste Teil der Gesamtheit anders beschaffen als der erfasste Teil. Man kann sich über die Ausfälle folglich nicht einfach hinwegsetzen, da man die unvollständigen Ergebnisse nicht verallgemeinern darf. Befragt man Personen nach ihrer politischen Meinung, werden in erster Linie politisch Interessierte Auskunft geben, während gleichgültige Zeitgenossen eher eine Antwort verweigern. Überträgt man nun die Ergebnisse auch auf die Personen, die keine Auskunft gegeben haben, erhält man in der Gesamtheit einen zu großen Anteil von Personen mit einer ausgeprägten politischen Meinung, während die Gleichgültigen unterrepräsentiert sind.

Große Gesamtheiten sind in den meisten Fällen auch nicht exakt abzugrenzen. Es werden Einheiten mit erfasst, die eigentlich nicht zur Gesamtheit gehören, während man andererseits zugehörige Einheiten übersieht.

Doch selbst eine korrekte Erfassung aller Einheiten einer Gesamtheit ist keine Gewähr dafür, dass man auch einwandfreie Informationen erhält. Bei komplizierten Sachverhalten besteht die Gefahr, dass die Ergebnisse umso fehlerhafter sind, je mehr Einheiten berücksichtigt werden müssen. Der Grund ist, dass die Durchführung der Erhebung und die Kontrolle der Ergebnisse aus Kostengründen weniger sorgfältig erfolgen. Beispielsweise ist es im Rahmen einer Volkszählung nicht möglich, in jeden Haushalt einen Interviewer zu schicken, der aufpasst, dass die Fragebogen vollständig und korrekt ausgefüllt werden.

Aus den genannten Gründen sind die Ergebnisse von Totalerhebungen großer Gesamtheiten zwangsläufig ungenau. Man spricht hierbei von *systematischen Fehlern.*

Als Ausweg aus diesen Schwierigkeiten bietet sich in vielen Fällen eine *Teilerhebung* (Auswahlerhebung) an, d. h. eine Beschränkung auf einen Teil der Gesamtheit. Der ausgewählte Teil der Gesamtheit wird als *Stichprobe* bezeichnet. Dies bedeutet allerdings keinesfalls, dass man die Gesamtheit verkleinert. Ziel der Untersuchung bleibt stets die Ausgangsgesamtheit. Die Ergebnisse einer Teilerhebung müssen auf die zugrunde liegende Gesamtheit übertragen, d. h. verallgemeinert werden. Dieser Vorgang wird als *Hochrechnung* bezeichnet.

Während im Falle der Nichtbeantwortung, bei der ja ebenfalls nur ein Teil der Gesamtheit erfasst wird, eine ungewollte und damit unkontrollierte Beschränkung vorliegt, handelt es sich bei einer Stichprobe um eine planmäßige Beschränkung. Dadurch wird es möglich, die Auswahl so vorzunehmen, dass die Stichprobenergebnisse verallgemeinert werden können.

Teilerhebungen besitzen einige Vorteile gegenüber Totalerhebungen:

1. Es gibt Fälle, in denen Totalerhebungen praktisch unmöglich oder sachlich unsinnig sind.

Beispiel 5

Bei der Untersuchung des Blutbildes, d. h. der Anzahl der roten Blutkörperchen, kann man dem Patienten nicht das gesamte Blut abzapfen, um es zu analysieren. Hierfür genügt dem Arzt bereits ein Tropfen.

Beispiel 6

Ein Unternehmen stellt Feuerwerkskörper her. Wird jedes Stück vor der Auslieferung auf Funktionsfähigkeit überprüft, erhält man zwar exakte Angaben zum Ausschussanteil der Produktion, nur lässt sich die so gründlich überprüfte Gesamtheit nicht mehr verkaufen, da sämtliche Böller und Raketen durch den Test zerstört worden sind.

2. Teilerhebungen sind billiger. Je weniger Einheiten erfasst werden müssen, desto geringer sind die Kosten. Eine Wahlprognose ist wesent-

lich billiger, wenn statt der 61 Millionen Wahlberechtigten in der Bundesrepublik nur 1500, also 0,0025 Prozent, befragt werden müssen.

3. Die Ergebnisse liegen schneller vor. Je weniger Einheiten erfasst werden, desto schneller lassen sich die einzelnen Angaben zusammenstellen und auswerten.

4. Die Ergebnisse können genauer sein als die von Vollerhebungen. Systematische Fehler, die bei der Totalerhebung häufig auftreten, lassen sich bei Teilerhebungen mit einer sorgfältigen Durchführung weitgehend vermeiden. Um das Beispiel der Wahlprognose aufzugreifen: 1500 Wahlberechtigte kann man gründlich befragen, nicht aber 60 Millionen. Allerdings tritt bei Teilerhebungen ein besonderer Fehler auf, der sogenannte *Stichprobenfehler*. Es handelt sich dabei um die Abweichung zwischen den Ergebnissen der Stichprobe und der Gesamtheit. Sie ist bedingt durch die Beschränkung auf einen Teil der Elemente.

Nehmen wir das Beispiel der Wahlprognose: Es kann sein, dass in der Stichprobe von 1500 Wahlberechtigten ein höherer Anteil an CDU/CSU-Anhängern ist als in der Gesamtheit. Wenn die Zahl der ausgewählten Elemente, der sogenannte *Stichprobenumfang*, jedoch nicht zu klein ist und eine geeignete Auswahl getroffen wurde, lässt sich der Stichprobenfehler reduzieren, sodass er im Vergleich zum systematischen Fehler bei Vollerhebungen oft nicht mehr ins Gewicht fällt. Frei von systematischen Fehlern sind aber auch Teilerhebungen nicht.

Unter bestimmten Voraussetzungen gibt es sogar die Möglichkeit, den Stichprobenfehler zu berechnen. Dies ist allerdings nicht der Fehler einer konkreten Stichprobe, sondern nur eine Art durchschnittlicher Fehler, ein Maß für die Genauigkeit des gewählten Verfahrens. Man hat es dann nach wie vor mit fehlerhaften Zahlen zu tun, kennt aber die Größenordnungen der *möglichen* Abweichung zwischen den Daten, der Stichprobe und der Gesamtheit.

Die Frage, wie die Auswahl bei einer Teilerhebung vorzunehmen ist und wie die Ergebnisse auf die Gesamtheit übertragen werden können, soll hier nur gestreift werden. Es handelt sich dabei um ein sehr großes und ständig wachsendes Gebiet der Statistik.

Man sollte vermuten, dass die Ergebnisse von Teilerhebungen auch für die Gesamtheit gültig sind, wenn die Stichprobe einen repräsentativen Ausschnitt der Gesamtheit bildet. Die Schwierigkeit ist nur, dass man niemals sicher sein kann, einen wirklich repräsentativen Querschnitt getroffen zu haben.

Dennoch streben einige Auswahlverfahren dieses Ziel an. Man spricht dann von *bewusster Auswahl.* Die Stichprobe soll ein lediglich im Umfang verkleinertes Abbild der Gesamtheit sein. Alle wesentlichen Kennzeichen der Gesamtheit sollen auch in der Stichprobe vorhanden sein.

Wichtigste Form der bewussten Auswahl ist das von Markt- und Meinungsforschungsinstituten häufig angewandte *Quotenverfahren.* Die Stichprobe wird so geplant, dass die Zusammensetzung der Einheiten in einigen grundlegenden Merkmalen mit der Gesamtheit übereinstimmt.

Wenn beispielsweise bekannt ist, dass in der Gesamtheit 52 Prozent Frauen sind, werden in der Stichprobe ebenfalls 52 Prozent Frauen erfasst. Das gleiche Prinzip gilt für weitere Merkmale, etwa den Altersaufbau, den Familienstand, die soziale Schichtung und so weiter.

Quotenverfahren können durchaus brauchbare Ergebnisse liefern. Nachteilig ist nur, dass man zwar bezüglich der Einteilungsmerkmale ein repräsentatives Abbild der Gesamtheit erhält, aber niemals genau angeben kann, wieweit das auch für die zu untersuchenden Tatbestände gilt. Der Stichprobenfehler kann also bestenfalls aus der Erfahrung abgeschätzt werden. Im Gegensatz dazu erlauben es *Zufallsstichproben*, deren Zusammensetzung sich nach dem Zufallsprinzip ergibt, den Stichprobenfehler zu berechnen. Hilfsmittel dafür ist die Wahrscheinlichkeitsrechnung, ein Zweig der Mathematik.

Es gibt eine Reihe von Möglichkeiten, Zufallsstichproben durchzuführen. In der einfachsten Form wird so ausgewählt, dass jedes Element der Gesamtheit die gleiche Chance hat, in die Stichprobe zu gelangen. Dies Prinzip gilt beispielsweise beim Auslosen. Im Gegensatz zur bewussten Auswahl können also auch Einheiten in die Stichprobe kommen, die nicht als repräsentativ bzw. typisch anzusehen sind. Allerdings ist die Gefahr, dass sich eine Zufallsstichprobe nur aus außergewöhnlichen Einheiten zusammensetzt, bei größeren Stichproben äußerst gering.

Im Rahmen dieser Einführung werden nur statistische Methoden behandelt, mit denen empirische Sachverhalte analysiert, «beschrieben» werden. Sie heißen deshalb auch Methoden der *beschreibenden Statistik.*

Es macht keinen Unterschied, ob es sich dabei um Daten aus Vollerhebungen oder aus Stichproben handelt. Bei Stichprobendaten sollte man sich aber stets Gedanken über deren Genauigkeit, den sogenannten Stichprobenfehler, machen, d. h., ob und inwieweit die Ergebnisse auch für die dahinterstehende Gesamtheit aussagefähig sind. Das unterbleibt in der Praxis jedoch meist. Wenn überhaupt, erfolgt ohne nähere Begründung häufig der Hinweis, die Daten seien repräsentativ.

Berechnen lässt sich der Stichprobenfehler aber, wie erwähnt, nur, wenn die Daten aus Zufallsstichproben stammen. Hierzu dienen die Methoden der *schließenden Statistik*. Sie sind im Allgemeinen komplizierter und setzen erweiterte mathematische Grundkenntnisse voraus.

2.3 Herkunft statistischer Daten

Inzwischen dürfte klar geworden sein, wie schwierig es ist, brauchbare statistische Daten in eigener Regie zu beschaffen. Außerdem sind solche *Primärstatistiken* für Privatleute aus Kostengründen ohnehin kaum durchzuführen. Für die meisten statistischen Fragen braucht man keine speziellen Erhebungen, da es eine Fülle von Material gibt, das zwar für andere Zwecke erhoben wurde, aber auch für eigene Problemstellungen verwendet werden kann.

Eine solche *Sekundärstatistik* bilden z. B. die Zahlen des betrieblichen Rechnungswesens. Ihre eigentliche Aufgabe besteht darin, gesetzliche Bestimmungen zu erfüllen oder eine richtige Leistungsberechnung zu ermöglichen. Sie können und sollen darüber hinaus aber auch als Grundlage für unternehmerische Entscheidungen verwertet werden.

Die Produzenten primärstatistischer Daten werden auch als Träger der Statistik bezeichnet. Sie lassen sich in zwei große Gruppen einteilen, in die Träger der amtlichen Statistik und die Träger der nichtamtlichen Statistik.

Träger der *amtlichen Statistik* sind staatliche Institutionen oder vom Staat abhängige Stellen. Sie werden auch vom Staat finanziert. Die wichtigsten unter ihnen sind das *Statistische Bundesamt* und die *Statistischen Landesämter* in den einzelnen Bundesländern.

Die amtliche Statistik, wie die Gesamtheit ihrer Träger vereinfachend genannt wird, wird in erster Linie für den Staat, d. h. Regierung und Verwaltung, tätig. Sie veröffentlicht darüber hinaus aber auch ihre Arbeitsergebnisse, sodass die Daten von jedem Interessenten benutzt werden können. Statistische Daten zum Arbeitsmarkt (Zahl der Arbeitslosen, Kurzarbeiter, Beschäftigten usw.) stellt die *Bundesagentur für Arbeit* monatlich zur Verfügung.

Vorteile der amtlichen Statistik liegen in der Gründlichkeit der Arbeit sowie der Objektivität und der Vollständigkeit der Ergebnisse. Die befragten Einheiten, seien es Menschen oder Institutionen, können nämlich notfalls gezwungen werden, die benötigten Daten herauszugeben.

Die Volkszählung 1987 hat gezeigt, dass trotz anfänglicher Widerstände in Teilen der Bevölkerung der Auskunftszwang das Problem der Nichtbeantwortung zwar nicht vollständig, aber doch weitgehend gelöst hat. Es besteht allerdings auch keine Gewähr, dass die Daten richtig sind.

Die wichtigsten Veröffentlichungen sind:

1. Das *Statistische Jahrbuch* für die Bundesrepublik Deutschland. Dieses umfangreiche Werk sollte man stets als erstes zu Rate ziehen, wenn man irgendwelche Daten braucht.

2. Die Zeitschrift *Wirtschaft und Statistik*, in der monatlich die neuesten Zahlen veröffentlicht werden.

3. Aktuelle Daten kann man über das Internet (www.destatis.de) erhalten.

Träger der nichtamtlichen Statistik sind u. a.

- Wirtschaftsverbände,
- Markt- und Meinungsforschungsinstitute,
- wissenschaftliche Institute,
- Unternehmen.

Sie haben den Vorteil, beweglicher zu sein als die Träger der amtlichen Statistik. Sie können mit ihren Erhebungen schneller den aktuellen Bedürfnissen Rechnung tragen. Allerdings sind die Daten häufig nicht so genau, da diese Institutionen weder die finanziellen noch die gesetzlichen Möglichkeiten der amtlichen Statistik haben. Insbesondere bei Statistiken von Verbänden und Unternehmen, z. B. in Geschäfts- oder

Jahresberichten, ist eine gewisse Skepsis angebracht. Statistische Angaben dienen hier oft als Mittel zur Selbstdarstellung, und dabei ist man natürlich bemüht, ein möglichst günstiges Bild zu zeichnen.

2.4 Statistische Merkmale

Welche Daten im konkreten Fall benötigt werden, richtet sich nach dem Untersuchungszweck. Von den zahlreichen Informationen, die die Einheiten der Gesamtheit kennzeichnen, können nicht zuletzt aus Kostengründen stets nur einige wenige berücksichtigt werden.

Sie werden als statistische *Merkmale* bezeichnet. Ihre Träger, die Einheiten, heißen daher auch *Merkmalsträger*. Bei der Auswahl der Merkmale zeigt sich der Modellcharakter der Statistik, die stets nur einzelne Aspekte der Wirklichkeit wiedergeben kann. Die Wichtigkeit der auszuwählenden Merkmale ist aber nur subjektiv zu entscheiden. Es gibt also keine festen Regeln, wie man die Wirklichkeit durch ein Modell zu erfassen hat, welche Merkmale also auszuwählen sind.

Beispiel 7

Der Mikrozensus, eine Ein-Prozent-Stichprobe der Bevölkerung, der jährlich in Deutschland durchgeführt wird, hat die Aufgabe, Daten für ein Strukturbild der Bevölkerung und des Arbeitsmarktes zu liefern. Aus Kostengründen, aber auch mit Rücksicht auf die Befragten, beschränkt man sich dabei auf verhältnismäßig wenige Merkmale. U. a. werden folgende Merkmale erfragt:

- Geschlecht,
- Geburtsjahr,
- Familienstand,
- beruflicher Ausbildungsabschluss,
- ausgeübter Beruf.

Zu diesen Merkmalen kommt noch eine Reihe weiterer erwerbs- und bildungsstatistischer Merkmale.

Die einzelnen Merkmale können verschiedene Formen bzw. Werte annehmen, sog. *Merkmalsausprägungen*. Es ergeben sich z. B.:

Merkmal	**Ausprägungen**
Geschlecht	männlich/weiblich
Familienstand	ledig/verheiratet/geschieden/verwitwet
Schulnoten	sehr gut, gut, befriedigend usw.
Kinderzahl	0, 1, 2, 3 usw.
Alter	0, 1, 2 … Jahre

Einheiten, die für ein Merkmal die gleiche Merkmalsausprägung aufweisen, gelten bezüglich dieses Merkmals als gleich, unabhängig davon, wie stark sie sich sonst unterscheiden.

Beim Einsatz statistischer Methoden muss berücksichtigt werden, dass die Merkmale einen unterschiedlichen Informationsgehalt aufweisen. Üblicherweise unterscheidet man drei Arten von Merkmalen: *Unterschiedsmerkmale* (nominale Merkmale), *Rangmerkmale* (ordinale Merkmale) und *Abstandsmerkmale* (metrische Merkmale).

Unterschiedsmerkmale

Man spricht von Unterschiedsmerkmalen, wenn zwischen den Ausprägungen lediglich ein Unterschied besteht.

Unterschiedsmerkmale sind u.a. Geschlecht, Familienstand, Staatsangehörigkeit, Beruf, Augenfarbe, Konfession. Die Ausprägungen von Unterschiedsmerkmalen werden in der Regel verbal gekennzeichnet. Es ist jedoch möglich, dafür Zahlen einzusetzen. Welche Zahlen dafür verwendet werden, ist unerheblich. Wichtig ist nur, dass gleiche Ausprägungen mit gleichen Zahlen, ungleiche Ausprägungen mit unterschiedlichen Zahlen kodiert werden. Man spricht dann von Verschlüsseln (Kodieren). Das wird immer gemacht, wenn es gilt, die Aussagen möglichst knapp zu bezeichnen, insbesondere für Zwecke der Datenverarbeitung.

Rangmerkmale

Die Ausprägungen von Rangmerkmalen zeigen nicht nur Unterschiede an, sie bilden auch eine natürliche Rangordnung. Das gilt beispielsweise für Schulnoten mit den Ausprägungen «sehr gut», «gut», «befriedigend» usw. Es lässt sich hierbei nicht nur erkennen, dass zwei verschiedene

Noten unterschiedliche Leistungen bescheinigen, sondern auch, welche Note bessere, welche schlechtere Leistungen wiedergibt.

Rangmerkmale liegen meist dann vor, wenn subjektive Einschätzungen bzw. Meinungen erfasst werden sollen. Eine Beurteilung des Wetters durch die Angaben «warm», «weder warm noch kalt», «kalt» ist folglich ein Rangmerkmal mit drei Ausprägungen. Je feiner man differenziert, desto mehr Ausprägungen werden erfasst.

Beispiele für Rangmerkmale sind Schulnoten, Güteklassen bei Waren, Härtestufen von Mineralien, Beliebtheit von Politikern.

Wie bei Unterschiedsmerkmalen können auch die Ausprägungen von Rangmerkmalen durch Zahlen gekennzeichnet werden. Im Gegensatz zu Unterschiedsmerkmalen muss aber bei der Verschlüsselung darauf geachtet werden, dass die natürliche Reihenfolge der Ausprägungen auch in den Zahlen zum Ausdruck kommt.

Abstandsmerkmale

Bei *Abstandsmerkmalen* sind zusätzlich noch die Abstände, die Differenzen zwischen Ausprägungen, von Bedeutung. Nehmen wir bei dem Merkmal Einkommen die beiden Ausprägungen 2000 € und 3000 €. Zunächst lässt sich sagen, dass die beiden Angaben unterschiedlich sind. Darüber hinaus gilt auch, dass 3000 € mehr sind als 2000 €. Es besteht eine Rangordnung. Schließlich bleibt festzustellen, dass 3000 € 1000 € mehr sind als 2000 €. Die Differenz zwischen den beiden Angaben ist eine anschauliche Größe. Diese Eigenschaft haben aber weder Rang- noch Unterschiedsmerkmale.

Beispiele für Abstandsmerkmale sind Kinderzahl von Eltern, Einwohnerzahl von Orten, Einkommen, Körpergröße, Alter, Regenmenge.

Die Ausprägungen von Abstandsmerkmalen sind stets Zahlen. Sie werden daher auch als *Merkmalswerte* bezeichnet. Man kann aber nicht sagen, dass zahlenmäßige Ausprägungen stets auf Abstandsmerkmale schließen lassen. Wie erwähnt, lassen sich ja auch die Ausprägungen von Unterschieds- und Rangmerkmalen durch Zahlen verschlüsseln. Der Unterschied ist, dass man die Werte von Abstandsmerkmalen addieren kann. Das ist bei anderen Merkmalen in der Regel sinnlos. Entsprechend können statistische Methoden, die eine Addition oder eine andere arithmetische Operation erfordern, nur auf die Ausprägungen von Abstandsmerkmalen angewendet werden.

Die Gesamtheit der Ausprägungen wird als *Wertebereich* bezeichnet.

Hauptsächlich für die theoretische Statistik von Bedeutung ist eine Unterteilung der Abstandsmerkmale in *kontinuierliche* und *diskrete* Merkmale. Kontinuierliche Merkmale können innerhalb eines bestimmten Intervalls beliebige Werte annehmen. Hierzu zählt beispielsweise die Körpergröße. Misst man die Körpergröße eines Menschen in cm, kann man bei einem entsprechend genauen Messverfahren beliebig viele Stellen hinter dem Komma angeben.

Weitere Beispiele sind: Alter, Gewicht, Entfernung, Benzinverbrauch, Regenmenge.

Diskrete Merkmale können innerhalb eines bestimmten Intervalls nur einzelne Werte annehmen. Für die Kinderzahl eines Ehepaares kommen nur Werte von 0, 1, 2, 3 ... in Frage. Auch eine noch so genaue Erfassung wird keine gebrochenen Werte von beispielsweise 2,5 ergeben. Man sagt daher, dass diskrete Merkmale meist durch einen Zählvorgang erfasst werden. Beispiele: Kinderzahl, Einwohnerzahl, Zahl der Kühe je Bauernhof, Einkommen.

Kontinuierliche und diskrete Merkmale unterscheiden sich in der Zahl der Merkmalsausprägungen. Während diskrete Merkmale oft nur relativ wenige Werte aufweisen, haben kontinuierliche Merkmale – theoretisch – unendlich viele Ausprägungen. Mit wachsender Zahl der Ausprägungen diskreter Merkmale verwischt sich der praktische Unterschied zwischen beiden Typen jedoch immer mehr.

Zurück zu den Unterschieds-, Rang- und Abstandsmerkmalen. Sie bilden ihrem Informationsgehalt entsprechend eine Hierarchie. Es gilt, dass Merkmale mit höherem Informationsgehalt stets auch die Eigenschaften der Merkmale der untergeordneten Stufen enthalten. Man kann sich dies anhand eines einfachen Schaubildes verdeutlichen. Die Gesamtheit aller Merkmale wird durch einen Kreis symbolisiert. Alle Merkmale haben die Eigenschaft, dass ihre Ausprägungen Unterschiede angeben.

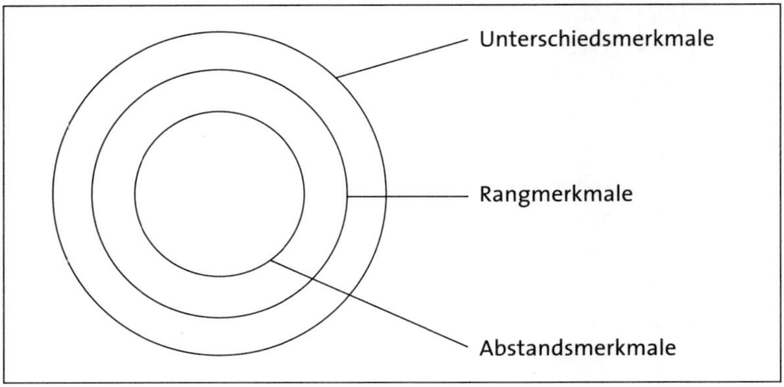

Abb. 2.1: Hierarchie statistischer Merkmale

Die Rangmerkmale haben zusätzlich die Eigenschaft, dass die Ausprägungen eine natürliche Rangordnung aufweisen. Dies wird durch einen inneren Kreis angedeutet. In diesem Kreis ist ein dritter Kreis eingeschlossen, der die Abstandsmerkmale repräsentiert, bei denen zusätzlich die Abstände zwischen den Ausprägungen von Bedeutung sind.

Aus dieser Merkmalshierarchie ergibt sich die Konsequenz, dass Abstandsmerkmale wie Rang- oder Unterschiedsmerkmale behandelt werden können. Das bedeutet aber einen Verzicht auf Informationen. Der umgekehrte Weg ist grundsätzlich jedoch nicht gangbar.

Fragen

1. Warum ist es wichtig, vor Beginn einer statistischen Untersuchung den Untersuchungszweck genau festzulegen?
2. Was versteht man unter einer Gesamtheit?
3. Nennen Sie fünf Beispiele für statistische Untersuchungen und die dazugehörenden Gesamtheiten.
4. Wie ist eine Gesamtheit regelmäßig abzugrenzen?
5. Warum muss man für die zeitliche Abgrenzung von Bestandsmassen einen Zeitpunkt, für die zeitliche Abgrenzung von Bewegungsmassen einen Zeitraum festlegen?
6. Nennen Sie fünf Beispiele für Bestands- und Bewegungsmassen.
7. Wie kann man den Umfang einer Bestandsmasse angeben, der für einen Zeitraum gültig ist?
8. Warum muss man bei Bewegungsmassen den zugrunde liegenden Zeitraum nennen?
9. Was versteht man unter Fortschreibung?
10. Was versteht man unter einer Vollerhebung?
11. Wie wirkt sich das Problem der Nichtbeantwortung bei einer Vollerhebung aus?
12. Worin bestehen die Vor- und die Nachteile einer Vollerhebung?
13. Was versteht man unter einer Teilerhebung?
14. Gibt es bei einer Teilerhebung auch das Problem der Nichtbeantwortung?
15. Worin bestehen die Vor- und die Nachteile einer Teilerhebung?
16. Wozu dient eine Hochrechnung?
17. Was versteht man unter einem Stichprobenfehler?
18. Was bezweckt man mit einer bewussten Auswahl?
19. Bei welchem Auswahlverfahren kann der Stichprobenfehler berechnet werden?
20. Was ist der Unterschied zwischen Primärstatistiken und Sekundärstatistiken?
21. Welches sind die Träger der amtlichen, welches die Träger der nichtamtlichen Statistik? Worin unterscheiden sie sich?
22. Was versteht man unter statistischen Merkmalen?

23. Nennen Sie fünf Beispiele für Unterschiedsmerkmale und geben Sie dazu die Ausprägungen an.
24. Nennen Sie drei Beispiele für Rangmerkmale und geben Sie dazu die möglichen Ausprägungen an.
25. Die Schulnoten sehr gut, gut, befriedigend, ausreichend, mangelhaft und ungenügend sollen durch Zahlen ersetzt werden. Welche der angegebenen Zahlenfolgen sind zulässig?
    a) 1, 2, 3, 4, 5, 6
    b) 10, 9, 8, 7, 6, 5
    c) 1, 4, 2, 3, 6, 5
26. Nennen Sie fünf Beispiele für Abstandsmerkmale und geben Sie dazu die Ausprägungen an.
27. Nennen Sie je fünf diskrete und kontinuierliche Merkmale.

3 Die Auswertung statistischer Daten

3.1 Zum Gebrauch statistischer Formeln

In der Auswertung statistischer Daten liegt das eigentliche Anwendungsgebiet statistischer Methoden. Ihre Aufgabe ist es, das mehr oder minder umfangreiche Datenmaterial auf das Wesentliche zu beschränken und charakteristische Eigenschaften herauszuarbeiten. Dies geschieht in aller Regel dadurch, dass man die Daten einer Reihe von Rechenoperationen unterzieht.

Um die Methoden zu beschreiben, kann man ihre einzelnen Rechenschritte der Reihe nach verbal erläutern. Bei komplizierteren Methoden wird man dazu aber sehr viel Text benötigen, wobei stets die Gefahr besteht, dass einzelne Erklärungen falsch verstanden werden. Man braucht also eine exakte Darstellung, die keinen Raum für subjektive Auslegungen lässt.

Statistische Formeln bilden solch eine exakte Darstellung. Es sind mathematische Ausdrücke, die sich aus Buchstaben bzw. Symbolen und Rechenzeichen zusammensetzen. In dieser Form wirken sie auf Laien häufig abschreckend. Man sollte sich jedoch stets vor Augen halten, dass diese Formeln nichts anderes sind als kurz gefasste Beschreibungen statistischer Methoden. Formeln sind niemals Selbstzweck, sie geben uns die Rechenschritte an, denen die statistischen Daten zu unterziehen sind. Gerechnet wird stets mit Zahlen, niemals mit Buchstaben. Die Symbole in den Formeln sind also nur Platzhalter für konkrete Zahlen.

Formeln sind nur verständlich, wenn die einzelnen Symbole ausreichend erklärt werden. Es muss angegeben werden, für welche statistischen Größen sie stehen. Um nicht jedes Mal von neuem sämtliche Symbole erläutern zu müssen, empfiehlt es sich, wiederkehrende Größen mit gleichen Buchstaben zu kennzeichnen.

Grundsätzlich gilt, dass für ein Symbol beliebige Zahlen eingesetzt werden können. Welche Zahl im konkreten Fall tatsächlich einzusetzen ist, richtet sich nach der Problemstellung. Für gleiche Symbole in einer Formel können aber nur gleiche Zahlen eingesetzt werden.

Größen, die praktisch in sämtlichen Methoden eine Rolle spielen, sind der Umfang der Gesamtheit und das Untersuchungsmerkmal. Es hat sich eingebürgert, hierfür folgende Symbole zu verwenden:

n = Umfang der Gesamtheit, Anzahl der Einheiten
x = Merkmal

Wird ein zweites Merkmal benötigt, kann man dafür den Buchstaben y verwenden.

Es interessiert jedoch nicht das Merkmal an sich, sondern die Merkmalsausprägungen, die die einzelnen Einheiten aufweisen. Denkt man sich die Einheiten durchnummeriert von 1 bis n, also von der ersten bis zur letzten Einheit, kann man die Ausprägungen der Einheiten durch eine Kombination des Buchstabens x mit der jeweiligen Ordnungsnummer bezeichnen. Dies geschieht durch

$x_1, x_2, \ldots, x_n$
(lies: x eins, x zwei bis x n)

Es bedeuten:
x_1 = Merkmalsausprägung der 1. Einheit
x_2 = Merkmalsausprägung der 2. Einheit
x_n = Merkmalsausprägung der n-ten Einheit

Die tiefgestellten Ordnungsnummern werden als Zeiger bezeichnet. Die drei Punkte in der Aufzählung sollen andeuten, dass weitere Zeichen folgen, die der Einfachheit halber jedoch nicht gesondert aufgeführt werden bzw. nicht aufgeführt werden können, solange nicht eine feste Zahl für n gegeben ist. Will man nicht wie bisher die Ausprägung einer genau bestimmten Einheit angeben, sondern irgendeine beliebige Ausprägung, muss man auch die Ordnungsnummer durch einen Buchstaben ersetzen. Dies geschieht meist durch den Buchstaben i:

x_i = Merkmalsausprägung der i-ten Einheit

Allerdings muss festgelegt werden, welche konkreten Zahlen für i eingesetzt werden können. Steht x_i für die Ausprägungen aller Einheiten der Gesamtheit, geschieht dies in der Regel durch folgende Schreibweise:

x_i, i = 1, ..., n
(lies x i, wobei i die Werte von 1 bis n annimmt)

Der Hinweis auf den Wertebereich von i kann entfallen, wenn aus dem Zusammenhang klar ist, welche Werte in Frage kommen.

Beispiel 1
Die acht Mitglieder einer Stammtischrunde beschließen, das Geld zusammenzulegen, das sie bei sich haben. Im Einzelnen zahlen sie, der Sitzordnung nach, folgende € -Beträge in die gemeinsame Kasse:

81,00 €
17,50 €
4,38 €
542,00 €
10,10 €
8,20 €
53,42 €
211,05 €

In diesem Fall ist n = 8, x_1 = 81,00, x_2 = 17,50, ..., x_8 = 211,05.
Der gesamte Geldbetrag ist die Summe der 8 Einzelbeträge, also
$x_1 + x_2 + ... + x_8$ = 81,00 + 17,50 + ... + 211,05 = 927,65.

Die gemeinsame Kasse enthält demnach 927,65 €.

In diesem einfachen Beispiel hätte man sich eine Formalisierung sparen können. Die Darstellung dient jedoch zur Vorbereitung auf kompliziertere Methoden.

Eine sehr häufige Rechenoperation ist das Bilden von Summen, d. h. die Addition von Einzelwerten. Dazu kann man die Darstellung von Beispiel 1 verwenden. Kürzer ist jedoch eine Schreibweise, die auf das sogenannte Summenzeichen zurückgreift. Die beiden Schreibweisen links und rechts vom Gleichheitszeichen

$$x_1 + x_2 + \cdots + x_n = \sum_{i=1}^{n} x_i$$

(lies: Summe x i mit i = 1 bis n)[1]

sind gleichwertig. Beide geben an, dass die n Merkmalswerte addiert werden sollen. Unter und über dem Summenzeichen stehen die Summierungsgrenzen, die mit dem kleinsten und dem größten Wert den Wertebereich angeben, den i annehmen soll.

Wenn man in einer Formel auf ein Summenzeichen stößt, sollte man sich stets vor Augen halten, dass die alte Rechenregel: «Punktrechnung geht vor Strichrechnung», auch hier gilt. Das heißt, dass man erst die Operationen «multiplizieren» und «dividieren» durchführen muss und danach erst «addieren» und «subtrahieren» darf. Vorrang haben jedoch stets die Rechenoperationen, die in Klammern gesetzt sind. Das Summenzeichen hat dabei die Funktion einer Klammer.

Einige Hinweise noch zum Rechnen mit dem Summenzeichen.

1. Addition eines konstanten Faktors a zu den Merkmalswerten

$$(x_1 + a) + (x_2 + a) + \cdots + (x_n + a) = \sum_{i=1}^{n} (x_i + a) =$$

$$\sum_{i=1}^{n} x_i + \sum_{i=1}^{n} a = \sum_{i=1}^{n} x_i + na$$

1. Es gibt drei Vorgehensweisen. Man addiert zunächst zu jedem Merkmalswert den konstanten Faktor. Anschließend addiert man diese Werte auf.

1 Dies ist eine verkürzte Lesart. Ausführlich könnte man lesen: Summe aller x_i-Werte, wobei i alle Werte von 1 bis n annehmen soll.

2. Man addiert zunächst die Merkmalswerte und die konstanten Faktoren. Zuletzt addiert man diese beiden Summen.

3. Man addiert die Merkmalswerte für sich und multipliziert a mit n (der Anzahl der Einheiten). Das gesuchte Ergebnis ist die Summe aus beiden Größen.

Beispiel 2

Fünf im Gewicht verschiedene Waren (das Volumen sei gleich) werden jeweils in Verpackungen, die dasselbe Gewicht aufweisen, versandt.

Ware 1 = x_1 = 100 kg
Ware 2 = x_2 = 120 kg
Ware 3 = x_3 = 140 kg
Ware 4 = x_4 = 150 kg
Ware 5 = x_5 = 180 kg

Verpackung = a = 20 kg

n = 5

Das Gesamtgewicht errechnet sich:

$$\sum_{i=1}^{n} x_i + na = (100\text{ kg} + 120\text{ kg} + 140\text{ kg} + 150\text{ kg} + 180\text{ kg}) + 5 \cdot 20\text{ kg}$$

$$= 690\text{ kg} + 100\text{ kg} \qquad = 790\text{ kg}$$

Ware + Verpackung = gesamt

2. Multiplikation der Merkmalswerte mit einem konstanten Faktor a

$$x_1 a + x_2 a + \cdots + x_n a = \sum_{i=1}^{n} x_i a = a \cdot \sum_{i=1}^{n} x_i$$

Hier gibt es zwei Möglichkeiten:

1. Man multipliziert jeden Merkmalswert mit a und bildet anschließend die Summe.

2. Man addiert zunächst die Merkmalswerte. Erst danach wird diese Summe mit a multipliziert.

Beispiel 3

Nehmen wir an, das Gewicht der Verpackung hänge vom Gewicht der Ware ab; es sei z. B. gleich bleibend 20 Prozent des Warengewichts (a entspricht damit dem Faktor 1,2).

Nach der ersten Möglichkeit müsste man jedes Gewicht der Ware mit 1,2 multiplizieren, also

100 kg · 1,2 = 120 kg
120 kg · 1,2 = 144 kg
140 kg · 1,2 = 168 kg usw.

und dann die Summe bilden.

Bei der zweiten Möglichkeit bildet man erst die Summe der Warengewichte (= 690 kg) und multipliziert dann mit dem Faktor 1,2.

Ergebnis der beiden Fälle: 828 kg.

3. Multiplikation der Merkmalswerte mit einem beliebigen Faktor

(der also unterschiedliche Werte annehmen kann)

$$x_1 f_1 + x_2 f_2 + \ldots + x_n f_n = \sum_{i=1}^{n} x_i f_i$$

Da Punktrechnung vor Strichrechnung geht, sind zunächst alle Merkmalswerte mit den zugehörigen Faktoren zu multiplizieren. Erst danach wird addiert.

Beispiel 4

Wenn die Warengewichte verschieden sind und die Verpackungsgewichte jeweils unterschiedlich vom Warengewicht abhängig sind, z. B.

$x_1 = 100$ kg	$f_1 = 1{,}2$	(= 20 % vom Warengewicht)
$x_2 = 120$ kg	$f_2 = 1{,}3$	(= 30 % vom Warengewicht)
$x_3 = 140$ kg	$f_3 = 1{,}5$	(= 50 % vom Warengewicht) usw.

dann muss erst x_1 mit f_1
x_2 mit f_2 usw.
multipliziert werden; danach kann die Summe gebildet werden.

3.2 Häufigkeitsverteilungen

Bei Primärstatistiken müssen die von den einzelnen Einheiten erhobenen Informationen zusammengefasst werden, da nicht die Individualdaten interessieren, sondern die Daten der Gesamtheit. Dieser Vorgang wird als *Aufbereitung* bezeichnet.

Bei kleineren Erhebungen kann eine Aufbereitung manuell erfolgen. Zunächst werden die Ausprägungen eines jeden Merkmals aufgeschrieben. Anschließend wird Einheit für Einheit nach ihrer Ausprägung notiert. Ergebnis ist eine Strichliste, aus der sich ablesen lässt, wie oft jede Ausprägung vorliegt.

Bei größeren Datenmengen wird man zweckmäßigerweise einen PC benutzen. Vorab sind alle Merkmale, deren Ausprägungen keine Zahlen sind, zu verschlüsseln. Das bedeutet, dass jede Merkmalsausprägung durch eine bestimmte Zahl (= Kodierung) ersetzt wird, z. B. ledig = 1, verheiratet = 2, geschieden = 3, verwitwet = 4. Statt der verbalen Ausprägung wird die Schlüsselzahl eingegeben. Mit Hilfe eines einfachen Computerprogramms lassen sich die Ausprägungen aller Merkmale schnell und genau auszählen. Ziel der Aufbereitung ist es, für jedes Merkmal eine *Häufigkeitsverteilung* (Merkmalsverteilung) zu erstellen. Sie beschreibt nicht nur die Beschaffenheit eines Merkmals in der Gesamtheit, sondern bildet auch die Grundlage für eine weitere Bearbeitung der Daten.

Unter einer Häufigkeitsverteilung versteht man die Angabe, wie oft jede Merkmalsausprägung in der Gesamtheit vorkommt oder wie groß der Anteil der Nennungen einer jeden Ausprägung ist.

Eine Häufigkeitsverteilung kann auf zwei Arten erstellt werden, und zwar mit absoluten und mit relativen Häufigkeiten. Als *absolute Häufigkeit* bezeichnet man die Zahl der Einheiten, die eine bestimmte Ausprägung aufweisen. Als *relative Häufigkeit* bezeichnet man den Anteil der Einheiten mit einer bestimmten Ausprägung an der Gesamtheit der

Einheiten. Relative Häufigkeiten sind den meisten von uns geläufig als Prozentanteile.

Auch diese Tatbestände lassen sich wiederum durch einige Symbole formalisieren. Dabei denkt man sich die Ausprägungen durchnummeriert. Es bedeuten

k = Anzahl der Merkmalsausprägungen
n_i = absolute Häufigkeit der i-ten Ausprägung, Anzahl der Einheiten mit der Ausprägung i
f_i = relative Häufigkeit der i-ten Ausprägung
i = Ordnungsnummer der i-ten Ausprägung, $i = 1, 2, ..., k$

Es gelten folgende Beziehungen

$$n_1 + n_2 + \ldots + n_k = \sum_{i=1}^{k} n_i = n$$

Die Summe der absoluten Häufigkeiten ist gleich der Anzahl aller Einheiten (= Umfang der Gesamtheit). Das muss so sein, da jede Einheit nur eine einzige Ausprägung aufweist.

$$f_1 + f_2 + \ldots + f_k = \sum_{i=1}^{k} f_i = 1 = 100\ \%$$

Die Summe der relativen Häufigkeiten aller Merkmalsausprägungen ist = 1 oder 100 Prozent. Dabei sind beide Schreibweisen völlig gleichwertig, denn 100 Prozent bedeutet 100/100, das ist aber genau 1.

Ebenso wie absolute Häufigkeiten können auch relative Häufigkeiten niemals negativ sein. Es wäre unsinnig zu sagen, dass eine Ausprägung –3-mal vorkommt. Der kleinstmögliche Wert für Häufigkeiten ist stets 0, nämlich dann, wenn eine Ausprägung in der Gesamtheit nicht vertreten ist. Relative Häufigkeiten lassen sich aus den absoluten Häufigkeiten berechnen, indem man die absolute Häufigkeit einer Ausprägung dividiert durch den Umfang der Gesamtheit. Es gilt also

$$f_i = \frac{n_i}{n}$$

Machen wir uns das an einem Beispiel klar:

Beispiel 5

Bevölkerung der Bundesrepublik am 31. 12. 2006 nach Familienstand

	Bevölkerung	
Familienstand	Millionen Personen	%
ledig	34,0	41,3
verheiratet	36,3	44,2
verwitwet	6,0	7,3
geschieden	5,9	7,2
insgesamt	82,2	100,0

Quelle: Statistisches Jahrbuch 2008, S. 43

Der Umfang n der Gesamtheit ist 82,2. (Da sämtliche Zahlen aus Gründen einer kürzeren Schreibweise durch 1 000 000 dividiert wurden, kann man auch mit den verkürzten Zahlen rechnen. Für eine Interpretation der Ergebnisse müssen die absoluten Häufigkeiten jedoch wieder mit 1 000 000 multipliziert werden.)

Die absolute Häufigkeit der ersten Merkmalsausprägung (ledig) ist $n_1 = 34{,}0$ usw. Die relativen Häufigkeiten werden wie folgt berechnet:

$$f_1 = \frac{n_1}{n} = \frac{34{,}0}{82{,}2} = 0{,}413 = 41{,}3\,\%$$

$$f_2 = \frac{n_2}{n} = \frac{36{,}3}{82{,}2} = 0{,}442 = 44{,}2\,\% \quad \text{usw.}$$

Die Summe der relativen Häufigkeiten ergibt nicht immer genau 1 bzw. 100 Prozent. Eventuelle kleine Abweichungen sind auf Rundungsungenauigkeiten zurückzuführen. Als Summe wird dennoch 1 bzw. 100 Prozent angesetzt.

Relative Häufigkeiten haben den Vorteil, dass die Häufigkeitsverteilung nicht mehr mit den unter Umständen sehr großen und unterschiedlich hohen absoluten Häufigkeiten angegeben wird, sondern stets durch Zahlen aus dem Bereich zwischen 0 und 1 bzw. 0 Prozent und 100 Prozent. Nehmen wir als Beispiel die beiden Zahlen 3 728 964 und 7 457 928. Kaum jemand wird auf den ersten Blick erkennen, dass die erste Zahl halb so groß ist wie die zweite. Die unterschiedliche Größenordnung wird dagegen sofort klar, wenn gesagt wird, dass die erste Zahl 50 Prozent der zweiten Zahl beträgt.

Mit der Verwendung relativer Häufigkeiten ist allerdings ein gewisser Informationsverlust verbunden. Wir wissen nicht mehr, wie groß die absoluten Häufigkeiten sind, die sich hinter den Prozentangaben verbergen, ob wir es etwa mit einer großen oder kleinen Gesamtheit zu tun haben. Nach Möglichkeit sollte man daher zusätzlich den Umfang der Gesamtheit angeben, wenn man mit relativen Häufigkeiten arbeitet.

3.3 Klasseneinteilung

Bei Merkmalen, die wie der Familienstand nur wenige Ausprägungen haben, können alle Ausprägungen einzeln aufgeführt werden. Anders ist es bei Merkmalen mit sehr vielen Ausprägungen, z. B. beim Einkommen. Selbst wenn man sich auf ganze Euros beschränkt, hat man es mit einer riesigen Zahl von Ausprägungen zu tun, da alle Werte zwischen 0 und mehreren Millionen vorkommen können.

Man wird in solchen Fällen benachbarte Ausprägungen zu Klassen zusammenfassen. Dieser Vorgang wird auch als Klassierung bezeichnet. Erfasst wird dann nicht mehr, wie groß die Häufigkeiten jeder einzelnen Ausprägung sind, sondern nur noch, welche Häufigkeiten eine jede Klasse (von Merkmalsausprägungen) aufweist. Damit ist zwar ein gewisser Informationsverlust verbunden, der umso größer ist, je weniger Klassen gebildet werden. Andererseits wird eine solche Zusammenfassung übersichtlicher.

Es gibt keine festen Regeln für die Zahl der Klassen. Die Empfehlung des Deutschen Normenausschusses (DIN 55 302) ist nur als Faustregel zu sehen. Sie ist keinesfalls verbindlich.

Anzahl n der Einheiten	Anzahl k der Klassen
bis 100	mindestens 10
bis 1000	mindestens 13
etwa 10 000	mindestens 16
etwa 100 000	mindestens 20

Je größer die Zahl der Einheiten ist, desto größer sollte normalerweise auch die Zahl der Klassen sein.

Auch die Entscheidung, welche Ausprägungen jeweils zu einer Klasse zusammengefasst werden sollen, wo also die Klassengrenzen liegen, kann nur von Fall zu Fall getroffen werden.

Gleich breite Klassen sind zwar sehr angenehm, aber nicht immer vertretbar. Das gilt dann, wenn der größte Teil der Häufigkeiten auf einen sehr kleinen Teil des Wertebereichs entfällt. Nehmen wir an, das Merkmal Einkommen, dessen Wertebereich der Einfachheit halber hier auf 0 bis 1 000 000 festgesetzt werden soll, ist in zehn Klassen einzuteilen. Bei gleichen Klassenbreiten würde die erste Klasse von 0 bis 100 000 reichen. Auf sie entfällt der weitaus größte Teil aller Einkommensbezieher, also der Häufigkeiten, während die übrigen neun Klassen nur schwach besetzt sind. Die sich ergebende Häufigkeitsverteilung ist praktisch unbrauchbar. Stattdessen muss man am Anfang relativ kleine Klassenbreiten ansetzen, die aber mit zunehmendem Einkommen immer größer werden. Man könnte beispielsweise die Grenzen 3000, 6000, 12 000, 25 000 usw. verwenden.

Bei der Klassierung muss gewährleistet sein, dass der gesamte Wertebereich eines Merkmals sowohl lückenlos als auch überschneidungsfrei aufgeteilt wird.

Beispiel 6

In einem Betrieb mit 1205 Beschäftigten wird die Altersstruktur folgendermaßen angegeben:

Alter in Jahren	Beschäftigte
16–20	15
20–30	528
30–40	418
45–65	209
insgesamt	1170

Hier wird sowohl gegen den Grundsatz der Lückenlosigkeit als auch den der Überschneidungsfreiheit verstoßen. Einmal werden 35 Beschäftigte keiner Klasse zugeordnet. Daraus darf man keinesfalls schließen, sie müssten der vergessenen Klasse von 41 bis 44 Jahren angehören. Es können ja auch Beschäftigte im Betrieb sein, die unter 16 oder über 65 Jahre alt sind. Die Klassen überschneiden sich auch. Beispielsweise ist unklar, wo die 20 Jahre alten Beschäftigten eingeordnet sind.

Von einer geschlossenen Klasse spricht man, wenn die Ober- und die Untergrenze einer Klasse angegeben sind und mit zur Klasse gehören. Offene Klassen werden immer dann verwendet, wenn eine Grenze nicht genau angegeben werden kann. Das trifft oft für die erste oder letzte Klasse eines Merkmals zu.

Beispiel 7

Altersstruktur von 600 Beschäftigten eines Betriebs

Alter in Jahren	Beschäftigte
unter 21	72
21–30	105
31–40	136
41–50	129
51–60	96
61 und mehr	62
insgesamt	600

Die erste und die letzte Klasse sind offen und die übrigen Klassen geschlossen.

Offene Klassen werden regelmäßig bei kontinuierlichen Merkmalen verwendet, bei denen die Ausprägungen beliebig feine Werte annehmen.[1] Dabei hat sich eingebürgert, sogenannte rechts-offene Klassen zu bilden.

1 Das Merkmal «Alter» ist grundsätzlich ein kontinuierliches Merkmal. Zählt man jedoch wie in Beispiel 7 nur die vollendeten Jahre, erhält man ein diskretes Merkmal.

Beispiel 8
Körpergröße von 1000 Männern

Größe in cm	Männer
unter 160	15
160 bis unter 165	65
165 bis unter 170	123
170 bis unter 175	211
175 bis unter 180	234
180 bis unter 185	189
185 bis unter 190	117
190 und mehr	46
insgesamt	1000

Die Größenangabe, die die linke untere Klassengrenze bildet, z.B. 160 cm, gehört mit zur Klasse, d.h. Einheiten, die genau diesen Merkmalswert aufweisen, fallen in diese Klasse. Die rechte obere Klassengrenze gehört dagegen bereits zur nächsten Klasse. Männer mit genau 165 cm Körpergröße rechnen folglich zur dritten Klasse. Auf diese Weise wird eine lückenlose und überschneidungsfreie Einteilung kontinuierlicher Merkmale erreicht.

Die gleiche Vorgehensweise wird im Übrigen auch bei diskreten Merkmalen mit feiner Abstufung der Ausprägungen gewählt, obwohl dort im Gegensatz zu den kontinuierlichen Merkmalen auch die Obergrenzen genau angegeben werden könnten.

3.4 Häufigkeitssummenverteilung

Neben der Häufigkeitsverteilung findet man oft noch eine andere Art der Darstellung eines Merkmals, die sogenannte Häufigkeitssummenverteilung (Summenverteilung). Wie der Name sagt, handelt es sich dabei um aufsummierte Häufigkeiten. Die Addition der Häufigkeiten erfolgt nicht willkürlich, sondern nach der natürlichen Reihenfolge der Ausprägungen von der kleinsten bis zur größten. Aus diesem Grund sind Summenverteilungen auch nur für Rang- und Abstandsmerkmale sinnvoll.

Der Wert der Summenverteilung für eine bestimmte Ausprägung ergibt sich, indem man zur Häufigkeit dieser Ausprägung auch alle Häufigkeiten der kleineren Ausprägungen addiert. Die Häufigkeitssummenverteilung gibt also an, wie viele Einheiten der Gesamtheit einen bestimmten Merkmalswert nicht übersteigen, d. h. Ausprägungen aufweisen, die entweder kleiner oder gleich diesem Wert sind.

Beispiel 9

Wenn wir uns mit der Körpergröße von Schulkindern befassen, nennt uns die Summenverteilung, wie viele Kinder eine uns interessierende Größe nicht übertreffen, z. B. 155 cm. Man erhält das Ergebnis, wenn man die Kinder zählt, die höchstens 155 cm groß sind. Statistisch ausgedrückt: Man summiert die Häufigkeiten aller Ausprägungen bis zu einem bestimmten Merkmalswert, hier 155 cm.

Zur Bestimmung der Summenverteilung kann man sowohl die absoluten als auch die relativen Häufigkeiten verwenden. Nimmt man absolute Häufigkeiten, sind die Werte der Summenverteilung Anzahlen, nimmt man relative Häufigkeiten, ergeben sich Anteile an der Gesamtheit. Statt nach der Anzahl der Kinder zu fragen, die höchstens 155 cm groß sind, hätte man auch fragen können: Wie viel Prozent der Kinder, d. h. welcher Anteil an der Gesamtheit, sind höchstens 155 cm groß?

Die Vorgehensweise bei der Bestimmung der Summenverteilung hängt davon ab, ob man es mit Einzelwerten zu tun hat, ob man also in der Lage ist, für jede Einheit der Gesamtheit einen konkreten Merkmalswert anzugeben, oder ob das Merkmal bereits in Klassen eingeteilt ist, sodass nur noch die Häufigkeit für die einzelnen Merkmalsklassen bekannt ist.

Häufigkeitssummenverteilung bei Einzelwerten

Beispiel 10

Häufigkeitsverteilung der Familien nach Zahl der Kinder, Deutschland 2006

Kinderzahl	Anzahl der Familien (1000)
0	9681
1	6396
2	4529
3	1157
4 und mehr	315
insgesamt	22078

Quelle: Statistisches Jahrbuch 2008, S. 46

In diesem Beispiel sind die 22 078 000 Einzelwerte lediglich zusammengefasst. Es gibt 9 681 000 Familien ohne Kinder, 6 396 000 Familien mit nur einem Kind usw.

Die Werte der Summenverteilung ergeben sich folgendermaßen:

Kinderzahl höchstens	Anzahl (1000) = Wert der Summenverteilung
0	9681
1	6396 + 9681 = 16 077
2	4529 + 16 077 = 20 606
3	1157 + 20 606 = 21 763
.*	315 + 21 763 = 22 078

* Wert kann nicht angegeben werden, da die größtmögliche Kinderzahl aus der Aufstellung nicht hervorgeht.

Die Tabelle ist wie folgt zu lesen:
9 681 000 Familien haben keine Kinder, 16 077 000 Familien haben höchstens ein Kind usw.

Unter der Voraussetzung, dass die Merkmalsausprägungen der Größe nach geordnet sind, lässt sich die Summenverteilung formelmäßig darstellen, und zwar bei

Verwendung absoluter Häufigkeiten
$N_i = n_1 + n_2 + \ldots + n_i$

Verwendung relativer Häufigkeiten
$F_i = f_1 + f_2 + \ldots + f_i = N_i/n$

Es bedeuten:

N_i	=	Wert der Summenverteilung für die i-te Ausprägung bei absoluten Häufigkeiten
F_i	=	Wert der Summenverteilung für die i-te Ausprägung bei relativen Häufigkeiten
$n_1, n_2, \ldots, n_i$	=	absolute Häufigkeiten der Ausprägungen 1, 2, ..., i
$f_1, f_2, \ldots, f_i$	=	relative Häufigkeiten der Ausprägungen 1, 2, ..., i

Als Wert für die letzte größte Ausprägung ergibt sich

$N_k = n_1 + n_2 + \ldots + n_k = n$ bzw.
$F_k = f_1 + f_2 + \ldots + f_k = 1$

Der größte Wert der Summenverteilung ist bei absoluten Häufigkeiten n, bei relativen 1.

Da die Summenverteilung als Summe von (nicht negativen) Häufigkeiten berechnet wird, sind auch die Werte der Summenverteilung niemals negativ.

Häufigkeitssummenverteilung bei klassierten Werten

Ist nur die Häufigkeitsverteilung für ein klassiertes Merkmal bekannt, lassen sich die Werte der Summenverteilung exakt nur noch für die einzelnen Klassengrenzen angeben.

Beispiel 11

Aufenthaltsdauer von Gästen in einem Ferienort

Aufenthalt von ... bis unter ... Tagen	Anzahl
unter 1	340
1 – 4	578
4 – 7	223
7 – 14	687
14 und mehr	2661
insgesamt	4489

Für die Klassengrenzen ergeben sich als Werte der Summenverteilung:

Aufenthalt unter ... Tagen	Anzahl = Wert der Summenverteilung
1	340
4	578 + 340 = 918
7	223 + 918 = 1141
14	687 + 1141 = 1828
.*	2661 + 1828 = 4489

* Wert kann nicht angegeben werden, da die größtmögliche Aufenthaltsdauer (unter ... Tagen) aus der Aufstellung nicht hervorgeht.

Im Einzelnen errechnet man

$N_1 = n_1 = 340$

$N_2 = n_1 + n_2 = 340 + 578 = 918$ usw.

Es bedeuten:
N_1 = Wert der Summenverteilung für die Obergrenze der 1. Klasse
N_2 = Wert der Summenverteilung für die Obergrenze der 2. Klasse usw.

Bei genauer Beobachtung wird man einen Unterschied zur Summenverteilung bei Einzelwerten feststellen. Während dort die Frage beantwortet wird, wie viele Einheiten *höchstens* einen bestimmten Wert aufweisen, heißt es hier, wie viele Einheiten *weniger* als einen bestimmten Wert aufweisen, also etwa wie viele Gäste weniger als sieben Tage in dem Ferienort leben. Der Grund liegt darin, dass es sich im Beispiel um rechts-offene Klassen handelt, deren Obergrenze nicht mehr zur jeweiligen Klasse gehört. Dieser Unterschied hat letztlich jedoch nur theoretische Bedeutung, da bei kontinuierlichen Merkmalen eine Klasse stets beliebig nahe an die Klassengrenzen heranreicht und auch die Häufigkeit der Klassengrenze in der Regel unbedeutend ist. Aus den genannten Gründen ist es letztlich egal, ob man die Klassengrenze einbezieht oder nicht.

Etwas schwieriger wird die Ermittlung der Summenverteilung für Merkmalswerte, die nicht mit den Klassengrenzen zusammenfallen. Hier kann man die Werte nur näherungsweise bestimmen, und zwar unter der Annahme, dass die Häufigkeiten einer jeden Klasse sich gleichmäßig über die gesamte Klassenbreite verteilen. Diese Annahme ist vertretbar, solange keine gegenteiligen Informationen vorliegen.

Anmerkung
Wenn die Einzelwerte bekannt sind, sollte man für die Berechnung statistischer Methoden auf sie zurückgreifen. Man erhält dann exakte Ergebnisse. Annahmen wie hier bei der Häufigkeitssummenfunktion sind stets nur ein Notbehelf für den Fall, dass die Einzelwerte nicht verfügbar sind oder der Rechenaufwand zu groß ist. Wenn die Originaldaten im PC gespeichert sind, trifft beides nicht zu. Dann kann und sollte man exakt rechnen.

Wenn z. B. gefragt ist, wie viele Gäste weniger als drei Tage in dem Ferienort waren, führen folgende Überlegungen – näherungsweise – zum Ergebnis:

1. 340 Gäste waren weniger als 1 Tag in dem Ort, d. h. am Tag der Zählung angekommen. Der Wert der Summenverteilung muss also mindestens 340 sein.
2. 578 Gäste waren bereits zwischen 1 und 4 Tage da. Verteilt man diese 578 auf die beiden Zeitabschnitte, und zwar entsprechend deren Länge, entfallen auf den Zeitraum von 1 bis unter 3 Tagen 385 und auf den Zeitraum von 3 bis unter 4 Tagen 193.
3. Der Wert der Summenverteilung ist also 340 + 385 = 725. 725 Gäste waren also weniger als 3 Tage in dem Ferienort.

Formal lassen sich diese Überlegungen wie folgt darstellen:

$$N_x = N_{i-1} + \frac{n_i}{b_i}(x - x_{i-1})$$

Es bedeuten:

x = Merkmalswert, für den der Wert der Summenverteilung bestimmt werden soll
N_x = Wert der Summenverteilung für den Merkmalswert x
N_{i-1} = Wert der Summenverteilung für die Obergrenze der x vorangehenden Klasse
x_{i-1} = Obergrenze der x vorangehenden Klasse
n_i = absolute Häufigkeiten der Klasse, in der x liegt
b_i = Breite der Klasse, in der x liegt, Differenz zwischen Obergrenze und Untergrenze

Z. B. ergibt sich für x = 3

$$N_x = N_1 + \frac{n_2}{b_2}(x - x_1) = 340 + \frac{578}{3}(3-1) = 340 + 385 = 725$$

Selbstverständlich gelten diese Überlegungen in gleicher Weise für relative Häufigkeiten. Auf die Darstellung soll hier verzichtet werden.

3.5 Statistische Maßzahlen

Häufigkeitsverteilungen beschreiben ein Merkmal vollständig. Die in einer Häufigkeitsverteilung enthaltenen Informationen sind allerdings – auch bei einer Klassierung – oft noch zu umfangreich und zu unübersichtlich. Häufigkeitsverteilungen bilden daher in der Regel erst die Grundlage für die weitere Anwendung statistischer Methoden. Ihr Ziel ist es, den Informationsgehalt anschaulich darzustellen und nach Möglichkeit auf das Wesentliche zu beschränken. Elementare Möglichkeiten sind hierfür Tabellen und Grafiken.

Eine noch weiter gehende Informationsverdichtung geschieht durch statistische Maßzahlen. Es handelt sich dabei um Zahlen, die bestimmte Eigenschaften von Häufigkeitsverteilungen ausdrücken, z. B. ihren Umfang, ihre Lage oder ihre Ausdehnung. Ihre Ermittlung setzt in der Regel einen Rechenvorgang voraus, das heißt, die Häufigkeitsverteilung wird verschiedenen Rechenoperationen unterzogen, deren Ergebnis die gewünschten Maßzahlen sind. Die erforderlichen Rechenoperationen sind zum Teil sehr einfach, zum Teil handelt es sich aber um komplizierte Vorgänge, die nur noch mit Hilfe von Computern bewältigt werden können.

Im Rahmen dieser Einführung werden nur vergleichsweise elementare Methoden behandelt, die keine besonderen mathematischen Kenntnisse erfordern. Im Wesentlichen sind nur die vier Grundrechenarten Addition, Multiplikation, Subtraktion und Division auszuführen.

Einige statistische Maßzahlen benötigen nicht einmal solche einfachen Berechnungen. Sie werden aus den vorhandenen Werten lediglich ausgewählt.

Zur Veranschaulichung seien diese fünf Möglichkeiten kurz skizziert.

Maßzahlen durch Auswahl

Einzelne Merkmalsausprägungen, die besondere Eigenschaften aufweisen, werden zur Charakterisierung der gesamten Häufigkeitsverteilung ausgewählt. Hierzu zählt der häufigste Wert, das ist die Ausprägung, die am häufigsten vorkommt, also die größte Häufigkeit hat. So ist z. B. bei fast 90 Prozent aller Verkehrsunfälle Fehlverhalten der Fahrerinnen und Fahrer die Ursache.

Maßzahlen durch Addition

Durch Addition der Häufigkeiten ergibt sich die Gesamtzahl der erfassten Einheiten, der Umfang der Gesamtheit, z. B. die Bevölkerung Deutschlands. Durch Addition der Merkmalswerte erhält man den sogenannten Totalwert, z. B. das Volkseinkommen als Summe aller Einzeleinkommen.

Maßzahlen durch Subtraktion

Subtrahiert man zwei Merkmalswerte voneinander, erfährt man den Größenunterschied zwischen den beiden. Beispielsweise ergibt die Differenz zwischen dem größten und dem kleinsten Merkmalswert die sogenannte Spannweite einer Merkmalsverteilung.

Maßzahlen durch Multiplikation

Durch Multiplikation der Werte von zwei Merkmalen entstehen zusammengesetzte Größen. Beispielsweise berechnet sich der Umsatz eines Gutes aus dem Produkt von Menge und Preis. Die Transportleistung von Waren wird gewöhnlich in Tonnenkilometern ausgedrückt – das ist das Produkt aus Gewicht und Transportstrecke der beförderten Waren.

Maßzahlen durch Division

Die meisten statistischen Maßzahlen entstehen durch Division. Dividiert man z. B. den Gesamtbetrag eines Merkmals, den Totalwert, durch die Zahl der Einheiten, spricht man von Durchschnittsbildung. Das bedeutet, dass der Totalwert gleichmäßig auf die Einheiten verteilt wird. Man erhält z. B. das Durchschnittseinkommen von Personen, wenn man das Gesamteinkommen, die Summe der unterschiedlichen Einzeleinkommen, durch die Zahl der Personen teilt.

Mit diesen Ausführungen sollte nur ein Überblick über die verschiedenen Möglichkeiten gegeben werden. Die Methoden werden in den folgenden Kapiteln näher erläutert.

Fragen

1. Wozu dienen Formeln in der Statistik?
2. Was versteht man unter Aufbereitung statistischer Daten?
3. Wozu dient die Häufigkeitsverteilung?
4. Wodurch unterscheiden sich absolute und relative Häufigkeiten?
5. Wie groß ist die Summe der absoluten Häufigkeiten, wie groß die Summe der relativen Häufigkeiten eines Merkmals?
6. Gibt es negative Häufigkeiten?
7. Wie kann man aus den absoluten Häufigkeiten eines Merkmals die relativen Häufigkeiten berechnen?
8. Welche Angaben benötigt man, um aus den relativen Häufigkeiten die absoluten Häufigkeiten zu berechnen? Wie erfolgt die Berechnung?
9. Was bezweckt man mit der Klassierung eines Merkmals?
10. Worin besteht der Unterschied zwischen geschlossenen und offenen Klassen?
11. Was versteht man unter statistischen Maßzahlen?

Aufgaben

1. Waschmittelverbrauch (in Paketen) bei 20 ausgewählten Haushalten
   12, 9, 10, 11, 9, 10, 7, 11, 10, 15,
   10, 11, 11, 3, 5, 19, 12, 6, 12, 12
   a) Welche Werte kann i, welche x_i annehmen?
   b) Berechnen Sie
   $$\sum_{i=1}^{n} x_i$$
   Was gibt das Ergebnis an?
   c) Wie groß ist n?

2. Berechnen Sie aus den Angaben von Aufgabe 1

$$\sum_{i=1}^{n} x_i a \quad \text{und } a \cdot \sum_{i=1}^{n} x_i$$

wobei a = 2,– €, d. h. der Preis eines Pakets Waschmittel ist.
Was besagt das Ergebnis?

3. Fünf Brüder, Max, Robert, Fritz, Ulrich und Klaus, besitzen je ein Sparbuch. Max hat darauf 23,– €, Robert 47,– €, Fritz 18,50 €, Ulrich 100,– € und Klaus 8,– €.
Zu Weihnachten erhält jeder von ihnen von einem Onkel 10,– €.
   a) Berechnen Sie den Gesamtbetrag aller Sparbücher

   $$\sum_{i=1}^{5} (x_i + a)$$

   wobei x_i = Bestand des i-ten Sparbuchs,
   a = Einzahlung des Onkels ist.
   b) Welche verschiedenen Möglichkeiten gibt es, den Gesamtbetrag auszurechnen?

4. Drei Freunde, A, B und C, spekulieren an der Börse. Das Anfangskapital betrug bei A 500,– €, bei B 1200,– €, bei C 3000,– €. Nach einem Jahr ziehen sie Bilanz. A hat sein Kapital verdreifacht, B hat sein Kapital unverändert gehalten, C hat sein Kapital halbiert. Wie hoch ist das Gesamtkapital nach einem Jahr?
Berechnen Sie nach der Formel

$$\sum_{i=1}^{n} x_i f_i$$

wobei x_i = Anfangskapital des i-ten Freundes,
f_i = Veränderungsfaktor des i-ten Betrages ist.

5. In einer Schulklasse wird ein Deutschaufsatz geschrieben:
Die Kinder erhalten folgende Zensuren:

3, 2, 2, 5, 1, 2, 4, 4, 4, 1,
2, 3, 2, 4, 4, 3, 3, 3, 2, 2,
2, 3, 1, 3, 3, 3, 2, 4, 5, 5,
2, 1, 4, 5, 4, 2, 2, 5, 2, 3.

a) Stellen Sie die Häufigkeitsverteilung auf
   (1) mit absoluten Häufigkeiten,
   (2) mit relativen Häufigkeiten.
b) Bestimmen Sie die Häufigkeitssummenverteilung!
c) Wie viele Kinder haben keine schlechtere Note als 3 erzielt?

6. Bei der Ermittlung der landwirtschaftlichen Nutzfläche von Bauernhöfen ergaben sich in einem Bezirk folgende Werte (in ha):

2,4	2,8	3,1	3,5	4,2	4,9	5,1
6,0	6,4	7,3	7,6	8,3	8,9	9,8
10,8	12,5	13,0	13,7	14,8	15,4	16,2
17,4	17,6	18,5	18,8	19,6	23,0	25,0
35,2	39,6	44,0	46,9			

a) Stellen Sie die Häufigkeitsverteilung für die klassierte Nutzfläche auf. Verwenden Sie dazu die Klassen 2 bis unter 5 ha, 5 bis unter 10 ha, 10 bis unter 20 ha, 20 bis unter 50 ha.
b) Bestimmen Sie die Werte der Häufigkeitssummenverteilung für die Klassengrenzen.
c) Wie viele Höfe haben weniger als 25 ha Nutzfläche? Vergleichen Sie das Ergebnis anhand der Einzelwerte mit dem aus den klassierten Werten berechneten Ergebnis.
d) Wie viele Höfe haben eine Nutzfläche zwischen 10 und 25 ha?

7. Einkommensverteilung in einer Stadt

Einkommen von ... bis unter ... €	Einkommensbezieher (1000 Personen)
unter 4000	5,2
4000–12 000	4,1
12 000–25 000	6,0
25 000–50 000	11,9
50 000–100 000	3,6
100 000–250 000	0,6
250 000 und mehr	0,1
insgesamt	31,5

a) Bestimmen Sie die Häufigkeitssummenverteilung.
b) Wie viele Personen hatten ein Einkommen von weniger als 30 000 €?

4 Wie können statistische Daten anschaulich dargestellt werden?

4.1 Tabellen

Statistische Daten sind umso brauchbarer, je anschaulicher und übersichtlicher sie zusammengestellt sind.

Wenn eine ausführliche Information gewünscht wird, wird man die Daten stets in einer Tabelle zusammenfassen. Eine Tabelle ist eine geordnete Zahlenübersicht, die zusätzliche Erläuterungen erhält, die für das Verständnis der Zahlen wichtig sind. Je detaillierter die Zahlenübersicht ist, desto mehr Informationen enthält sie.

Jede Tabelle sollte grundsätzlich folgende Teile aufweisen:

Titel bzw. Überschrift

Die Überschrift kennzeichnet den Tabelleninhalt. Sie sollte Angaben zu sachlicher, räumlicher und zeitlicher Abgrenzung der Daten enthalten. Um den Titel nicht zu lang werden zu lassen, kann man bei Bedarf einen erklärenden Zusatz in Form eines Untertitels einfügen.

Hauptteil

Der Hauptteil enthält die statistischen Daten in der gewünschten Aufgliederung. Sie werden zeilenweise in der sog. Vorspalte, spaltenweise im Tabellenkopf gekennzeichnet. Auf diese Weise kann jede Zahl in der Tabelle zweifach festgelegt werden, und zwar durch die Beschreibung im Tabellenkopf und in der Vorspalte.

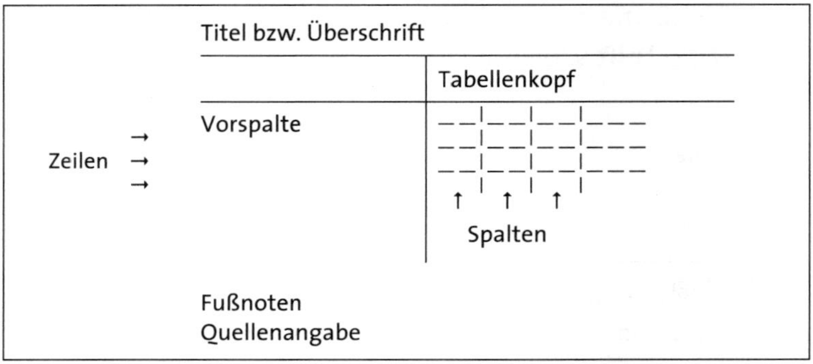

Abb. 4.1: Aufbau einer Tabelle

Quellenangabe

Wichtig ist es anzugeben, woher die Daten kommen. Das erfordert nicht nur das Urheberrecht, eine solche Quellenangabe ist auch ein Hinweis darauf, wo der interessierte Leser unter Umständen weitere Informationen finden kann. Die Quellenangabe soll zusätzlich Aufschluss über die Genauigkeit der Daten geben, ob sie z. B. von amtlichen oder nichtamtlichen Stellen erhoben werden. (In diesem Lehrbuch wird auf eine Quellenangabe immer dann verzichtet, wenn es sich um fiktive Daten handelt.)

Besonderheiten einzelner Tabellenteile können durch Fußnoten unmittelbar unter der Tabelle erläutert werden. Dies geschieht, um die Tabelle selbst nicht unnötig aufzublähen.

In einer Tabelle lassen sich auch zwei oder mehr Merkmale anschaulich miteinander kombinieren. Man spricht dann von einer Kreuztabellierung (siehe Beispiel 1).

Der Titel nennt die Gesamtheit in sachlicher, räumlicher und zeitlicher Abgrenzung. Es sind dies die im 1. Lebensjahr gestorbenen Kinder in Deutschland, und zwar im Jahr 2006. Die dargestellten Merkmale sind das Geschlecht und das Sterbealter.

Beispiel 1

Im ersten Lebensjahr Gestorbene nach Alter und Geschlecht, Deutschland 2006

	Im ersten Lebensjahr Gestorbene (ohne Totgeborene)		
Alter*	Knaben	Mädchen	insgesamt
0 Tage**	407	353	760
1–6 Tage	308	256	564
7–28 Tage	244	170	414
29 Tage–1 Jahr	470	371	841
im 1. Lebensjahr	1429	1150	2579

* Differenz zwischen Sterbetag und Geburtstag, z. B. 1 Tag = am Tag nach der Geburt gestorben.

** Am Tag der Geburt gestorben.

Quelle: Statistisches Jahrbuch 2008, S. 246

Der Tabellenkopf zeigt die Aufgliederung nach dem Geschlecht. Die zugehörigen Häufigkeiten stehen in der letzten Zeile: Es starben 2006 insgesamt 2579 Kinder im ersten Lebensjahr, davon 1429 Knaben und 1150 Mädchen.

Die Vorspalte führt das in Klassen eingeteilte Sterbealter auf. Die darauf entfallenden Häufigkeiten stehen in der letzten Zeile. Durch die Kombination der beiden Merkmale miteinander erhält man zusätzliche Informationen, z. B. starben 407 Knaben am Tag der Geburt.

Eine Tabelle soll grundsätzlich für sich allein verständlich sein. Es ist jedoch nicht jeder in der Lage, Tabellen zu lesen. Es empfiehlt sich daher, die wesentlichen Punkte der Tabelle in einem Begleittext zu erläutern. Dabei ergibt sich auch die Möglichkeit, besonders wichtige Zahlen zu interpretieren, um ihr Verständnis zu erleichtern.

Oft sind nicht alle Tabellenfelder mit Zahlen besetzt. Da hierfür verschiedene Gründe ausschlaggebend sein können, sollte man die Felder nicht einfach frei lassen, sondern in ihnen auf die Ursache hinweisen. Es gibt eine Empfehlung des Deutschen Normenausschusses (DIN 55 301), welche Zeichen dafür verwendet werden sollen. Die wichtigsten dieser Zeichen sind:

– = Nichts ist vorhanden, der Zahlenwert ist genau 0.
0 = Der Zahlenwert ist von 0 verschieden, jedoch kleiner als die Hälfte der kleinsten Einheit, die in der Tabelle dargestellt wird. Wenn z. B. in einer Tabelle die Bevölkerung der Bundesrepublik in tausend Personen erfasst wird, werden gesonderte Gruppen, die 499 oder weniger Personen umfassen, nicht mehr ausgewiesen. Der Umstand, dass etwas wegen Geringfügigkeit nicht aufgeführt wird, wird durch eine 0 gekennzeichnet.
• = Kein Nachweis vorhanden, meist weil der Zahlenwert unbekannt ist.

Wird eine Größe, z. B. eine Gesamtheit, vollständig in Teile zerlegt, spricht man von *Aufgliederung*. Die einzelnen Teilangaben, die aufsummiert die Gesamtheit ergeben, werden oft mit dem Zusatz «davon» versehen.

Werden dagegen nur einzelne Teilmengen hervorgehoben, spricht man von einer *Ausgliederung*. Die Teile können durch den Zusatz «darunter» gekennzeichnet werden.

Beispiel 2
In Deutschland gab es 2006 insgesamt 191 209 gerichtliche Ehelösungen. Darunter waren 190 928 Ehescheidungen. Die übrigen Eheauflösungsmöglichkeiten, nämlich Nichtigkeit und Aufhebung, sind unbedeutend. Es lohnt sich nicht, sie gesondert aufzuführen. Die Bezeichnung «darunter» soll klarstellen, dass es sich bei den Ehescheidungen um eine Teilmenge der gerichtlichen Ehelösungen handelt.

Bei den aufgeführten Grundsätzen zur Gestaltung von Tabellen handelt es sich um Empfehlungen. Es ist zwar zweckmäßig, aber keinesfalls verbindlich, sich danach zu richten.

4.2 Grafische Darstellungen

Für eine schnelle und einprägsame Information sind Tabellen meist nicht besonders geeignet. Sie werden daher nach Bedarf durch grafische Darstellungen (Diagramme, Schaubilder) ergänzt. Ihre Aufgabe ist es, einen zahlenmäßig fixierten Sachverhalt in einfacher und anschaulicher Form wiederzugeben.

Heute bieten alle Computerprogramme, die statistische Daten verarbeiten, wie Excel oder SPSS, auch die Möglichkeit, diese grafisch zu veranschaulichen (vgl. Kap. 14.6). Darüber hinaus gibt es spezielle Grafik- und Präsentationsprogramme wie Powerpoint, die eine kaum noch überschaubare Fülle an Präsentationsvarianten bereithalten. Eine sinnvolle Nutzung setzt jedoch zumindest elementare Grundkenntnisse grafischer Darstellungen voraus. Deshalb sollen hier einige wichtige Formen herausgegriffen werden. Dabei geht es einmal um Schaubilder für Häufigkeitsverteilungen, zum anderen um Grafiken, die die Veränderung von Maßzahlen im Zeitablauf, sogenannte Zeitreihen, angeben.

Grafische Darstellungen von Häufigkeitsverteilungen

Wegen des unterschiedlichen Informationsgehaltes wird zweckmäßigerweise unterschieden zwischen Unterschieds- und Rangmerkmalen einerseits und Abstandsmerkmalen andererseits.

a) Grafische Darstellungen für Unterschieds- und Rangmerkmale

Die wichtigste und klarste Darstellungsform sind *Stabdiagramme.* Auf einer Basislinie wird für jede Merkmalsausprägung bzw. für mehrere zusammengefasste Ausprägungen ein Stab oder Rechteck in gleicher Breite gezeichnet. Die Höhe der Stäbe ist proportional zur Häufigkeit der Ausprägungen. Das bedeutet, dass die Größenunterschiede zwischen den Häufigkeiten in entsprechenden Höhenunterschieden der Stäbe zum Ausdruck kommen. Entscheidend ist, dass man alle Häufigkeiten in gleicher Weise in Maßeinheiten auf dem Papier, z. B. in cm, umsetzt. Welches Umsetzungsverhältnis man wählt, ist im Rahmen der jeweiligen Problemstellung weitgehend freigestellt.

Um die unterschiedlichen Höhen der Stäbe noch besser beurteilen zu können, zeichnet man zweckmäßig am linken Ende der Basislinie eine senkrechte Gerade, auf der man angibt, welche Häufigkeiten durch die entsprechende Stabhöhe wiedergegeben werden. Greifen wir zur Demonstration noch einmal das Beispiel 5 aus Kapitel 3.2 auf.

Beispiel 3

Bevölkerung der Bundesrepublik am 31. 12. 2006 nach Familienstand

Familienstand	Millionen Personen
ledig	34,0
verheiratet	36,3
verwitwet	6,0
geschieden	5,9
insgesamt	82,2

Quelle: Statistisches Jahrbuch 2008, S. 43

Die Häufigkeitsverteilung wird in dem Diagramm 4.2 veranschaulicht.

Zunächst werden auf der Basislinie, der Merkmalsachse, gleich breite Abschnitte für die vier Merkmalsausprägungen abgetragen. Wie viele cm für diese Einheitsbreite angesetzt werden, ist weitgehend freigestellt.

Auf der senkrechten Linie, der Häufigkeitsachse, wird angegeben, welche Häufigkeit ein Stab der jeweiligen Höhe repräsentiert. Im Beispiel stehen 0,6 cm Stabhöhe jeweils für 5 Mill. Personen. Auch hier hätte man einen anderen Maßstab nehmen können.

Statt der absoluten Häufigkeiten kann man auch relative Häufigkeiten verwenden. Man erhält exakt die gleichen Stäbe, wenn man für 0,6 cm Stabhöhe nicht 5 Mill. Personen, sondern die entsprechende Häufigkeit $5/82{,}2 = 0{,}061 = 6{,}1\,\%$ ansetzt.

Für das Verständnis einer Grafik ist es wichtig, genau wie bei der Tabelle, die Quellenangabe nicht zu vergessen, es sei denn, das Diagramm folgt wie hier unmittelbar einer Tabelle.

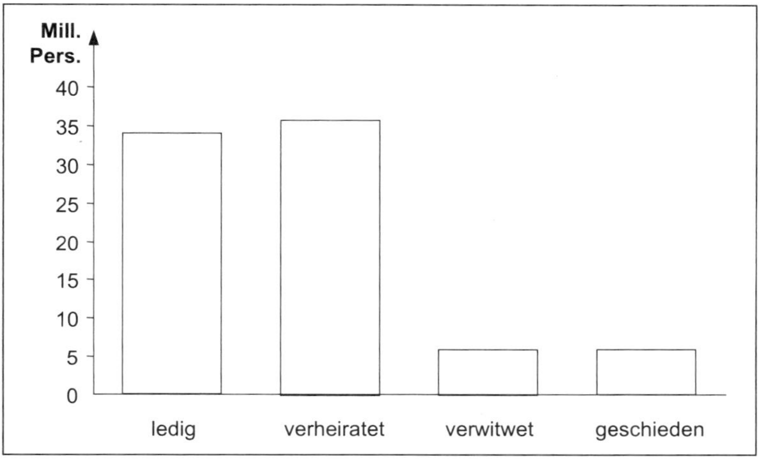

Abb. 4.2: Bevölkerung der Bundesrepublik nach Familienstand

In manchen volkstümlichen Abhandlungen wählt man anstelle der abstrakten Stäbe eine andere, anschaulichere Art der Darstellung. Um zu verdeutlichen, dass es sich bei den Häufigkeiten um Menschen handelt, können die Stäbe durch kleine Menschen ersetzt werden. Auch hier muss natürlich beachtet werden, dass die Zahl der Menschen den Häufigkeiten proportional ist (Abb. 4.3).

Da es hier nur auf eine oberflächliche Information ankommt, können die Zahlen stark gerundet werden.

Im Übrigen sind bei diesen Bilddiagrammen der Art der Symbole keine Grenzen gesetzt. Es besteht nur die Gefahr, dass durch besonders originelle Bilder vom Wesentlichen, nämlich einem Vergleich der Häufigkeiten, abgelenkt wird.

Sollen zwei Häufigkeitsverteilungen miteinander verglichen werden, empfiehlt es sich, die Basislinie um 90 Grad zu drehen und auf beiden Seiten die Stäbe waagerecht abzutragen.

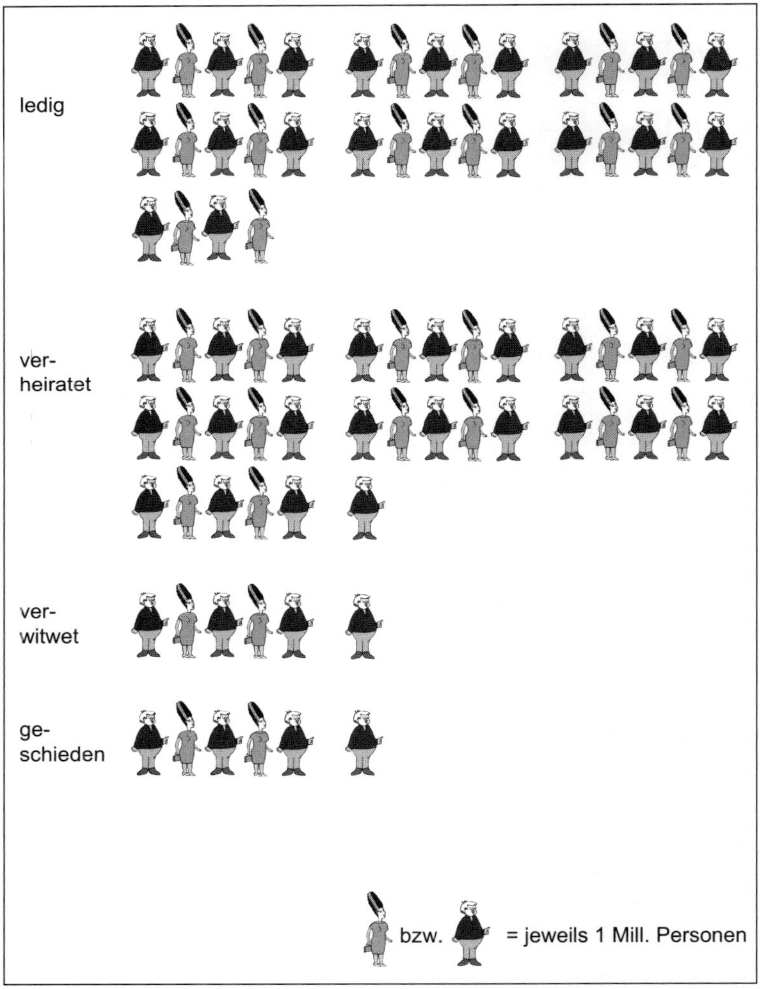

Abb. 4.3: Bevölkerung der Bundesrepublik nach Familienstand

Beispiel 4

Bevölkerung Deutschlands am 31. 12. 2006 nach Geschlecht und Familienstand

Familienstand	Geschlecht			
	männlich		weiblich	
	Mill.	%	Mill.	%
ledig	18,4	45,7	15,7	37,4
verheiratet	18,1	44,9	18,2	43,3
verwitwet	1,1	2,7	4,9	11,7
geschieden	2,7	6,7	3,2	7,6
insgesamt	40,3	100,0	42,0	100,0

Quelle: Statistisches Jahrbuch 2008, S. 43

Man kann, wie es hier im Diagramm in Abbildung 4.4 geschehen ist, die *absoluten Häufigkeiten* miteinander vergleichen. Dabei interessieren nicht nur die Unterschiede zwischen den Merkmalsausprägungen, sondern auch zwischen den Gesamtheiten. Die Gesamtlänge der Stäbe in jeder Gesamtheit entspricht ihrem Umfang. Sind wie hier die Umfänge unterschiedlich, kommt dies auch in der Gesamtlänge der Stäbe zum Ausdruck.

Soll dagegen nur die Aufteilung der Häufigkeiten auf die Ausprägungen, die Häufigkeitsstruktur, verglichen werden, verwendet man *relative Häufigkeiten.* Da hierbei – unabhängig von der Zahl der Einheiten – die Summe stets = 1 bzw. 100 Prozent ist, sind folglich auch die Stäbe beider Diagramme insgesamt gleich lang.

Bei einer Gegenüberstellung zweier Häufigkeitsverteilungen gibt es zwei Vergleichsmöglichkeiten:

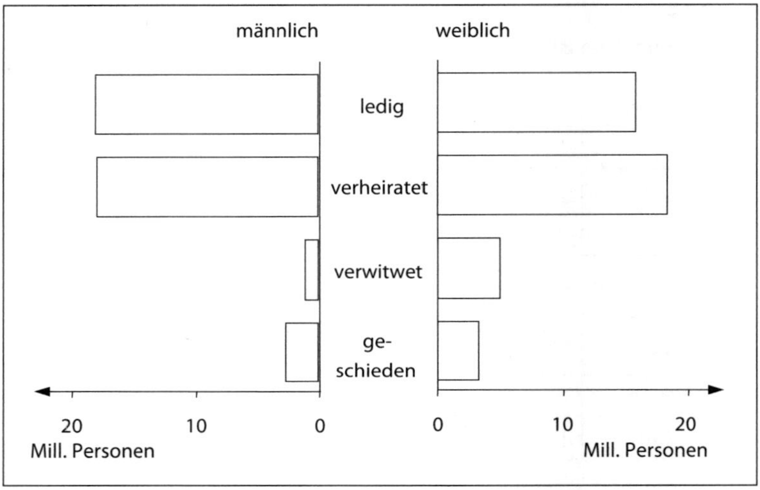

Abb. 4.4: Bevölkerung Deutschlands nach Geschlecht und Familienstand

b) Grafische Darstellungen für Abstandsmerkmale

Für den Fall, dass Abstandsmerkmale in Klassen eingeteilt sind, werden über den einzelnen Klassen Rechtecke gezeichnet. Diese Rechtecke entsprechen wie bei den Stabdiagrammen den Häufigkeiten der jeweiligen Klasse. Sofern alle Klassen Häufigkeiten aufweisen, die größer als 0 sind, stoßen die Rechtecke jedoch aneinander. Dies ist erforderlich, weil die Basislinie oder Merkmalsachse den Wertebereich des Merkmals angibt, und der weist ja ebenfalls keine Lücken auf. Ein solches Diagramm wird als *Histogramm* bezeichnet.

Beispiel 5

Stundenlöhne von 200 Beschäftigten eines Betriebs

von ... bis unter ... €	Anzahl
10–12	15
12–14	35
14–16	50
16–18	75
18–20	25
insgesamt	200

Kennzeichnend für das Beispiel ist, dass die Klassen alle gleich breit sind, nämlich 2 €. Bei gleichen Klassenbreiten kommen die unterschiedlichen Häufigkeiten in den Höhen der Rechtecke zum Ausdruck (siehe Abb. 4.5).

Schwieriger ist es bei *ungleichen Klassenbreiten*. Die Höhe der Rechtecke kann dann nicht mehr einziger Maßstab für die Häufigkeiten sein. Es würde sonst der Eindruck entstehen, dass die Häufigkeiten bei gleicher Höhe der Rechtecke mit wachsender Klassenbreite zunehmen. Das Auge orientiert sich nämlich an den Flächen der Rechtecke. Man muss die Flächen folglich proportional zu den Häufigkeiten ansetzen. Wenn die Grundlinien, die Klassenbreiten, gleich sind, braucht man hierzu nur die Höhen zu verändern. Sind bei ungleichen Klassenbreiten die Grundlinien dagegen unterschiedlich, muss erst die Höhe der Rechtecke berechnet werden. Diese Höhe wird auch als *Häufigkeitsdichte* bezeichnet. Es gilt

$$\text{Häufigkeitsdichte} = \frac{\text{Häufigkeit}}{\text{Klassenbreite}}$$

bzw. in Formelschreibweise

$$n_i^* = \frac{n_i}{b_i} \quad \text{bzw.} \quad f_i^* = \frac{f_i}{b_i}$$

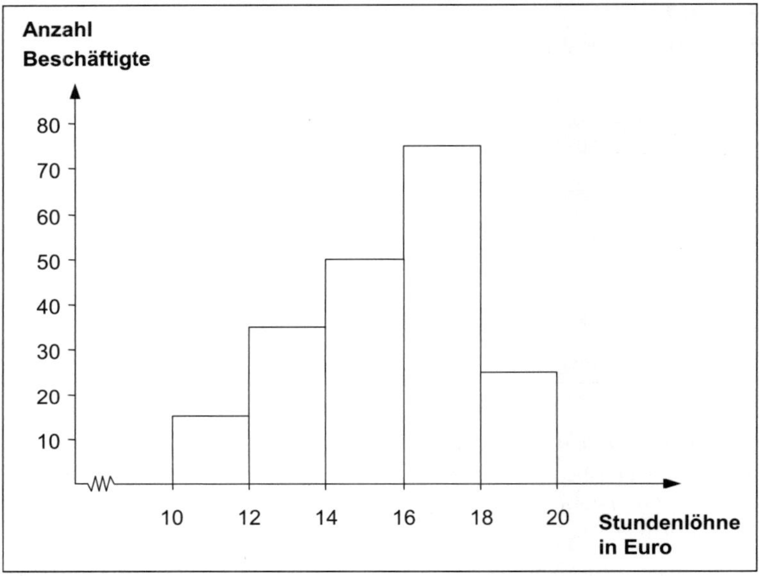

Abb. 4.5: Stundenlöhne von Beschäftigten

Es bedeuten:

n_i^* = Häufigkeitsdichte bei absoluter Häufigkeit (n_i) der i-ten Klasse

f_i^* = Häufigkeitsdichte bei relativer Häufigkeit (f_i) der i-ten Klasse

b_i = Breite der i-ten Klasse, Differenz zwischen Ober- und Untergrenze

i = 1, ..., k

Beispiel 6

Stundenlöhne von 200 Beschäftigten eines Betriebs

von ... bis unter ... €	Anzahl	Häufigkeitsdichte n_i^*
10–13	24	8
13–14	26	26
14–15	20	20
15–16	30	30
16–17	55	55
17–20	45	15
insgesamt	200	

Die Häufigkeitsdichte wird wie folgt berechnet:

$$n_1^* = \frac{n_1}{b_1} = \frac{24}{3} = 8$$

$$n_2^* = \frac{n_2}{b_2} = \frac{26}{1} = 26 \text{ usw.}$$

Auf der senkrechten Achse werden nicht mehr die Häufigkeiten abgetragen, sondern die Häufigkeitsdichten. Sie dienen lediglich dem Größenvergleich. Eine anschauliche Bedeutung haben sie nicht mehr (siehe Abb. 4.6).

Beim grafischen Vergleich zweier Häufigkeitsverteilungen von Abstandsmerkmalen ist wie bei den Unterschiedsmerkmalen zu unterscheiden zwischen einem Vergleich der absoluten Häufigkeiten und einem Vergleich der relativen Häufigkeiten.

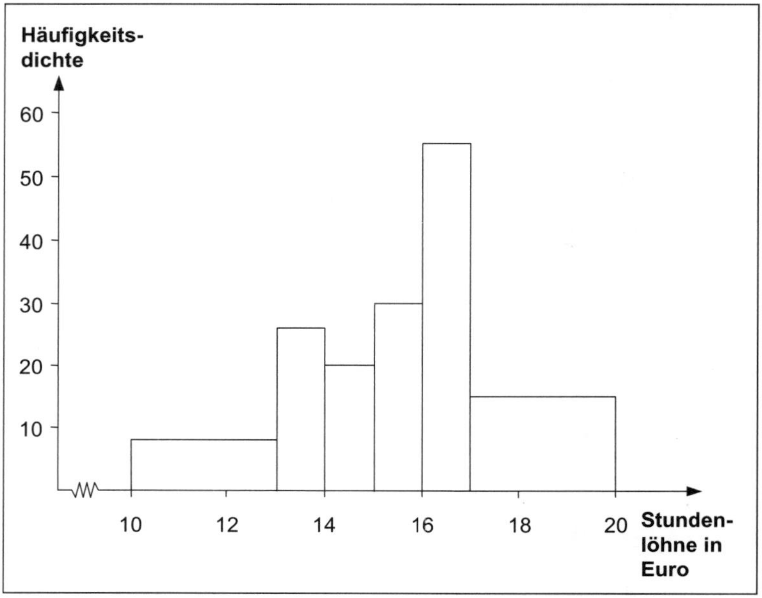

Abb. 4.6: Stundenlöhne von Beschäftigten

Grafische Darstellungen von Häufigkeitssummenverteilungen

Bei grafischen Darstellungen von Häufigkeitssummenverteilungen werden auf der waagerechten Achse wiederum die Merkmalswerte abgetragen. Die senkrechte Achse zeigt dagegen die aufsummierten Häufigkeiten, also die Werte der Summenverteilung.

Zu unterscheiden ist zwischen der Darstellung für Einzelwerte und für klassierte Werte.

a) Einzelwerte

Beispiel 7
Häufigkeitssummenverteilung der Kinderzahl je Familie, Deutschland 2006

Kinderzahl höchstens	Anzahl Mill.
0	11,4
1	17,8
2	22,3
3	23,5
.*	23,8

* Wert kann nicht angegeben werden, da die höchste Kinderzahl nicht bekannt ist.

Zur Zeichnung (vgl. Abb. 4.7) folgende Erklärungen: Da die Summenverteilung für den Merkmalswert 0 den Wert 11,4 hat, wird über dem Nullpunkt auf der Senkrechten im Punkt 11,4 z. B. ein Kreuz eingezeichnet. Der Wert der Summenverteilung ändert sich nicht bis zum Merkmalswert 1. Dies wird durch eine entsprechend lange waagerechte Linie angezeigt. Im Punkt 1 erhöht sich der Wert der Summenverteilung schlagartig auf 17,8, die Kurve «springt» auf ein höheres Niveau. Dies wird durch ein entsprechendes Kreuz über dem Punkt 1 vermerkt. Da sich bis zum Punkt 2 nichts ändert, folgt wiederum eine waagerechte Linie, die bis zum Punkt 2 reicht. Dort erfolgt der nächste Sprung auf das Niveau 22,3 usw.

Üblicherweise erreicht die Summenkurve ihr höchstes Niveau mit dem größten Merkmalswert. Das entspricht der Grafik der obersten waagerechten Linie. Da im Beispiel der größte Wert nicht angegeben ist, kann man allerdings auch den letzten Sprung nicht mehr einzeichnen.

Die gestrichelten senkrechten Linien an den Sprungstellen dienen lediglich der Übersichtlichkeit. Die Sprunghöhe wird durch die Häufigkeiten der Merkmalswerte bestimmt. Um diese Beträge erhöht sich jeweils der Wert der Summenverteilung.

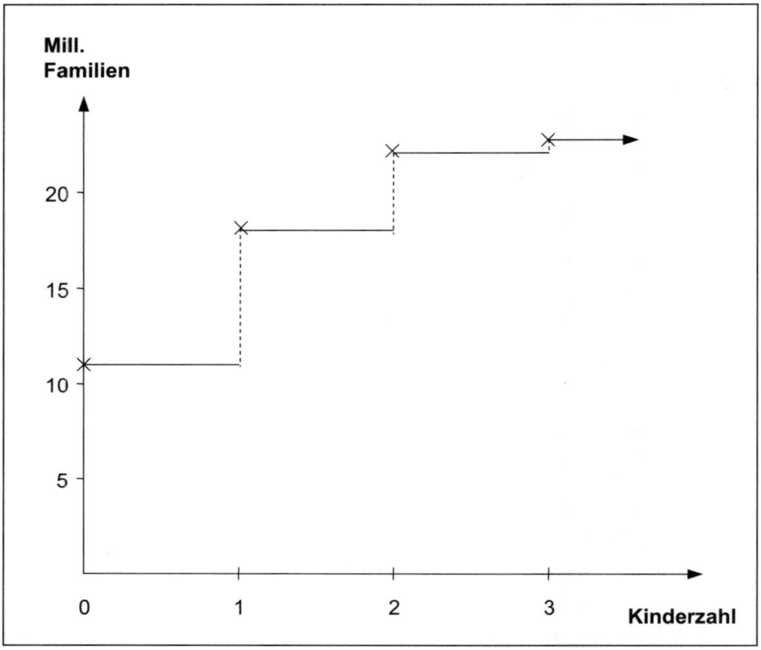

Abb. 4.7: Summenverteilung der Kinderzahl je Familie

b) Klassierte Werte

Beispiel 8

Häufigkeitssummenverteilung der Stundenlöhne von 200 Beschäftigten eines Betriebes

Stundenlohn unter ... €	Anzahl
10	0
12	15
14	50
16	100
18	175
20	200

Zur Abbildung 4.8 folgende Erläuterungen: Die Werte der Summenverteilung für die Klassengrenzen sind bekannt. Sie werden durch Kreuze über den zugehörigen Punkten auf der Merkmalsachse eingezeichnet.

Zwischen diesen Punkten müsste man eigentlich – den jeweiligen Häufigkeiten entsprechend – viele kleine Treppenstufen einzeichnen. Da man darüber aber keine Informationen hat, verbindet man gemäß der Annahme einer gleichmäßigen Verteilung der Häufigkeiten über die gesamte Klassenbreite jeweils zwei benachbarte Kreuze durch eine gerade Linie miteinander. Dadurch entsteht die vollständige Summenkurve.

Aus der Grafik kann man leicht ablesen, wie groß der Wert der Summenverteilung für einen bestimmten Merkmalswert ist, auch wenn dieser nicht mit einer Klassengrenze zusammenfällt. Nehmen wir als Beispiel den Wert 15. Es interessiert also, wie viele Beschäftigte höchstens 15 € in der Stunde verdienen.

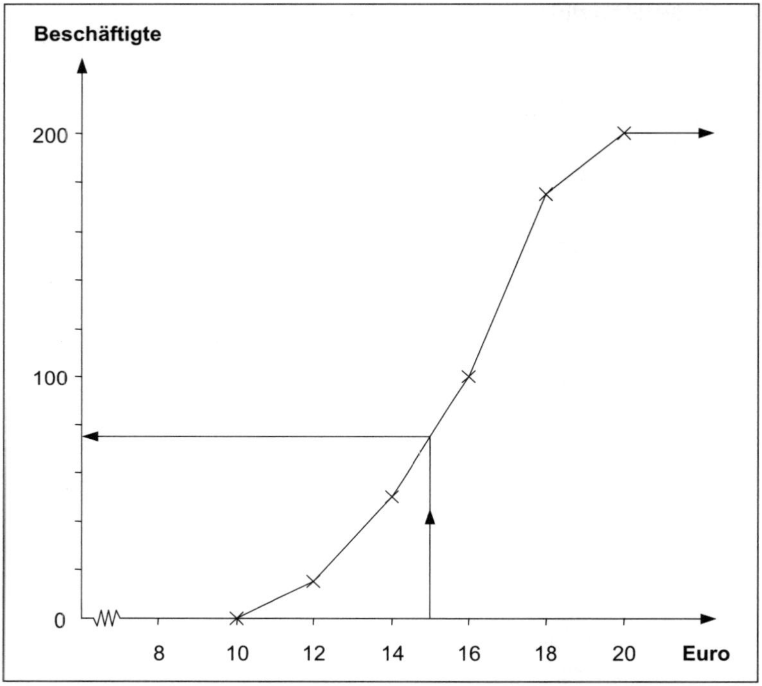

Abb. 4.8: Summenverteilung der Stundenlöhne

Zunächst wird durch den Punkt 15 auf der Merkmalsachse eine senkrechte Gerade gezogen bis zum Schnittpunkt mit der Summenkurve. Durch diesen Schnittpunkt wird dann, parallel zur Merkmalsachse, eine zweite Gerade gezeichnet. Der Schnittpunkt dieser Geraden mit der Häufigkeitsachse bezeichnet den gesuchten Wert der Summenverteilung. Bei genauer Zeichnung kann man den Wert 75 ablesen. Durch Nachrechnen wird man feststellen, dass dieser Wert richtig ist.

Grafische Darstellungen von Zeitreihen

Veränderungen von Maßzahlen im Zeitablauf werden durch *Kurvendiagramme* veranschaulicht. Auf der Basislinie werden die Zeitwerte (Tage, Monate, Jahre) abgetragen. Dabei ist darauf zu achten, dass gleiche Zeiträume bzw. -abstände durch gleiche Strecken auf der Basislinie wiedergegeben werden.

Den Werten der Maßzahlen entsprechend werden Punkte über den zugehörigen Zeitpunkten gezeichnet. Sind die Maßzahlen jeweils für Zeiträume gültig, z. B. bei Umsätzen, Geburten oder Unfallzahlen, zeichnet man die Punkte über der Mitte des jeweiligen Zeitraums. Zur besseren Verdeutlichung der Entwicklungsrichtung werden je zwei benachbarte Punkte durch eine Gerade miteinander verbunden. Das Ergebnis ist also eine Kurve, die dem Diagramm den Namen gegeben hat.

Beispiel 9

Bevölkerung auf dem Gebiet der alten Bundesrepublik, 1840 bis 2007

Jahr	Bevölkerung in Mill.
1840	17,0
1880	22,8
1900	29,8
1925	39,0
1935	41,5
1946	46,2
1956	53,0
1966	59,1
1976	61,6
1989	62,1
1999	66,9
2007	65,7

Quelle: Statistisches Jahrbuch 2008, S. 34

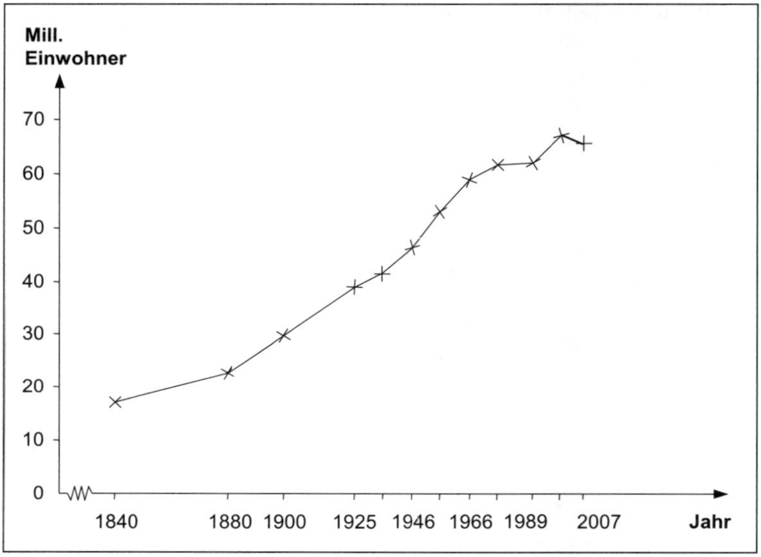

Abb. 4.9: Bevölkerung auf dem Gebiet der früheren Bundesrepublik, 1840 bis 2007

Unterschiedliche Zeitabstände werden durch entsprechende Abstände auf der Zeitachse berücksichtigt. Beispielsweise wird der Zeitraum von 1840 bis 1880 (= 40 Jahre) durch eine Strecke angegeben, die doppelt so lang ist wie die für den Zeitraum von 1880 bis 1900 (= 20 Jahre).

Die gezackte Linie am Anfang der Zeitachse soll verdeutlichen, dass man den Zeitraum vom Jahre 0 bis 1840 weglässt, weil er für die Darstellung unwichtig ist. Das ist ein Zugeständnis an die Mathematik, die den Nullpunkt beider Achsen stets dort sieht, wo sich die Achsen schneiden.

Für Vergleichszwecke können mehrere Kurven in einem Diagramm eingetragen werden (Beispiel 10, Abb. 4.10).

Beispiel 10

Ein- und Ausfuhr Deutschlands, 2001 bis 2007

	Einfuhr	Ausfuhr
Jahr	Mrd. €	
2001	543	638
2002	519	651
2003	535	664
2004	575	732
2005	628	786
2006	734	893
2007	773	969

Quelle: Statistisches Jahrbuch 2008, S. 478

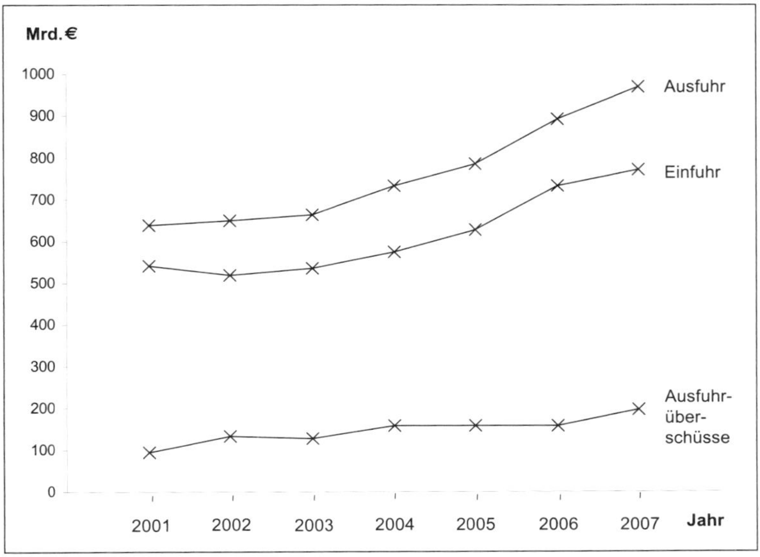

Abb. 4.10: Ein- und Ausfuhr Deutschlands

Fragen

1. Was versteht man unter einer statistischen Tabelle?
2. Welche wesentlichen Bestandteile enthält eine Tabelle?
3. Welche Möglichkeiten gibt es, leere Tabellenfelder zu kennzeichnen?
4. Was versteht man unter Aufgliederung, was unter Ausgliederung?
5. Welche Aufgaben haben grafische Darstellungen in der Statistik?
6. Worin kommen in einem Stabdiagramm die unterschiedlichen Häufigkeiten der Merkmalsausprägungen zum Ausdruck?
7. Was versteht man unter einem Bilddiagramm?
8. Wie nennt man die grafische Darstellung einer Zeitreihe?
9. Worauf ist bei der Einteilung der Zeitachse eines Kurvendiagramms zu achten?

Aufgaben

1. Ein Unternehmen XY verfügt laut Geschäftsbericht am 31. 12. 2008 über folgende Wertpapiere: 15 Stück BMW-Aktien, 20 Stück Bayer-Aktien, 40 Stück Siemens-Aktien, 20 Stück VW-Aktien, 1000 € Bayer-Anleihen, 2000 € Siemens-Anleihen und 500 € VW-Anleihen. Stellen Sie die Angaben zu einer Tabelle zusammen.

2. Sozialversicherungspflichtig beschäftigte Ausländer in Deutschland, 30. 6. 2008

Herkunftsland	Anzahl 1000
Türkei	494
Italien	180
Griechenland	89
Polen	88

Herkunftsland	Anzahl 1000
Kroatien	86
Frankreich	69
Sonstige Länder	895
Insgesamt	1901

Quelle: Statistik der Bundesagentur für Arbeit 2008, Beschäftigungsstatistik

Zeichnen Sie ein Stabdiagramm
(1) mit absoluten Häufigkeiten,
(2) mit relativen Häufigkeiten.

3. Beschäftigte in einem Unternehmen nach Geschlecht und beruflichem Status

Status	Geschlecht		
	männlich	weiblich	insgesamt
Arbeiter Angestellte	100 60	70 90	170 150
insgesamt	160	160	320

a) Vergleichen Sie die Häufigkeitsverteilungen der Männer und Frauen grafisch miteinander!
Machen Sie dazu
(1) einen Größenvergleich,
(2) einen Strukturvergleich.

b) Wie ändert sich die Aussage, wenn man stattdessen die Häufigkeitsverteilungen der Arbeiter und der Angestellten vergleicht?
(Hinweis: Überlegen Sie sich, welches jeweils die Merkmalsausprägungen sind.)

4. Handelsschiffe eines Landes nach dem Alter

Alter von ... bis unter ... Jahren	Anzahl	%
unter 1	60	6
1–3	260	25
3–5	280	26
5–10	460	43
insgesamt	1060	100

Zeichnen Sie ein Histogramm für das Alter der Handelsschiffe.

5. Erwerbstätige in Deutschland nach Altersgruppen und Geschlecht, 2006

Alter von ... bis unter ... Jahren*	Erwerbstätige (Millionen)		
	männlich	weiblich	insgesamt
unter 25	2,3	2,0	4,3
25–35	4,0	3,3	7,3
35–45	6,2	5,0	11,2
45–55	5,0	4,4	9,3
55–65	2,6	2,0	4,6
65 und mehr	0,3	0,2	0,5
insgesamt	20,4	16,9	37,3

Hinweis: Die Tabelle enthält rundungsbedingte Ungenauigkeiten.

* Setzen Sie als Untergrenze der ersten Klasse 15 Jahre und als Obergrenze der letzten Klasse 75 Jahre an.

Quelle: Statistisches Jahrbuch 2008, S. 86

a) Stellen Sie die Häufigkeitsverteilung für das Alter der Erwerbstätigen grafisch dar!

b) Vergleichen Sie die beiden Häufigkeitsverteilungen des Alters der männlichen und des Alters der weiblichen Erwerbstätigen miteinander. Kommentieren Sie den angestellten Vergleich.

6. Zeichnen Sie die Häufigkeitssummenverteilung zu Aufgabe 1 in Kapitel 3. Lesen Sie aus der Grafik ab, wie viele Haushalte einen Verbrauch von höchstens zehn Paketen haben.

7. Zeichnen Sie die Häufigkeitssummenverteilung zu Aufgabe 4. Verwenden Sie dazu:
   (1) absolute Häufigkeiten,
   (2) relative Häufigkeiten.
   Wie viele Schiffe sind vier Jahre und älter?

8. (Ein- und Aus-)Wanderungen (in 100 000 Personen) zwischen Deutschland und dem Ausland 1987 bis 2006

Jahr	1987	1993	1996	2000	2002	2004	2006
Einwanderungen	6	13	10	8	8	8	7
Auswanderungen	4	8	7	7	6	7	6

Quelle: Statistisches Jahrbuch 2008, S. 57

Zeichnen Sie ein Kurvendiagramm für die Einwanderer und die Auswanderer.

9. Einkommens- und Preisentwicklung für die Gruppe der Industriearbeiter, Deutschland 2000 bis 2007, 2005 = 100

Jahr	Einkommensentwicklung*	Preisentwicklung**
2000	88	93
2002	93	96
2005	100	100
2006	102	102
2007	107	104

* Index der durchschnittlichen Bruttoverdienste
** Verbraucherpreisindex

Quelle: Statistisches Jahrbuch 2008, S. 507/530

Vergleichen Sie Einkommens- und Preisentwicklung grafisch miteinander.

5 Fehlermöglichkeiten und Grenzen statistischer Untersuchungen

5.1 Fehlermöglichkeiten

Zunächst einiges zur Frage der Genauigkeit statistischer Daten. Zahlen sind exakte Größen. Diese unbestreitbare Tatsache wird von vielen Menschen dahingehend verallgemeinert, dass Zahlen folglich auch den zugrunde liegenden Sachverhalt exakt wiedergeben. So ist es ja auch in der Mathematik: Jede Rechenaufgabe führt zu einem eindeutigen Ergebnis. Beispielsweise ergibt sich die Fläche eines Rechtecks als Produkt aus Breite und Höhe. Sofern diese Abmessungen bekannt sind, erhält man, wenn man Rechenfehler ausschließt, ein völlig korrektes Ergebnis. Die Übertragung dieser Erfahrungen auf statistische Untersuchungen ist jedoch nicht zulässig. Zwar bedient sich die Statistik mathematischer Hilfsmittel, das bedeutet aber nur, dass die entsprechenden Rechenoperationen korrekt durchgeführt werden. Wie genau das Ergebnis ist, hängt jedoch davon ab, ob die Zahlen, mit denen man rechnet, richtig sind oder nicht. So kann ich die Fläche eines Rechtecks nur dann richtig angeben, wenn es mir gelingt, die Länge der beiden Seiten korrekt zu messen. Treten dabei Ungenauigkeiten auf, weil mein Zollstock verbogen ist oder weil ich die Länge überhaupt nur schätzen kann, wird zwangsläufig auch die Fläche ungenau errechnet.

Vor diesem Dilemma steht die Statistik. Nur selten ist es möglich, die benötigten Daten exakt, gewissermaßen mit einem Zollstock, zu erfassen. Gewöhnlich ist man auf Auskünfte der Befragten angewiesen, die man kaum auf ihre Richtigkeit hin überprüfen kann. Es ist aber zweifelhaft, ob alle Befragten bei der Erfassung der gewünschten Daten die gleichen objektiv gebotenen Maßstäbe anlegen. In anderen Fällen ist man nicht zuletzt aus Kostengründen von vornherein auf Schätzungen angewiesen. Auch wenn diese noch so sorgfältig durchgeführt werden, muss man mit Abweichungen von den tatsächlichen Verhältnissen rechnen.

Um es deutlich zu sagen: Statistische Daten sind selten völlig exakt. Meist weisen sie mehr oder minder große Ungenauigkeiten auf. Das gilt selbst bei Tatbeständen, die man als Laie für völlig unproblematisch hält. Ein anschauliches Beispiel ist die Einwohnerzahl der Bundesrepublik.

Beispiel 1

Am 25. 5. 1987 wurde im Rahmen der (bisher letzten) Volkszählung die Bevölkerung in Hamburg mit 1 592 770 Personen gezählt. Dieses Ergebnis ist sicher nicht exakt, da es schwierig ist, Personen, die nicht polizeilich gemeldet sind oder die keinen festen Wohnsitz haben, zu erfassen. Ganz besonders gilt das für Ausländer, die ohne Aufenthaltserlaubnis in Deutschland wohnen. Man sieht, selbst ein scheinbar so einfacher Tatbestand wie die Einwohnerzahl Hamburgs lässt sich, zumindest mit vertretbarem Aufwand, nicht genau feststellen.
Das Beispiel ist jedoch nicht vollständig. Wegen der enormen Kosten und der Widerstände in der Bevölkerung wurde seither in Deutschland keine Volkszählung mehr durchgeführt. Stattdessen soll im Jahr 2011 ein sogenannter registergestützter Zensus organisiert werden. Dabei werden im Wesentlichen die Verwaltungsregister der Kommunen und der Bundesagentur für Arbeit ausgewertet. Durch Stichproben werden ergänzende Daten etwa zu Bildung und Ausbildung erhoben. Da aber Verwaltungsregister verfahrensbedingt niemals völlig korrekt sind und auch die Zusammenführung der Daten aus verschiedenen Quellen problematisch ist, werden die Ergebnisse eines solchen Zensus bestenfalls größenordnungsmäßig korrekt sein. Allerdings reicht das auch für die meisten Zwecke, für die diese Daten benötigt werden.

Die Erkenntnis, dass die meisten statistischen Daten ungenau sind, sollte keinesfalls zu dem Schluss verleiten, dass Statistik insgesamt nutzlos ist. Es gilt immer noch, dass ungenaue Daten besser sind als überhaupt keine Angaben, besonders dann, wenn man ihre beschränkte Verlässlichkeit kennt. In vielen Fällen ist es aber auch praktisch unbedeutend, dass die Daten ein gewisses Maß an Ungenauigkeit aufweisen. Da sich wirtschaftliche und soziale Gegebenheiten dauernd ändern, spielen kleinere Fehler bei der Erfassung überhaupt keine Rolle. Wenn die Ergebnisse schließlich vorliegen, und das kann bei Großzählungen Jahre dauern, hat sich die Situation ohnehin gewandelt.

Wenn hier einige kritische Anmerkungen zur Genauigkeit statistischer Daten gemacht werden, so soll damit keinesfalls die Existenzberechtigung der Statistik in Frage gestellt werden. Es geht vielmehr darum, einem größeren Personenkreis ein kritisches Verständnis für statistische Probleme zu vermitteln. Je mehr man über das Zustandekommen statistischer Daten weiß, desto besser wird man sie nutzen können. Als Nebenwirkung mag sich ergeben, dass man Missbräuchen und Fehlanwendungen der Statistik nicht mehr hilflos ausgeliefert ist. Derartige Manipulationen haben die Statistik bei vielen Leuten in Verruf gebracht und ihr den Vorwurf eingetragen, eine besonders raffinierte Art der Lüge zu sein.

Wo sind nun die Ursachen zu suchen, wenn sich statistische Aussagen als fehlerhaft oder widersprüchlich herausstellen? Bei einer groben Gliederung kann man drei Komplexe nennen:
- Fehler im Datenmaterial,
- Unterschiede im Modell,
- bewusste Datenmanipulationen.

Fehler im Datenmaterial können in allen Stufen statistischer Untersuchungen auftreten.

1. Die Untersuchungsgesamtheit wird nicht genau erfasst, sei es, dass wesentliche Einheiten mit abweichenden Eigenschaften unberücksichtigt bleiben, sei es, dass Einheiten einbezogen werden, die gar nicht zur Untersuchungsgesamtheit gehören. Wesentliche Einheiten werden regelmäßig dann nicht erfasst, wenn sich ein Teil der Gesamtheit weigert, an der Erhebung teilzunehmen (Problem der Nichtbeantwortung). Die Gefahr einer Übererfassung besteht beispielsweise dann, wenn man eine Umfrage unter den leitenden Angestellten eines Unternehmens veranstaltet. An dieser Umfrage werden sich möglicherweise auch Angestellte beteiligen, die man nach objektiven Gesichtspunkten nicht zu den «leitenden» rechnen würde.

2. Die Merkmale sind nicht ausreichend definiert, sodass die zu befragenden Personen oder Institutionen falsche Antworten geben. Beispielsweise kann man nicht einfach nach der Höhe des Einkommens fragen. Es ist anzugeben, ob es sich um das Brutto- oder Nettoeinkommen handelt, ob Zulagen und einmalige Sonderzahlungen mit berücksichtigt werden sollen usw. Nicht zuletzt ist ein Zeitraum anzugeben.

Aber auch eine genaue Definition der Befragungsmerkmale ist keine Garantie dafür, dass die Befragten nicht wissentlich oder unwissentlich falsche Antworten geben. Es kann ja durchaus sein, dass die Leute über ihre eigenen Verhältnisse nicht genau Bescheid wissen. In manchen Fällen kann man durch eine geschickte Befragung Abhilfe schaffen. So wird regelmäßig nach dem Geburtsjahr und nicht nach dem Alter gefragt. Denn erfahrungsgemäß neigen insbesondere ältere Leute dazu, nur noch gerundete Zahlen anzugeben. Es gibt dann besonders viele 70-, 75- und 80-Jährige usw.

Mit bewusst falschen Angaben muss man rechnen, wenn irgendwelche heiklen Dinge erfragt werden sollen. Hierzu gehört beispielsweise das Einkommen, da viele Leute befürchten, ihre Angaben könnten an das zuständige Finanzamt weitergereicht werden.

3. Technische Fehler können bei der Aufbereitung auftreten in Form falsch verschlüsselter oder übertragener (z. B. eingegebener) Daten. Demgegenüber sind Rechenfehler bei Verwendung von elektronischen Rechnern praktisch ausgeschlossen, vorausgesetzt natürlich, dass die Rechenprogramme stimmen. Es ist also nicht richtig, wie es häufig geschieht, den Computer für falsche Ergebnisse verantwortlich zu machen. Ursache ist stets ein menschliches Versehen, weil man dem Rechner fehlerhafte Daten oder falsche Befehle eingegeben hat.

4. Bei Teilerhebungen kommt noch der Stichprobenfehler hinzu. Bei Auswahlverfahren, die auf dem Zufallsprinzip beruhen, geben die Träger der amtlichen Statistik in den methodischen Erläuterungen gewöhnlich Hinweise auf die Größe des Stichprobenfehlers.

Selbst bei größter Sorgfalt sind derartige Fehler bei wirtschafts- und sozialstatistischen Daten niemals völlig zu vermeiden. Häufig lassen sich jedoch Erfahrungssätze für den Grad der Ungenauigkeit angeben. Mögliche Abweichungen vom wahren Wert können in prozentualer Form (z. B. ± 5 %) genannt werden. Um geübte Leser nicht zu irritieren, erfolgt der Fehlerausweis jedoch meist indirekt, indem die möglicherweise fehlerhaften Stellen einer Zahl nicht mit den erfassten Werten, sondern durch Nullen angegeben werden.

Beispiel 2

Das Bruttoinlandsprodukt, die Summe aller wirtschaftlichen Leistungen in Deutschland, wird für das Jahr 2008 vom Statistischen Bundesamt mit 2 489,40 Mrd. € angegeben. Der wahre Wert liegt nach Meinung des Statistischen Bundesamtes folglich irgendwo zwischen 2 489 350 000 000 € und 2 489 449 999 999 €. Da die letzten Stellen offenbar als ungenau anzusehen sind, werden sie durch Nullen aufgefüllt. Sie sind im Übrigen völlig irrelevant.

Als Faustregel gilt, dass gewöhnlich nur die ersten drei oder vier Stellen einer statistischen Zahl korrekt sind. Die nachfolgenden Nullen kennzeichnen das Ausmaß des absoluten Fehlers. Selbst in einem solchen Fall beträgt der relative Fehler, d. h. die maximale prozentuale Abweichung des wahren Werts vom ausgewiesenen Wert, nur 0,5 bzw. 0,05 Prozent. Derartige Abweichungen sind für praktische Entscheidungen aber unwesentlich.

Zusammenfassend lässt sich sagen, dass man sich um Fehler im Datenmaterial der amtlichen Statistik normalerweise keine Gedanken zu machen braucht. Anders sieht es dagegen bei Zahlen der nichtamtlichen Statistik aus. Hier kann man nicht von vornherein die gleiche Sorgfalt voraussetzen, wie sie die amtliche Statistik walten lässt. Insbesondere sollte man darauf achten, wie viele der befragten Einheiten geantwortet haben. Fehlen solche Angaben, ist Vorsicht geboten.

Unterschiede im Modell

Es wurde gesagt, dass für einen Untersuchungszweck stets nur einige Merkmale herangezogen werden. Ihr Informationsgehalt, also das, was sie zur Klärung des Untersuchungszwecks beitragen, wird in der Regel durch den Einsatz statistischer Methoden weiter verdichtet. Die Auswahl der Merkmale wie auch der Methoden ist jedoch im gewissen Umfang nur subjektiv zu entscheiden, sodass unterschiedliche Ergebnisse nicht nur möglich sind, sondern regelmäßig anfallen, wenn zwei Statistiker den gleichen Sachverhalt untersuchen.

In vielen Fällen kann man statistische Aussagen daher auch nicht als eindeutig richtig oder falsch einordnen, bestenfalls als unterschiedlich geeignet für einen bestimmten Zweck. Aber auch eine solche Einstufung ist keinesfalls objektiv. Die Beurteilung wird dabei häufig noch durch unpräzise Definitionen wichtiger Begriffe erschwert.

Beispiel 3

In der Bundesrepublik wird die Preisentwicklung gewöhnlich durch den Verbraucherpreisindex charakterisiert. Diese Maßzahl gilt aber nur für den Bereich der Lebenshaltung. Daneben gibt es für andere Bereiche, z. B. Industrie, Landwirtschaft und Handel, gesonderte Indizes, weil dort die Preisentwicklung ganz anders verläuft. Wer also die Preisentwicklung kennzeichnen will, muss zunächst angeben, welchen Bereich des Wirtschaftslebens er dafür zugrunde legt.

Eine weitere Einschränkung wird erforderlich wegen der Fülle von Lebenshaltungsgütern und der riesigen Zahl ihrer Preise. Es werden daher relativ wenige – repräsentative – Lebenshaltungsgüter (Waren und Dienstleistungen) ausgewählt, deren Preise ermittelt werden. Schließlich muss man bedenken, dass sich die Indexkonstruktion, die die amtliche Statistik zur Erfassung der Preisänderung gewählt hat, zwar eingebürgert hat, dass aber auch noch andere Berechnungsmöglichkeiten denkbar sind.

Das Beispiel sollte lediglich zeigen, dass es möglich ist, die Preisentwicklung in der Bundesrepublik mit unterschiedlichen Zahlen zu kennzeichnen. Sie haben alle ihre Vor- und Nachteile und können nicht von vornherein als falsch bezeichnet werden. Allerdings ist es von hier nur noch ein kleiner Schritt zu einer gezielten Datenmanipulation.

Datenmanipulation

Die Manipulation statistischer Aussagen braucht keinesfalls so weit zu gehen, dass objektiv falsche Zahlen verwendet werden. Manipulation liegt bereits vor, wenn richtige Zahlen tendenziös dargestellt oder interpretiert werden. Die Statistik kann man dabei mit der Fotografie vergleichen. Durch technische Vorkehrungen ist es möglich zu erreichen, dass ein objektiver Sachverhalt beim Betrachter stets den gewünschten Eindruck hinterlässt.

Zur Datenmanipulation zählt auch, wenn man, anstatt von vornherein das Modell auszuwählen, das einem für einen bestimmten Sachverhalt am besten geeignet erscheint, verschiedene Modelle ausprobiert, um ein Ergebnis zu erhalten, das den eigenen Zielen und Vorstellungen am besten entspricht.

Mit anderen Worten: Man probiert so lange an den statistischen Daten herum, bis das gewünschte Ergebnis herauskommt. Hierfür zwei Beispiele, die zwar nicht ganz so krass sind, jedoch eine gewisse Willkür im Umgang mit Statistik zeigen:

1. Vor einigen Jahren entbrannte ein Streit zwischen dem Gesundheitsministerium und dem Ärzteverband über die Berechnung der ärztlichen Durchschnittseinkommen. Zwei verschiedene Mittelwerte standen dabei zur Diskussion, die beide grundsätzlich sinnvoll waren. Nur ergaben sie unterschiedliche Ergebnisse, die ihren Verfechtern besser ins Konzept passten.

2. Kennen wir nicht auch die Datenmanipulation mit der Darstellung der Preisentwicklung? Sie wird durch eine Reihe von Indizes angegeben, die verschiedene Ausschnitte des volkswirtschaftlichen Preisniveaus erfassen und folglich auch unterschiedliche Angaben machen. Dies verleitet Politiker häufig dazu, sich jeweils den Index auszusuchen, der die eigenen Argumente am besten stützt.

Beliebte Hilfsmittel, einen bestimmten Eindruck hervorzurufen, sind auch Vergleichsangaben. Je nachdem, was man als Vergleichsgröße wählt, kann man eine Situation besser oder schlechter erscheinen lassen. Vergleicht man z. B. die Preissteigerung bei Nahrungsmitteln im Jahr 2008 in Deutschland mit der des Jahres 2007, kann man ohne weiteres feststellen, dass sich das Inflationstempo fast verdoppelt hat. Die Situation ist also sehr ernst. Andererseits muss man berücksichtigen, dass die Bundesrepublik international mit am besten abschneidet und mit die größte Preisstabilität aufweist. Offenbar geht es uns doch recht gut. Selbstverständlich sind beide Betrachtungsweisen zulässig, sie wirken nur, wenn sie isoliert angestellt werden, tendenziös, wenn sie nicht mehr als objektive Informationen gedacht sind, sondern einzig und allein, um einen einseitigen Eindruck hervorzurufen.

Wegen ihrer Anschaulichkeit werden grafische Darstellungen häufig dazu verwendet, einen zahlenmäßig durchaus korrekt erfassten Sachverhalt in einer bestimmten Richtung zu interpretieren.

Beispiel 4

Umsätze eines Unternehmens

Jahr	1000 €	Umsatzzuwachs in %
2004	200	
2005	220	+ 10,0
2006	250	+ 13,6
2007	270	+ 8,0
2008	300	+ 11,1
2009	320	+ 6,7

Zunächst kann man durch eine entsprechende Einteilung der Achsen des Diagramms jeden beliebigen Eindruck vom Wachstumstempo hervorrufen.

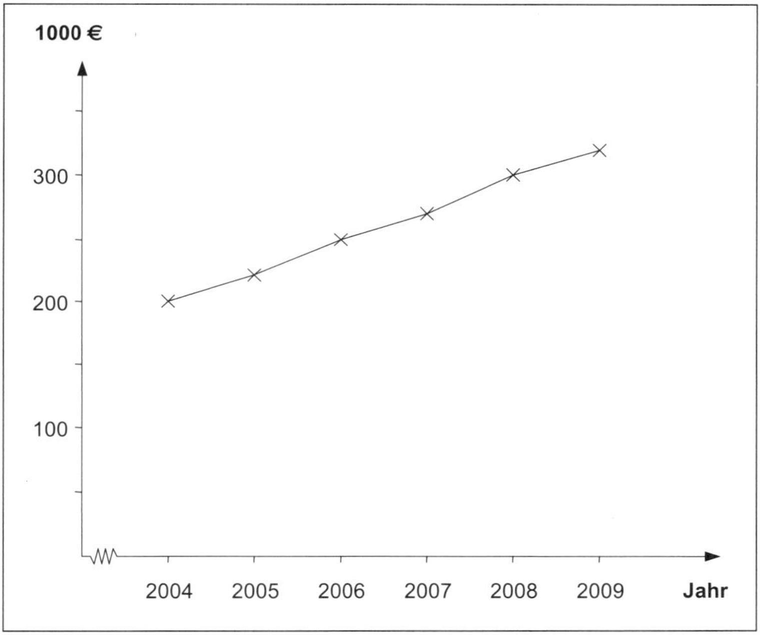

Abb. 5.1: Langsamer Anstieg der Umsätze

Der Anstieg verläuft offenbar langsam und kontinuierlich.

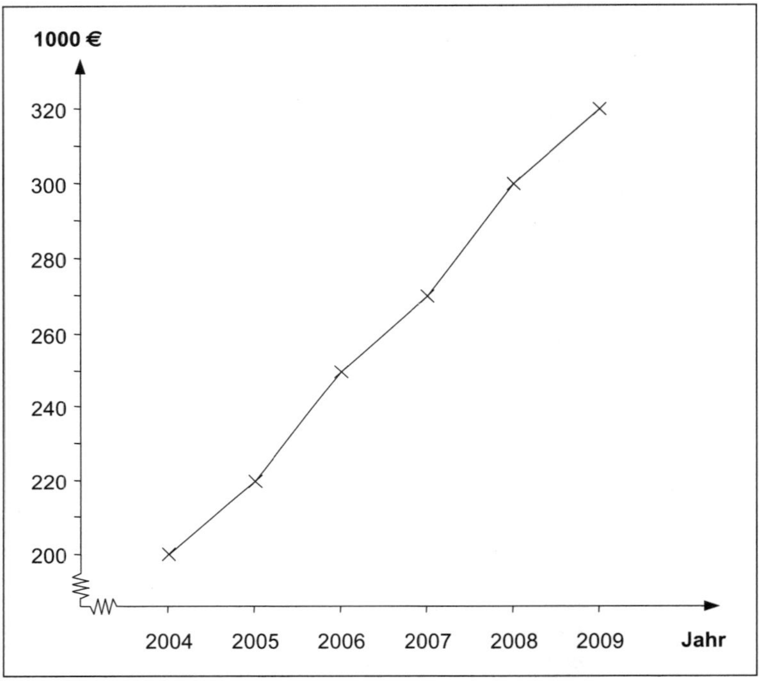

Abb. 5.2: Schneller Anstieg der Umsätze

Jetzt entsteht der Eindruck eines geradezu stürmischen Umsatzwachstums.
Je kleiner die Einteilung der waagerechten Achse ist und je größer die der senkrechten, desto stärker steigt bzw. fällt eine Kurve. Dieser Eindruck wird noch dadurch verstärkt, dass man als Schnittpunkt beider Achsen nicht wie üblich den Nullpunkt wählt, sondern den kleinsten Wert aus der Reihe. Bei flüchtiger Betrachtung wird man meinen, der Umsatzanstieg beginne praktisch bei null.
Wer statt des Umsatzanstieges lieber ein Bild mit fallender Tendenz zeichnen möchte, verwendet in diesem Fall die Veränderungsrate des Umsatzes gegenüber dem Vorjahr (Abb. 5.3).
Aufgrund dieser Grafik entsteht nicht nur der Eindruck starker Umsatzschwankungen, sondern auch einer generell fallenden Tendenz.

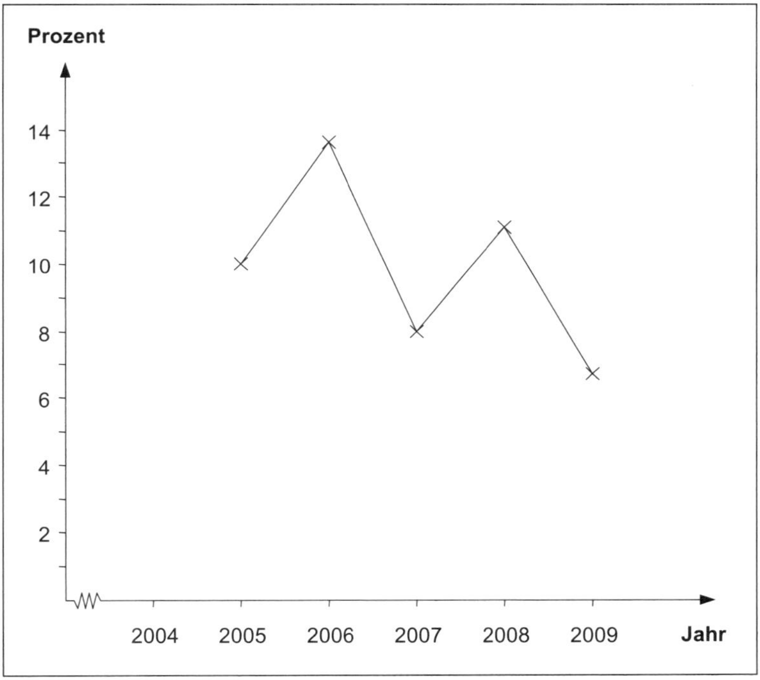

Abb. 5.3: Veränderungsraten des Umsatzes gegenüber dem Vorjahr

Das Bedenkliche bei solchen Darstellungen ist, dass man meist nicht die Zeit hat, sich eingehend mit ihnen zu beschäftigen. Ein einziger flüchtiger Blick muss ausreichen, um die Situation zu beurteilen. Und gerade das ist beabsichtigt.

Diese Ausführungen mögen genügen, um anzudeuten, auf welche Weise statistische Daten, genauer gesagt, der Eindruck, den sie hervorrufen, manipuliert werden können. Missbräuche sollte man aber keinesfalls der Statistik selbst, sondern stets ihren Urhebern vorwerfen.

5.2 Grenzen der Statistik

In früheren Jahren war viel die Rede von den Grenzen der Statistik. Es hieß, Statistik sei dort nicht anwendbar, wo keine zahlenmäßigen Daten vorliegen. Ob statistisch verwertbare Daten vorliegen, ist aber abhängig von der Intensität, mit der versucht wird, ein bestimmtes Gebiet rational zu durchdringen. Die Folge ist, dass im Zuge des wissenschaftlichen Fortschritts immer neue Lebensbereiche quantitativ erfasst werden können. An die Stelle weitgehend subjektiv gefärbter Zustandsbeschreibungen treten objektivierte nachprüfbare Daten. Beispielsweise zweifelten auch Experten vor 50 Jahren noch daran, dass es möglich sein würde, das gesamte Wirtschaftsleben derart umfassend zu quantifizieren, wie es mittlerweile im Rahmen der volkswirtschaftlichen Gesamtrechnungen geschieht.

Im Augenblick erschließen sich der Statistik neue Anwendungsgebiete im Zusammenhang mit den Versuchen, die einzelnen Bestandteile der Lebensqualität, zu denen neben den wirtschaftlichen Verhältnissen auch die Bereiche Gesundheit, Bildung, Freizeit, Umwelt u.a. gehören, zahlenmäßig zu erfassen.

Wenn heute davon geredet wird, dass der Statistik Grenzen gesetzt sind, so liegt das einmal am fehlenden Geld. Es ist gewöhnlich sehr teuer, unerschlossene Gebiete statistisch zu erfassen, sodass stets zu prüfen ist, ob die zu gewinnenden Erkenntnisse den Mehraufwand lohnen. Hinzu kommt die berechtigte Abneigung der meisten Menschen, noch mehr als bisher zum Untersuchungsobjekt statistischer Forschungen zu werden. Datenschutz und das Recht auf informationelle Selbstbestimmung stellen oft unüberwindbare Hürden dar für neue Erhebungen.

Fragen

1. Worin unterscheidet sich die Statistik von der Mathematik?
2. Ist es unbedingt erforderlich, dass statistische Daten völlig genau sind?
3. Wo sind die Ursachen für Fehler und Ungenauigkeiten bei statistischen Aussagen zu suchen?
4. Wo können die Ursachen von Datenfehlern liegen?
5. Wie kann man unter Umständen die Genauigkeit statistischer Daten beurteilen?
6. Was versteht man unter Unterschieden im statistischen Modell?
7. Wie können statistische Daten manipuliert werden?
8. Wo liegen die Grenzen statistischer Untersuchungen?

6 Verhältniszahlen

6.1 Allgemeine Definition

Eine wichtige Gruppe statistischer Maßzahlen sind die Verhältniszahlen. Ihre Berechnung ist denkbar einfach. Sie sind definiert als Quotienten zweier Maßzahlen, von denen jede für sich einen bestimmten Sachverhalt beschreibt, also eine eigenständige anschauliche Bedeutung hat.

Die allgemeine Definition einer Verhältniszahl lautet:

$$\text{Verhältniszahl} = \frac{\text{Berichtsgröße}}{\text{Basisgröße}}$$

Die Maßzahl im Zähler wird als Berichtsgröße, die Maßzahl im Nenner als Basisgröße bezeichnet. Es hängt von der jeweiligen Fragestellung ab, welche der beiden Maßzahlen als Berichtsgröße und welche als Basisgröße angesetzt werden soll. Tauscht man in einer Verhältniszahl Berichtsgröße und Basisgröße gegeneinander aus, so ändert sich mit dem Wert der Verhältniszahl auch die Aussage. Die Division lässt sich nämlich so interpretieren, dass der Betrag der Berichtsgröße gleichmäßig auf die Einheiten der Basisgröße verteilt wird. Das Ergebnis zeigt, wie viele Einheiten der Berichtsgröße auf eine Einheit der Basisgröße entfallen.

Ziel der Berechnung von Verhältniszahlen ist es, große und daher meist unanschauliche Zahlen so umzuformen, dass sie dem menschlichen Vorstellungsvermögen geläufiger werden. Dadurch wird es leichter, die interessierenden Sachverhalte angemessen zu beurteilen.

Darüber hinaus sind Verhältniszahlen immer dann wichtig, wenn unterschiedlich große Gesamtheiten miteinander verglichen werden sollen. Mit Hilfe von Verhältniszahlen wird regelmäßig der Größeneinfluss ausgeschaltet, da ja stets angegeben wird, wie viele Einheiten der Berichtsgröße auf eine Einheit der Basisgröße entfallen. Über den Umfang der Basisgröße sagt die Verhältniszahl nichts mehr aus.

Beispiel 1a

Ende 2007 lebten in Deutschland 82 218 000 Menschen. Von ihnen waren 40 274 000 männlichen, 41 944 000 weiblichen Geschlechts.

Anhand der absoluten Zahlen ist es nur sehr schwer anzugeben, um wie viel der weibliche Bevölkerungsteil größer ist als der männliche. Die Differenz von 1 670 000 hilft dabei auch nicht viel weiter, dazu ist sie viel zu groß und unanschaulich. Außerdem muss man solche Differenzen stets in Verbindung mit den Ausgangsgrößen sehen, hier der Zahl der männlichen und weiblichen Personen. Bezogen auf die Bevölkerung der Bundesrepublik ist eine solche Differenz beachtlich. Hätte sie sich dagegen bei der Weltbevölkerung von insgesamt 6,8 Milliarden Menschen ergeben, wäre sie völlig unbedeutend.

Die Größenverhältnisse werden übersichtlicher und anschaulicher, wenn man die Zahlen der Männer und der Frauen jeweils auf die Gesamtzahl der Einwohner bezieht. Ergebnis ist der Anteil der Männer bzw. der Frauen an der Gesamtbevölkerung.

$$\text{Anteil der Männer} = \frac{40\,274\,000}{82\,218\,000} = 0{,}490 = 49{,}0\,\%$$

$$\text{Anteil der Frauen} = \frac{41\,944\,000}{82\,218\,000} = 0{,}510 = 51{,}0\,\%$$

Ende 2007 waren 49,0 % der deutschen Bevölkerung Männer, 51,0 % Frauen.

Beispiel 1b

Am Jahresende 2007 lebten in Berlin 3 416 000 Menschen, darunter waren 1 672 000 Männer. Zur gleichen Zeit betrug die Einwohnerzahl von Brandenburg 2 536 000, darunter 1 256 000 Männer.

Will man die Bevölkerungsstruktur, hier den Anteil der Männer an der Gesamtbevölkerung, kennzeichnen, hat es wenig Sinn, die männliche Bevölkerung von Berlin mit der von Brandenburg zu vergleichen. Da Berlin mehr Einwohner hat als Brandenburg, gibt es dort auch mehr Männer. Dieser Größeneinfluss lässt sich durch die Berechnung von Verhältniszahlen ausgleichen.

$$\text{Anteil der Männer in Berlin} = \frac{1\,672\,000}{3\,416\,000} = 0{,}489 = 48{,}9\,\%$$

$$\text{Anteil der Männer in Brandenburg} = \frac{1\,256\,000}{2\,536\,000} = 0{,}495 = 49{,}5\,\%$$

In Berlin stellen die Männer nur 48,9 % der Bevölkerung, während es in Brandenburg immerhin 49,5 % sind. Da in beiden Fällen weniger als die Hälfte der Einwohner Männer sind, gibt es einen entsprechenden Frauenüberschuss, der, wie die Verhältniszahlen zeigen, in Berlin noch größer ist als in Brandenburg.

Beispiel 2a

1991 lebten in Deutschland 80 275 000 Einwohner, Ende 2007 82 218 000. Wie groß ist die Bevölkerungszunahme? Der absolute Zuwachs beträgt 1 943 000 Personen. Ob das viel oder wenig ist, lässt sich stets nur im Vergleich mit der Basisgröße sagen. Zu diesem Zweck dividiert man die Einwohnerzahl von 2007 durch die Einwohnerzahl von 1991. Ergebnis ist die

$$\text{relative Bevölkerungszahl von 2007} = \frac{82\,218\,000}{80\,275\,000} = 1{,}024$$

Die Einwohnerzahl von 2007 beträgt 102,4 % der Einwohnerzahl von 1991. Der Bevölkerungszuwachs ist folglich 2,4 %.

Beispiel 2b

2000 lebten in Schleswig-Holstein 2 790 000 Einwohner, Ende 2007 2 837 000, Niedersachsen hatte 2000 7 926 000 Einwohner, 2007 7 972 000. Ein Vergleich der absoluten Zuwächse täuscht über das Wachstumstempo. Da der Zuwachs in Schleswig-Holstein 47 000 und in Niedersachsen 46 000 Personen beträgt, könnte man annehmen, dass die Bevölkerungszahl in beiden Ländern etwa gleich rasch gewachsen sei. Man übersieht dabei aber, dass Niedersachsen von der Einwohnerzahl her wesentlich größer ist als Schleswig-Holstein. Man muss daher Verhältniszahlen berechnen, um den Größeneinfluss auszuschalten. Es ergeben sich als

$$\text{relative Bevölkerungszunahme in NS} = \frac{7\,972\,000}{7\,926\,000} = 1{,}006 = 100{,}6\,\%$$

$$\text{relative Bevölkerungszunahme in SH} = \frac{2\,837\,000}{2\,790\,000} = 1{,}017 = 101{,}7\,\%$$

Im angegebenen Zeitraum ist die Bevölkerung Niedersachsens um 0,6 %, die Bevölkerung Schleswig-Holsteins dagegen um 1,7 %, also deutlich stärker angestiegen.

Beispiel 3a

Ende 2007 lebten in Deutschland auf einer Gesamtfläche von 357 114 km² 82 218 000 Menschen. Jeder weiß, dass es in der Bundesrepublik Gegenden gibt, in denen die Menschen sehr dicht zusammenwohnen. Andererseits findet man dünn besiedelte Gebiete. Diese Erfahrungstatsache ist jedoch wenig konkret. Sie reicht auf keinen Fall aus, um die Frage zu beantworten, ob die Bundesrepublik insgesamt gesehen dicht besiedelt ist oder nicht. Antwort hierauf gibt eine spezielle Verhältniszahl, die sogenannte Bevölkerungsdichte.

$$\text{Bevölkerungsdichte in Deutschland} = \frac{82\,218\,000 \text{ Personen}}{357\,114 \text{ km}^2} = 230 \text{ Personen/km}^2$$

Ende 2007 lebten in der Bundesrepublik 230 Personen – im Durchschnitt – auf einem km² Fläche. Die Bevölkerungsdichte kann man sich besonders leicht veranschaulichen, wenn man sich vorstellt, die Gesamtheit der Bundesbürger sei – im Gegensatz zur Wirklichkeit – völlig gleichmäßig über das gesamte Bundesgebiet verteilt. Jeweils 230 Personen befänden sich dann auf einer Fläche von einem km².

Beispiel 3b

Ende 2007 lebten in Nordrhein-Westfalen 17 997 000 Menschen auf 34 086 km² Fläche. In Baden-Württemberg lebten dagegen nur 10 750 000 auf 35 751 km². Bei einer Fläche, die etwa gleich groß ist, unterscheiden sich die Einwohnerzahlen erheblich. Beide Informationen werden berücksichtigt, wenn man die Bevölkerungsdichte berechnet.

$$\text{Bevölkerungsdichte in NRW} = \frac{17\,997\,000 \text{ Personen}}{34\,086 \text{ km}^2} = 528 \text{ Personen/km}^2$$

$$\text{Bevölkerungsdichte in BW} = \frac{10\,750\,000 \text{ Personen}}{35\,751 \text{ km}^2} = 301 \text{ Personen/km}^2$$

Nordrhein-Westfalen ist also fast doppelt so dicht besiedelt wie Baden-Württemberg.

Anmerkung
Vertauscht man in der Verhältniszahl «Bevölkerungsdichte» Berichts- und Basisgröße, ergibt sich die Fläche, die auf eine Person entfällt.

Die Beispiele sollten zeigen, dass statistische Maßzahlen dadurch anschaulicher werden, dass man sie in Verhältniszahlen umrechnet. Dabei ist selbstverständlich, dass Verhältniszahlen nur aus solchen Daten berechnet werden, die in einer sachlich sinnvollen Beziehung zueinander stehen. Verhältniszahlen machen aber die Ausgangszahlen keineswegs überflüssig. Immer dann, wenn man Angaben über die Größe von Werten machen will, braucht man absolute Werte. Größenunabhängige Verhältniszahlen sind hierfür ungeeignet.

Schauen wir uns nun die verschiedenen Möglichkeiten zur Berechnung von Verhältniszahlen etwas genauer an. Nach dem Verwandtschaftsgrad, der zwischen Berichts- und Basisgröße besteht, unterscheidet man gewöhnlich drei Arten von Verhältniszahlen:
- Gliederungszahlen,
- Messzahlen,
- Beziehungszahlen.

6.2 Gliederungszahlen

Gliederungszahlen entstehen, wenn Teilbeträge eines Merkmals auf den Totalwert, die Summe der Teilbeträge, bezogen werden, d. h. durch den Totalwert dividiert werden.

Ergebnis sind Anteilswerte. Bei Gliederungszahlen ist die Berichtsgröße also stets ein Teil der Basisgröße. Beispielsweise kann man den Merkmalswert eines Merkmalsträgers, etwa das Einkommen einer Person, durch den Totalwert der Gesamtheit, hier also das Gesamteinkommen einer Personengruppe, dividieren. Es ergibt sich der Anteil des Einzeleinkommens am Gesamteinkommen.

Beispiel 4

Ergebnis der Bundestagswahl 2009

Partei	Gültige Zweitstimmen (1000)	%
CDU/CSU	14655	33,8
SPD	9989	23,0
FDP	6313	14,6
DIE LINKE	5154	11,9
GRÜNE	4641	10,7
Sonstige	2606	6,0
insgesamt	43358	100,0

Quelle: Bundeswahlleiter, 2009

Die Gliederungszahlen werden wie folgt berechnet:

$$\text{Stimmenanteil einer Partei} = \frac{\text{Stimmen für die Partei}}{\text{Gültige Zweitstimmen insgesamt}}$$

Daraus ergibt sich der

$$\text{Stimmenanteil der SPD} = \frac{9989}{43958} = 0{,}230 = 23{,}0\,\%$$

Gliederungszahlen sind stets unbenannte Zahlen. Da im Zähler wie im Nenner Werte desselben Merkmals stehen, fallen die beiden Benennungen bei der Division weg. Aus diesem Grund kann man die Gliederungszahlen auch in Prozent ausdrücken. Ein Anteilswert von 0,230 ist dann = 23,0 Prozent.

Formelmäßig lässt sich eine Gliederungszahl wie folgt schreiben:

$$g_i = \frac{x_i}{\sum x_i}$$

Es bedeuten:

g_i = Gliederungszahl des i-ten Merkmalsbetrags

x_i = i-ter Merkmalsbetrag

$\sum x_i$ = Summe der Merkmalsbeträge, Totalwert

Gliederungszahlen können Werte zwischen 0 und 1 annehmen. Bei Merkmalen, deren Werte auch negativ werden können, sind Gliederungszahlen nicht sinnvoll.

Da die Teilbeträge stets so beschaffen sein sollen, dass ihre Summe den Totalwert ergibt, muss die Summe aller Gliederungszahlen 1 bzw. 100 Prozent sein. Allerdings können durch – unvermeidbare – Rundungsungenauigkeiten leichte Abweichungen auftreten. Man schreibt als Summe dennoch 1 bzw. 100 %.

Anmerkung

Relative Häufigkeiten können als Gliederungszahlen angesehen werden, wenn man die einzelnen Merkmalsklassen als Merkmalsträger uminterpretiert. Dann sind die Häufigkeiten die Merkmalswerte, während die Summe der Häufigkeiten der Totalwert ist. Demgegenüber ist es nicht üblich, alle Gliederungszahlen auch als relative Häufigkeiten zu bezeichnen. Damit würde man den Häufigkeitsbegriff entschieden überstrapazieren.

6.3 Messzahlen

Messzahlen entstehen, wenn sachlich gleiche, aber zeitlich oder örtlich verschiedene Merkmalswerte aufeinander bezogen werden.

Örtliche Messzahlen liegen z. B. vor, wenn man jeweils die Einwohnerzahlen der deutschen Großstädte durch die Einwohnerzahl von Berlin als der größten Stadt dividiert. Man misst, d. h. vergleicht dabei die Einwohnerzahlen der verschiedenen Städte mit der von Berlin.

Wichtiger als für solche örtlichen Vergleiche sind aber Messzahlen, wenn es darum geht, die Veränderungen einer Zeitreihe, d. h. einer zeitlich geordneten Folge von Werten eines Merkmals oder allgemeiner von Maßzahlen, anzugeben.

Die relative Veränderung einer Zeitreihe bezieht sich stets auf den ausgewählten Basiswert. Das ist in Beispiel 5 die Ausfuhr des Jahres 2003. Dieses Jahr wird daher auch als Basisjahr bezeichnet (siehe unten).

Beispiel 5

Entwicklung der deutschen Ausfuhr 2003 bis 2007

Jahr	Mrd. €	in % der Ausfuhr von 2003
2003	534	100,0
2004	575	107,7
2005	628	117,6
2006	734	137,5
2007	773	144,8

Quelle: Statistisches Jahrbuch 2008, S. 478

Es erleichtert den Vergleich der Veränderungen zwischen den einzelnen Werten der Zeitreihe, wenn man nur einen einzigen Basiswert ansetzt. Entsprechend werden alle Werte der Zeitreihe durch den Basiswert dividiert. Ergebnis sind Messzahlen, die angeben, wie viel Prozent der Basisgröße die jeweilige Berichtsgröße ausmacht.

Im Beispiel ist 2003 das Basisjahr und die Ausfuhr in Höhe von 534 Mrd. € die Basisgröße. Als Messzahl für 2003 ergibt sich folglich

$$\frac{534 \text{ Mrd. €}}{534 \text{ Mrd. €}} = 1{,}0 = 100\,\%$$

und für 2004

$$\frac{575 \text{ Mrd. €}}{534 \text{ Mrd. €}} = 1{,}077 = 107{,}7\,\%$$

Auch bei der Berechnung von Messzahlen kürzen sich die Benennungen der Merkmalswerte weg, sodass unbenannte Zahlen entstehen, die auch als Prozentwerte ausgedrückt werden können. Die Messzahl 1,077 bzw. 107,7 % für 2004 besagt, dass die Ausfuhr des Jahres 2004 das 1,077fache bzw. 107,7 % der Ausfuhr des Jahres 2003 beträgt.

Formelmäßig lässt sich eine Messzahl wie folgt schreiben:

$$m_{o,t} = \frac{x^{(t)}}{x^{(o)}}$$

Es bedeuten:

$m_{o,t}$ = Messzahl für das Berichtsjahr t mit dem Basisjahr o

$x^{(t)}$ = Berichtsgröße, Merkmalswert des Jahres t

$x^{(o)}$ = Basisgröße, Merkmalswert des Basisjahrs

t = irgendein Jahr, für das Zeitreihenwerte vorliegen, also auch das Basisjahr

Anmerkung

Anstelle von Jahren können auch andere Zeiträume oder Zeitpunkte auftreten. Man hätte beispielsweise die Ausfuhr für Monate angeben können.

Die Messzahlenwerte können größer oder kleiner als 1 sein, jedoch niemals negativ. Für das Basisjahr ergibt sich stets der Wert 1 bzw. 100 %. Messzahlen sind wie Gliederungszahlen bei Merkmalen mit negativen Werten nicht sinnvoll.

Da bei einer Zeitreihe üblicherweise nur ein einziger Basiswert ausgewählt wird, lässt sich auch die relative Veränderung unmittelbar nur gegenüber dem Basiswert angeben.

Im Beispiel beträgt die prozentuale Veränderung der Ausfuhr von 2006 bis 2007 also nicht 144,8 % – 137,5 % = 7,3 %, da 2006 nicht das Basisjahr für beide Messzahlen ist. Um diese Differenz dennoch kennzeichnen zu können, sagt man daher, dass die Ausfuhr von 2006 bis 2007 um 7,3 Prozentpunkte gestiegen ist. Bei der Beurteilung einer derartigen Angabe muss man stets bedenken, dass es sich nicht um die prozentuale Veränderung handelt, sondern lediglich um die Differenz zwischen zwei Messzahlenwerten.

Die relative Veränderung von 2006 und 2007 ergibt sich, wenn man aus den Ursprungswerten eine neue Messzahl berechnet, und zwar

$$\frac{773 \text{ Mrd. €}}{734 \text{ Mrd. €}} = 1{,}05 = 105\,\%$$

Hierbei bildet die Ausfuhr von 2006 den Basiswert, sodass das Ergebnis die prozentuale Veränderung von 2006 bis 2007, nämlich 5 %, angibt. Die Differenz von 7,3 Prozentpunkten entspricht also nur einer relativen Zunahme von 5 %. Eine andere Möglichkeit ist, die Messzahlen für 2006 und 2007, die beide die gleiche Basis 2003 haben, durcheinander zu dividieren. Dieser Vorgang wird als *Umbasieren* bezeichnet. Es ergibt sich

$$\frac{m_{03,07}}{m_{03,06}} = \frac{1,448}{1,375} = 1,05 = m_{06,07}$$

Dividiert man die Messzahl von 2007 durch die Messzahl für 2006, erhält man als Ergebnis die Messzahl für 2007 auf der Basis von 2006.

Allgemein lässt sich eine Messzahlenreihe mit einheitlicher Basis auf eine neue Basis umstellen, indem man sämtliche Messzahlen durch die Messzahl dividiert, deren Berichtsjahr das gewünschte neue Basisjahr ist. Hätte man also im Beispiel die gesamte Messzahlenreihe (mit der Basis 2003) auf das neue Basisjahr 2006 umstellen wollen, hätte man alle Messzahlenwerte durch $m_{03,06}$ teilen müssen.

Die Beurteilung einer Reihe von Messzahlen hängt stark von der Wahl des Basiswertes ab. Wählt man nämlich einen großen Reihenwert als Basiswert aus, erhält man vergleichsweise kleine Veränderungsraten. Nimmt man dagegen einen kleinen Basiswert, ergeben sich entsprechend große relative Veränderungen. Insbesondere bei stark schwankenden Reihenwerten gilt daher die Forderung, einen normalen mittleren Wert als Basis zu nehmen. Dies dürfte unmittelbar einleuchten, wenn man bedenkt, dass man alle Reihenwerte an den Basiswerten misst. Vergleichsmaßstab sollte aber stets eine normale Situation sein und nicht irgendein Sonderfall.

6.4 Beziehungszahlen

Beziehungszahlen entstehen, wenn sachlich verschiedenartige Maßzahlen, die jedoch einen sinnvollen Zusammenhang aufweisen, zueinander ins Verhältnis gesetzt werden. Bei Beziehungszahlen wird besonders deutlich, dass der gesamte Betrag der Berichtsgröße gleichmäßig auf die Einheiten der Basisgröße verteilt wird. Unabhängig von den tatsächlichen Verhältnissen entfällt auf jede Einheit der Basisgröße die gleiche Menge von Einheiten der Berichtsgröße. Dieser Vorgang der gleichmäßigen Aufteilung eines Merkmalsbetrags wird auch als Durchschnittsbildung bezeichnet.

Beispiel 6

Am 1. 7. 2008 gab es in Deutschland 41 184 000 Pkw. Diese Zahl wird wesentlich anschaulicher, wenn man sie in Beziehung zur Einwohnerzahl setzt. Da es 2008 in Deutschland durchschnittlich 82 218 000 Einwohner gab, betrug die sogenannte

$$\text{Pkw-Dichte} = \frac{41\,184\,000 \text{ Pkw}}{82\,218\,000 \text{ Einw.}} = 0{,}501 \text{ Pkw/Einwohner}$$

2008 kamen auf einen Einwohner 0,501 Pkw. Diese Zahl ist keinesfalls so zu interpretieren, als ob jeder Einwohner, gleich welchen Alters, Besitzer von einem halben Pkw ist. Es handelt sich lediglich um eine theoretische Größe, die im Gegensatz zu den tatsächlichen Verhältnissen eine völlig gleichmäßige Aufteilung des Pkw-Bestandes unterstellt. Um vernünftige Angaben zu erhalten – was kann man schon mit 0,501 Pkw anfangen? –, wird die Beziehungszahl meist mit tausend erweitert. Es wird nicht angegeben, wie viele Einheiten der Berichtsgröße auf eine Einheit der Basisgröße entfallen, sondern auf tausend. Beide Angaben sind gleichbedeutend. Wenn auf einen Einwohner 0,501 Pkw entfallen, kommen auf 1000 Einwohner 501 Pkw. Die Beziehungszahl würde also lauten: Pkw-Dichte = 501 Pkw/1000 Einwohner.

Charakteristisch für Beziehungszahlen ist die doppelte Benennung. Da Berichts- und Basisgröße unterschiedliche Maßeinheiten aufweisen, kürzen sich diese bei der Division nicht weg. Beziehungszahlen sind im Gegensatz zu Gliederungs- und Messzahlen also keine unbenannten Zahlen.

Beziehungszahlen sind immer dann zu bilden, wenn Maßzahlen miteinander verglichen werden sollen, die aus unterschiedlich großen Gesamtheiten stammen. Durch den Ansatz geeigneter Basisgrößen lässt sich der Größeneinfluss ausschalten. Die Wahl der Basisgröße ist jedoch nicht so einfach wie bei Gliederungs- und Messzahlen, da man ja nicht auf dasselbe Merkmal zurückgreifen kann, sondern ein anderes Merkmal als Basiswert nehmen muss.

Beispiel 7

2006 wurden in Deutschland 376 000 Eheschließungen registriert, in Spanien dagegen nur 203 000. Ein Vergleich dieser beiden Zahlen sagt praktisch nichts aus. Auf alle Fälle wäre es verfehlt, daraus auf eine etwa doppelt so große Heiratsfreudigkeit in der Bundesrepublik zu schließen. Da Spanien mit 41,1 Mill. Einwohnern wesentlich kleiner ist als die Bundesrepublik, wird es dort auch weniger Eheschließungen geben. Ein Vergleich ist daher nur über Beziehungszahlen möglich, bei denen der Einfluss der unterschiedlichen Landesgröße ausgeschaltet wird. Eine geeignete Basisgröße ist die Bevölkerungszahl. Dividiert man die Heiratszahlen der beiden Länder durch die jeweiligen Bevölkerungszahlen, ergeben sich sogenannte Heiratshäufigkeiten

$$\text{Heiratshäufigkeit in Deutschland} = \frac{376\,000 \text{ Heiraten}}{82\,315\,000 \text{ Einwohner}} = 4{,}5 \text{ Heiraten/1000 Einwohner}$$

$$\text{Heiratshäufigkeit in Spanien} = \frac{203\,000 \text{ Heiraten}}{41\,100\,000 \text{ Einwohner}} = 4{,}9 \text{ Heiraten/1000 Einwohner}$$

Ein größenunabhängiger Vergleich führt also zu dem Ergebnis, dass die Heiratshäufigkeit in Spanien etwas größer ist als in Deutschland.

Gliederungszahlen werden oft als Beziehungszahlen fehlinterpretiert. Man berechnet Gliederungszahlen, wo eigentlich Beziehungszahlen angebracht wären.

Beispiel 8

Arbeitsunfälle in einem Industriebetrieb nach Wochentagen

Tag	Mo	Di	Mi	Do	Fr	Sa	So
Unfälle in %	19,3	18,2	15,9	16,8	16,3	8,9	4,6

Aus der Tabelle lässt sich lediglich entnehmen, dass am Montag 19,3 %, am Dienstag 18,2 % usw. der wöchentlichen Unfälle passieren. Man erhält also nur eine Auskunft über die Verteilung der Unfälle auf die einzelnen Wochentage. In der Regel bleibt es aber nicht bei einer solch engen Interpretation der Angaben. Die Gliederungszahlen werden allzu leicht als Ausdruck der unterschiedlichen Unfallrisiken an den einzelnen Wochentagen gedeutet. Demnach wäre das Arbeiten am Wochenende an sichersten, denn dort passieren nur 8,9 % bzw. 4,6 % der Unfälle. Die Zahl der Unfälle hängt jedoch wesentlich ab von der Zahl der eingesetzten Arbeitskräfte. Wenn am Wochenende nur mit einer stark verkleinerten Belegschaft gearbeitet wird, werden bei sonst gleichem Risiko natürlich auch die Unfallzahlen niedriger sein. Um das Unfallrisiko zu ermitteln, hätte man daher Beziehungszahlen bilden müssen aus der Zahl der Unfälle und der Zahl der jeweils eingesetzten Arbeitskräfte.

Die Aussagefähigkeit von Beziehungszahlen hängt wesentlich von der Wahl der Basisgrößen ab. Je enger der Zusammenhang zwischen Berichts- und Basisgröße ist, desto aufschlussreicher wird das Ergebnis. Beim Vergleich der Heiratshäufigkeiten der Bundesrepublik und Spaniens sind die Einwohnerzahlen im Grunde nur grobe Basisgrößen. Ein Teil der Bevölkerung, die Kinder, kommt aus Altersgründen für eine Eheschließung nicht in Frage. Ähnlich ist es mit den bereits verheirateten Personen. Es wäre daher besser, statt der Gesamtbevölkerung nur die unverheirateten Personen im heiratsfähigen Alter als Basisgröße anzunehmen, denn nur sie kommen grundsätzlich für Eheschließungen in Betracht.

Fragen

1. Wie lautet die allgemeine Definition einer Verhältniszahl?
2. Welchen Zweck verfolgt man mit der Berechnung von Verhältniszahlen?
3. Welche Arten von Verhältniszahlen gibt es?
4. Worin liegt der Nutzen von Gliederungszahlen?
5. Welche Vergleiche können mit Messzahlen angestellt werden?
6. Nennen Sie je zwei Beispiele für zeitliche und für örtliche Vergleiche mit Hilfe von Messzahlen.
7. Auf welche Weise wird bei Beziehungszahlen der Größeneinfluss ausgeschaltet?
8. Warum sind Beziehungszahlen (im Gegensatz zu Gliederungszahlen und Messzahlen) keine unbenannten Größen?

Aufgaben

1. Berechnen Sie aus den folgenden Angaben für Deutschland fünf Verhältniszahlen und überlegen Sie sich, was diese Verhältniszahlen aussagen (Angaben jeweils für 2008).

Einwohner	82	Millionen
Zahl der Ärzte	315 000	
Schüler und Studenten	11	Millionen
Bierverbrauch (hl)	91	Millionen
Steuereinnahmen des Staates (€)	593	Milliarden
Volkseinkommen	1880	Milliarden

Bei welchen der von Ihnen berechneten Verhältniszahlen kann man sinnvoll Berichts- und Basisgröße austauschen? Wie ändert sich dadurch die Aussage?

2. Verurteilte Straftäter in Deutschland 2007

	1000 Personen
Jugendliche (14 bis unter 18 Jahre)	56
Heranwachsende (18 bis unter 21 Jahre)	74
Erwachsene	622
insgesamt	752

Berechnen Sie hierzu Gliederungszahlen.

3. Bei der Bundestagswahl 2009 entfielen auf

CDU/CSU	33,8 %
SPD	23,0 %
FDP	14,6 %
DIE LINKE	11,9 %
GRÜNE	10,7 %
Sonstige	6,0 %

der gültigen Stimmen.
Insgesamt wurden 43,4 Millionen gültige Stimmen abgegeben.
Berechnen Sie die Zahl der Stimmen, die die einzelnen Parteien erhielten.

4. Steinkohleförderung in Deutschland und in Großbritannien (Millionen Tonnen)

	1998	2006
Deutschland	45	24
Großbritannien	40	19

a) Wie viel Prozent Steinkohle wurden 2006 in Großbritannien weniger gefördert als in Deutschland?
b) Um wie viel Prozent lag die Kohleförderung 2006 in Deutschland über der in Großbritannien?
c) In welchem Land ist die Kohleförderung relativ stärker zurückgegangen?

5. Einnahmen eines Zeitungsverkäufers

Tag	Mo	Di	Mi	Do	Fr	Sa	So
Einnahmen in €	200	150	140	160	160	300	250

a) Berechnen Sie Maßzahlen auf der Basis der Montagseinnahmen.
b) Basieren Sie die Reihe der Messzahlen um auf die Basis Samstag.
c) Um wie viel Prozent sind die Einnahmen von Mittwoch auf Donnerstag gestiegen?

6. Angaben zur Bevölkerung der Bundesrepublik 2008

Lebendgeborene	683 000
Einwohner	82 Millionen
Frauen	42 Millionen
Eheschließungen	377 000
Frauen im Alter von 15 bis 45 Jahren	16,3 Millionen

Berechnen Sie Beziehungszahlen für die Geburtenhäufigkeiten in der Bundesrepublik. Welches ist die beste Basisgröße?

7. Berechnen Sie aus folgenden Angaben die Pkw-Dichte, d. h. die Verfügbarkeit von Automobilen, im Jahr 2007:

Land	Bevölkerung Millionen	Fläche 1000 km^2	Pkw Millionen
Deutschland	82	357	46
Russland	142	16 995	25
USA	303	9364	137

7 Mittelwerte

7.1 Aufgaben von Mittelwerten

Die Häufigkeitsverteilung beschreibt ein Merkmal zahlenmäßig vollständig. Sie enthält jedoch, ob sie nun in tabellarischer oder in grafischer Form dargeboten wird, eine Fülle von Informationen, die nicht immer nötig sind, zum Teil sogar störend wirken. Häufigkeitsverteilungen werden daher zweckmäßig durch einzelne statistische Maßzahlen ergänzt. Ihre Aufgabe ist es, die gesamte Verteilung durch einige wenige, unter Umständen sogar durch einen einzigen Wert zu kennzeichnen. Die Beschränkung ist jedoch stets mit einem Verlust an Informationen verbunden.

Die wichtigsten Maßzahlen zur Charakterisierung einer Häufigkeitsverteilung sind die *Mittelwerte*. Wie der Name sagt, handelt es sich dabei um Werte aus dem Wertebereich des jeweiligen Merkmals. Ein Mittelwert im weitesten Sinn muss ein Wert größer als der kleinste und kleiner als der größte Merkmalswert sein, also zwischen diesen beiden extremen Werten liegen.

Mit der Angabe eines Werts aus dem Wertebereich eines Merkmals hat man eine erste Information über die Lage einer Verteilung. Man sagt daher, dass Mittelwerte die Lage einer Verteilung charakterisieren. Will man z. B. die Temperaturverhältnisse in Flensburg und Freiburg kennzeichnen, wäre es reichlich umständlich, hierfür die vollständigen Häufigkeitsverteilungen der Temperaturen anzugeben. Kürzer und anschaulicher ist es stattdessen zu sagen, dass im langjährigen Durchschnitt in Flensburg 8,0 °C gemessen wurden. Damit ist, wie schon erwähnt, ein Informationsverlust dahingehend verbunden, dass mit diesem Durchschnittswert nichts über die Temperaturverhältnisse in bestimmten Monaten, z. B. zur Ferienzeit, gesagt wird.

Aus der Fülle möglicher Mittelwerte werden grundsätzlich nur einige wenige ausgewählt, die bestimmte wünschenswerte und aussagefähige Eigenschaften haben. In erster Linie sollen sie geeignet sein, die gesamte Verteilung zu repräsentieren. Dazu ist z. B. der zweitkleinste oder drittgrößte der Merkmalswerte wohl kaum in der Lage. Es sollte sich also stets um einen Wert handeln, der typisch für die Merkmalsverteilung ist, etwa weil er in ihrem Mittelpunkt liegt.

Zusätzlich ist zu beachten, dass sich die Wahl des Mittelwerts nach der Art des Merkmals richten muss. Wie wir gesehen haben, besitzen Unterschieds-, Rang- und Abstandsmerkmale einen unterschiedlichen Informationsgehalt. Das ist bei der Bestimmung von Mittelwerten zu berücksichtigen. Man unterscheidet daher Mittelwerte für Unterschiedsmerkmale, für Rangmerkmale und für Abstandsmerkmale.

7.2 Häufigster Wert

Bei Unterschiedsmerkmalen gibt es im Grunde nur einen einzigen, sehr einfach zu bestimmenden Mittelwert, den sogenannten häufigsten Wert (Modus). Häufigster Wert ist die Ausprägung, die die größte Häufigkeit hat.

Beispiel 1

Sterbefälle nach Todesursachen, Deutschland 2007

Todesursache	Anzahl
Kreislaufsystem	358 683
Äußere Ursachen	30 650
Atmungssystem	57 956
Verdauungssystem	42 163
Krebserkrankungen	217 289
Sonstige Ursachen	120 433
Insgesamt	827 174

Quelle: Statistisches Bundesamt 2009

Die häufigste Todesursache ist das Versagen des Kreislaufsystems. Dies ist also der «häufigste Wert».

Kennzeichnend für den häufigsten Wert ist, dass er sich nicht verändert, wenn man die Merkmalsausprägungen in einer anderen Reihenfolge aufführt. Das ist wichtig, denn sonst könnte man den häufigsten Wert dadurch manipulieren, dass man lediglich die Anordnung der Merkmalsausprägungen ändert. Diese Anordnung kann aber bekanntlich beliebig erfolgen.

Der häufigste Wert ist umso aussagefähiger, je stärker die betreffende Ausprägung dominiert. Im Beispiel sind 43 Prozent aller Todesfälle auf diese eine Ursachenkategorie zurückzuführen. Die übrigen Ursachen sind daneben vergleichsweise weniger häufig. Der häufigste Wert ist hier also einigermaßen typisch für die gesamte Verteilung.

Sind mehrere Ausprägungen etwa gleich häufig, sollte man keinen häufigsten Wert mehr angeben, da dann nicht mehr eine einzige Ausprägung als vorherrschend angesehen werden kann.

Werden verwandte Merkmalsausprägungen zusammengefasst, verliert der häufigste Wert an Aussagefähigkeit, da man durch die Art der Zusammenfassung den häufigsten Wert unter Umständen beliebig hin und her schieben kann.

7.3 Zentralwert

Grundsätzlich kann man als Mittelwert von Rangmerkmalen auch den häufigsten Wert bestimmen. Dieser Mittelwert nutzt aber die Information, dass die Ausprägungen eine Rangordnung aufweisen, nicht aus. Er behandelt Rangmerkmale so, als seien sie Unterschiedsmerkmale. Ein merkmalsspezifischer Mittelwert ist dagegen der Zentralwert (Median). Zentralwert ist der Merkmalswert, der eine Häufigkeitsverteilung in zwei gleich große Teile trennt. Der Zentralwert steht also im Mittelpunkt der Verteilung. Denkt man sich die Merkmalswerte der Einheit der Gesamtheit der Größe nach sortiert, so liegt – wenn man den Zentralwert selbst außer Acht lässt – die eine Hälfte der Werte links, die andere Hälfte rechts vom Zentralwert. Mit Einschränkungen kann man sagen, dass 50 Prozent der Einheiten Merkmalswerte aufweisen, die kleiner sind als der Zentralwert, während 50 Prozent der Werte größer sind. Die Einschränkung gilt dann, wenn der Zentralwert auf eine Ausprägung fällt, die in der Gesamtheit mehrfach vorkommt.

Die genaue Definition des Zentralwerts lautet daher: Der Zentralwert ist der Merkmalswert, der von mindestens der Hälfte der Werte nicht unterschritten wird. Bei der Bestimmung des Zentralwerts ist zu unterscheiden, ob es sich um Einzelwerte oder um klassierte Werte handelt.

Einzelwerte

Ist die Zahl der Einzelwerte ungerade, kann man durch einfaches Abzählen der geordneten Werte den Wert bestimmen, der genau in der Mitte liegt. Das ist der Zentralwert.

Beispiel 2

Ein Intelligenztest bei 9 Kindern ergab folgende Werte des Intelligenzquotienten:

115, 87, 95, 123, 108, 124, 101, 96, 102

Zunächst sind diese Merkmalswerte der Größe nach zu ordnen:

87, 95, 96, 101, 102, 108, 115, 123, 124

Zentralwert ist der Wert 102. Oberhalb und unterhalb liegen jeweils 4 Werte.

Ist die Zahl der Einzelwerte gerade, gibt es keinen Wert, der genau in der Mitte liegt.

Beispiel 3

Ein Intelligenztest ergab bei 8 Kindern folgende Werte des Intelligenzquotienten:

97, 106, 104, 113, 90, 95, 121, 114

Die geordneten Werte sind:

90, 95, 97, 104, 106, 113, 114, 121

Zur Bestimmung des Zentralwerts greift man zu einer Hilfskonstruktion. Man bezeichnet als Zentralwert den Wert, der in der Mitte zwischen den beiden «mittleren» Werten liegt. Der Zentralwert hat demnach den Wert 105.

Wir sehen, dass der Zentralwert nicht unbedingt ein tatsächlich existierender Merkmalswert sein muss. Entscheidend ist nur, dass er die gewünschte Eigenschaft hat, eine Verteilung in Hälften aufzuteilen.

Der Zentralwert hat die angenehme Eigenschaft, dass er weitgehend unabhängig von irgendwelchen extremen Werten, sogenannten Ausreißern, ist. Solche Werte sind möglicherweise fehlerhaft, auf alle Fälle aber untypisch für die Verteilung und sollten daher nach Möglichkeit auch den Mittelwert nicht beeinflussen. Hätte man im Beispiel 3 etwa zusätzlich ein Kind mit dem unwahrscheinlichen Intelligenzquotienten von 165, so würde sich dadurch der Zentralwert nur von 105 auf 106 erhöhen. Die Größenordnung der Ausreißer ist für den Zentralwert unerheblich, da er sich nur an der Zahl der Werte orientiert.

Klassierte Werte

Die Vorgehensweise zur Bestimmung des Zentralwertes bei klassierten Werten macht man sich am besten anhand der Summenkurve, der grafischen Darstellung der Häufigkeitssummenverteilung, klar.

Beispiel 4

Werte des Intelligenzquotienten bei 225 Kindern

Intelligenzquotient von ... bis ... Punkte	Anzahl Kinder	Intelligenzquotient bis ... Punkte	Anzahl Kinder
70–79	3	79	3
80–89	15	89	18
90–99	45	99	63
100–109	50	109	113
110–119	57	119	170
120–129	36	129	206
130–139	12	139	218
140–149	7	149	225
insgesamt	225		

Der linke Teil der Tabelle enthält die Häufigkeitsverteilung, der rechte die Häufigkeitssummenverteilung.
Da über die Einzelwerte nichts bekannt ist, wird unterstellt, dass sich die Häufigkeiten gleichmäßig über die einzelnen Klassenbreiten verteilen. Für die Klasse von 100 bis 109 Punkte würde das beispielsweise bedeuten, dass wir für jeden der 10 Werte 100, 101, ..., 109 eine Häufigkeit von 5 annehmen.
Es geht darum, den Merkmalswert zu bestimmen, der zu der mittleren Einheit, hier dem 113. Kind, gehört, wenn man die Kinder nach ihrem Intelligenzquotienten anordnet. Bei dieser Fragestellung gehen wir von der Häufigkeitsachse aus. Wir zeichnen zunächst eine waagerechte Linie durch den Punkt 113 bis zum Schnittpunkt mit der Summenkurve. Von dort wird eine senkrechte Gerade bis zur Merkmalsachse gezogen. Wo sie auf die Merkmalsachse trifft, liegt der Zentralwert. Das ist hier der Wert 109, also genau eine Klassengrenze.

Will man den Zentralwert berechnen, so verwendet man dazu zweckmäßigerweise eine Formel, die man aus der Umkehrung der Formel zur Berechnung der Summenverteilung gewinnt. Während man dort den Wert der Summenverteilung für einen vorgegebenen Merkmalswert sucht, möchte man beim Zentralwert den Merkmalswert bestimmen, der zu einem vorgegebenen Wert der Summenverteilung gehört. Dieser Wert ist grundsätzlich die Nummer der mittleren Einheit, wenn man sich die Einheiten der Größe nach geordnet und durchnummeriert denkt.

Im vorausgegangenen Beispiel war der Umfang der Gesamtheit n = 225. Die mittlere Einheit ist folglich die 113. Einheit. Da man bei der Berechnung des Zentralwerts aus klassierten Werten gewöhnlich nur eine Näherungslösung erreicht, verzichtet man der Einfachheit halber auf die Unterscheidung zwischen einer geraden und einer ungeraden Anzahl von Einheiten und setzt als Wert der Summenverteilung bei absoluten Häufigkeiten n/2, bei relativen Häufigkeiten 0,5 ein.

Die Formel zur Berechnung des Zentralwertes lautet bei Verwendung absoluter Häufigkeiten

$$\tilde{x} = x_{i-1} + \frac{b_i}{n_i}\left(\frac{n}{2} - N_{i-1}\right)$$

(lies: x Schlange)

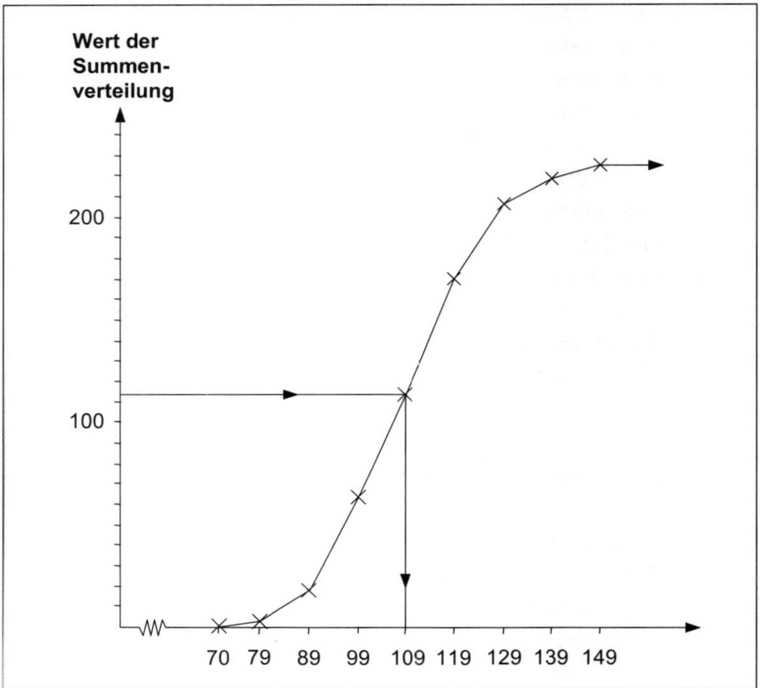

Abb. 7.1: Summenkurve zu Beispiel 4

bei Verwendung relativer Häufigkeiten

$$\tilde{x} = x_{i-1} + \frac{b_i}{f_i}\left(0{,}5 - F_{i-1}\right)$$

Es bedeuten:

$\tilde{x}$ = Zentralwert

i = Klasse, in der der Zentralwert liegt

x_{i-1} = Obergrenze der Merkmalsklasse vor der Zentralwertklasse

N_{i-1} = Wert der Summenverteilung bei absoluten Häufigkeiten für x_{i-1}

b_i = Klassenbreite der Zentralwertklasse

n_i = absolute Häufigkeit der Zentralwertklasse
f_i = relative Häufigkeit der Zentralwertklasse
F_{i-1} = Wert der Summenverteilung bei relativen Häufigkeiten für x_{i-1}
n = Umfang der Gesamtheit

Die Breite b_i der Zentralwertklasse ergibt sich bei Rangmerkmalen, indem man die Zahl der Ausprägungen der Klasse abzählt. Bei kontinuierlichen Merkmalen ist die Klassenbreite die Differenz zwischen Ober- und Untergrenze der Klasse.

Im Beispiel ist die Breite der Zentralwertklasse = 10, da die Klasse aus den 10 Werten 100, 101, ..., 109 besteht.
Zur Bestimmung des Zentralwerts gilt es zunächst, die zugehörige Klasse zu finden. Dies geschieht mit Hilfe der Summenverteilung, und zwar überprüft man, in welcher Klasse die Summenverteilung den Wert n/2 bzw. 0,5 übersteigt.
Im Beispiel n/2 = 225/2 = 112,5. Die Summenverteilung hat den Wert 63 an der Obergrenze der 3. Klasse und den Wert 113 an der Obergrenze der 4. Klasse. In der 4. Klasse übersteigt die Summenverteilung folglich den Wert 112,5, die 4. Klasse ist die Zentralwertklasse.

Für die Symbole der Formel sind also folgende Werte einzusetzen:

$$\tilde{x} = 99 + \frac{10}{50}(112{,}5-63)$$

$$= 99 + 9{,}9 = 108{,}9 \approx 109$$

Der Zentralwert beträgt (ungefähr) 109 Punkte. Das Zeichen ≈ (lies: ungefähr gleich) bedeutet, dass wir den errechneten Wert 108,9 auf 109 aufrunden. Die Differenz zwischen dem genauen Ergebnis 109 und dem errechneten Wert 108,9 ist darauf zurückzuführen, dass die mittlere Einheit mit n/2 = 112,5 nur näherungsweise bezeichnet wird. Die Abweichung ist jedoch bei größerem Umfang der Gesamtheit praktisch unerheblich und kann daher vernachlässigt werden. Auch der Wert 109 gilt ja nur unter der Annahme der Gleichverteilung der Häufigkeiten (in der Zentralwertklasse).

7.4 Arithmetischer Mittelwert

Der Mittelwert, der dem Charakter von Abstandsmerkmalen am besten entspricht, ist der arithmetische Mittelwert. Er ist gewöhnlich gemeint, wenn im allgemeinen Sprachgebrauch von Mittelwert oder Durchschnitt die Rede ist.

Die Berechnung des arithmetischen Mittelwerts bedeutet, dass man den Totalwert eines Merkmals, die Summe der Einzelwerte, gleichmäßig auf die Einheiten verteilt:

$$\text{arithmetischer Mittelwert} = \frac{\text{Totalwert}}{\text{Anzahl der Einheiten}}$$

Der arithmetische Mittelwert ist also eine Beziehungszahl aus eng miteinander verbundenen Maßzahlen, nämlich dem Totalwert eines Merkmals und der Anzahl der Merkmalsträger.

Zu unterscheiden ist, ob der arithmetische Mittelwert aus Einzelwerten oder klassierten Werten zu berechnen ist.

Einzelwerte

Beispiel 5

Krankmeldungen in einem Betrieb während einer Woche

Tag	Mo	Di	Mi	Do	Fr
Anzahl der Krankmeldungen	20	10	8	12	10

Gesamtzahl der Meldungen (= Totalwert)
20 + 10 + 8 + 12 + 10 = 60 Meldungen
Anzahl der Einheiten = 5 Tage

$$\text{arithmetischer Mittelwert} = \frac{\text{60 Meldungen}}{\text{5 Tage}} = \text{12 Meldungen/Tag}$$

Die Zahl der Meldungen schwankt von Tag zu Tag. Im Durchschnitt sind jedoch jeden Tag zwölf Betriebsangehörige krank.

Zu beachten ist, dass der arithmetische Mittelwert als Beziehungszahl grundsätzlich zwei Benennungen hat, hier «Meldungen/Tag». Die zweite Benennung wird aber oft weggelassen.

Die Vorschrift zur Berechnung des arithmetischen Mittelwertes lässt sich wie folgt formulieren:

$$\bar{x} = \frac{x_1 + x_2 + \ldots + x_n}{n} = \frac{1}{n}\sum x_i$$

Es bedeuten:

$\bar{x}$ = arithmetischer Mittelwert (lies: x quer)
$x_1, \ldots, x_n$ = Merkmalswerte der Einheiten 1, …, n
n = Umfang der Gesamtheit

Es sei noch einmal daran erinnert, dass mit Hilfe des Summenzeichens Σ eine verkürzte Schreibweise erreicht werden soll (vgl. Kap. 3).

Klassierte Werte

Verfügt man nur über die Häufigkeitsverteilung eines klassierten Merkmals, kann man den Totalwert nicht mehr aus den Einzelwerten bestimmen, da diese nicht mehr bekannt sind.

Beispiel 6

Umsatz eines Warenhauses nach Preisklassen

Preisklasse von … bis unter … €	Anzahl verkaufter Artikel
unter 10	9000
10–50	800
50–100	200
insgesamt	10 000

Da man mit den Merkmalsklassen nicht direkt rechnen kann, werden hilfsweise die Klassenmitten, d. h. die Werte, die genau in der Mitte zwischen der Ober- und der Untergrenze einer jeden Klasse liegen, verwendet. Es sind dies die Werte 5, 30 und 75 €.

Die Klassenmitten treten an die Stelle der unbekannten Einzelwerte. Es wird also unterstellt, dass in der untersten Klasse 9000 Artikel mit einem Wert von jeweils 5 € enthalten sind. Diese Annahme ist vertretbar, da man – bis zum Beweis des Gegenteils – davon ausgehen kann, dass ein Teil der Artikel weniger als 5 €, ein Teil mehr als 5 € kosten wird, sodass man insgesamt für diese Klasse mit einem Durchschnitt von 5 € rechnet.
Der Totalwert aller Artikel der untersten Preisklasse ist folglich näherungsweise
$5 \cdot 9000 = 45\,000$ (€).

Entsprechend erhält man als Totalwerte der Klassen 2 und 3
$30 \cdot 800 = 24\,000$ (€) und
$75 \cdot 200 = 15\,000$ (€).

Der Totalwert aller verkauften Artikel ist
$45\,000 + 24\,000 + 15\,000 = 84\,000$ (€).

Dieser Wert ist nur näherungsweise richtig. Es ist unbekannt, wie groß die Abweichung vom tatsächlichen Wert ist. Sie hängt davon ab, inwieweit die Klassenmitten wirklich repräsentativ für die Werte der einzelnen Klassen sind, d. h., wie genau sie mit den jeweiligen Klassenmittelwerten übereinstimmen.

Die Erkenntnis, dass ein Ergebnis möglicherweise ungenau ist, wird oft als verwirrend empfunden. Man sollte aber die Statistik nicht mit der Buchhaltung verwechseln, wo Abrechnungen auf Heller und Pfennig stimmen müssen. Wenn es beispielsweise darum geht, die Höhe des Umsatzes zu bewerten, ist es unwesentlich, ob der genaue Wert 84 000 oder 83 825 € beträgt. Der Unterschied macht lediglich 0,2 Prozent aus.

Ungenaue Ergebnisse lassen sich nicht immer vermeiden, da man in der Statistik oft darauf angewiesen ist, Informationslücken durch plausible Annahmen zu schließen. Die Ergebnisse sind dann stets nur «näherungsweise» richtig, d. h. richtig, sofern die Annahmen zutreffen. Man sollte sich daher stets überlegen, ob es Anzeichen dafür gibt, dass bestimmte Annahmen nicht zutreffen. Weiß man etwa aus Erfahrung, dass die Masse der Artikel in der 1. Preisklasse weniger als 5 € kostet, sodass der Klassendurchschnitt wesentlich unter 5 € liegen dürfte, darf man auch die Klassenmitte nicht mehr als repräsentativen Wert ansehen.

Der arithmetische Mittelwert ist folglich

$$\bar{x} = \frac{84\,000\ €}{10\,000\ \text{Artikel}} = 8{,}40\ €/\text{Artikel}.$$

Der durchschnittliche Verkaufspreis beträgt 8,40 €.

In allgemeiner Form, d. h. für beliebige Zahlenbeispiele, lautet die Rechenvorschrift

$$\bar{x} = \frac{x'_1 n_1 + x'_2 n_2 + \ldots + x'_k n_k}{n} = \frac{\sum_{i=1}^{k} x'_i n_i}{n}$$

Hierbei bedeuten:

$x'_1, x'_2, \ldots, x'_k,$	=	Mitten der Klassen 1, 2, ..., k
$n_1, n_2, \ldots, n_k$	=	absolute Häufigkeiten der Klassen 1, 2, ..., k
x'_1, n_i	=	Klassenmitte bzw. absolute Häufigkeit der i-ten Klasse, wobei i die Werte 1, 2, ..., k annehmen kann.

Statt mit absoluten Häufigkeiten kann man auch mit relativen Häufigkeiten rechnen. Bekanntlich ergeben sich die relativen Häufigkeiten nach

$$f_i = \frac{n_i}{n}$$

sodass folgende Beziehung gilt:

$$\bar{x} = \frac{1}{n} \sum x'_i n_i = \sum x'_i \frac{n_i}{n} = \sum x'_i f_i$$

Die Rechenarbeiten werden übersichtlicher, wenn man die einzelnen Rechenschritte in einer Arbeitstabelle zusammenfasst.

Arbeitstabelle

i	x'_i	n_i	f_i	$x'_i f_i$
1	5	9000	0,90	4,50
2	30	800	0,08	2,40
3	75	200	0,02	1,50
		10 000	1,00	8,40

$\bar{x}$ = 8,40 €/Artikel

Vergleich arithmetischer Mittelwert – Zentralwert

Grundsätzlich geht jeder Merkmalswert in voller Höhe in die Berechnung des arithmetischen Mittelwerts ein. Es wird also die gesamte Information, die in einer Häufigkeitsverteilung steckt, genutzt. Nachteile können sich jedoch dann ergeben, wenn extrem große oder kleine Werte, die schon erwähnten Ausreißer, vorkommen. Da sie äußerst untypisch für die Häufigkeitsverteilung sind, sollten sie eigentlich den Mittelwert möglichst wenig beeinflussen. Das Gegenteil ist jedoch der Fall. Je ausgefallener ein Wert ist, desto stärker wirkt er auf den Mittelwert ein. Das kann so weit gehen, dass auch der Mittelwert nicht mehr repräsentativ für die Häufigkeitsverteilung ist.

Beispiel 7

Einkommen von neun Personen in €

800, 1150, 1500, 1510, 1740, 1920, 2200, 2890, 14 190

Der arithmetische Mittelwert beträgt 3100 €. Dieser Wert ist aber weder charakteristisch für die acht Personen mit niedrigerem Einkommen noch für den einen Großverdiener. In einem solchen Fall ist es anschaulicher, statt des arithmetischen Mittelwertes den Zentralwert anzugeben. Er beträgt hier

1740 €. Das ist ein wesentlich typischerer Wert als der arithmetische Mittelwert 3100 €.

Während der arithmetische Mittelwert den Totalwert gleichmäßig auf die Einheiten verteilt, hat der Zentralwert die Eigenschaft, eine Merkmalsverteilung in Bezug auf die Häufigkeiten in zwei gleiche Teile zu trennen. Dafür ist unerheblich, wie diese Hälften beschaffen sind.

Allgemein kann man sagen, dass der Zentralwert dann dem arithmetischen Mittelwert vorzuziehen ist, wenn die Masse der Häufigkeiten nicht in der Mitte des Wertebereichs konzentriert ist, sondern auf einer Seite. In einem solchen Fall ist der Zentralwert repräsentativer als der arithmetische Mittelwert, weil er besser mit der Masse der Einheiten übereinstimmt. Genaue Richtlinien für die Verwendung der Mittelwerte lassen sich jedoch nicht angeben.

Fragen

1. Welche Aufgabe hat ein Mittelwert?
2. Zwischen welchen Grenzen muss ein Mittelwert in jedem Fall liegen?
3. Welche Eigenschaft sollte ein Mittelwert haben?
4. Warum unterscheidet man die Mittelwerte nach der Art der Merkmale?
5. Nennen Sie einen Mittelwert für Unterschiedsmerkmale.
6. Wie ist der häufigste Wert definiert? Wovon hängt seine Aussagefähigkeit ab?
7. Ändert sich der häufigste Wert, wenn man die Merkmalsausprägungen umordnet?
8. Kann sich der häufigste Wert ändern, wenn man die Merkmalsausprägungen zusammenfasst?
9. Nennen Sie einen Mittelwert für Rangmerkmale.
10. Welche Eigenschaft hat der Zentralwert?
11. Warum ist der Zentralwert weitgehend unabhängig von extremen Werten?
12. Nennen Sie einen Mittelwert für Abstandsmerkmale.
13. Wie ist der arithmetische Mittelwert definiert?
14. Kann man
    a) einen arithmetischen Mittelwert für Rangmerkmale berechnen?
    b) einen Zentralwert für Abstandsmerkmale berechnen?
15. Wann ist der Zentralwert dem arithmetischen Mittelwert vorzuziehen?

Aufgaben

1. Ein Tierliebhaber hält sich folgende Haustiere:
   3 Hunde,
   5 Katzen,
   1 Esel,
   10 Vögel,
   4 Goldhamster,
   35 weiße Mäuse.
   Welches ist der häufigste Wert?

2. Bestimmen Sie den Zentralwert zu Aufgabe 5 in Kapitel 3.

3. Bestimmen Sie den Zentralwert des Einkommens aus Aufgabe 7 in Kapitel 3
   a) grafisch,
   b) rechnerisch.

4. Berechnen Sie aus Aufgabe 1 in Kapitel 3 den arithmetischen Mittelwert.

5. Berechnen Sie den arithmetischen Mittelwert aus Aufgabe 6 in Kapitel 3. Verwenden Sie dazu
   a) die Einzelwerte,
   b) die klassierten Werte.
   Worauf ist der Unterschied im Ergebnis zurückzuführen?

6. Die Messung der Brenndauer von Projektionslampen ergab folgende Werte:

Brenndauer von ... bis unter ... Stunden	Anzahl
100–200	60
200–300	200
300–400	120
400–500	80
500–600	40
insgesamt	500

   Berechnen Sie die durchschnittliche Brenndauer unter Verwendung von
   a) absoluten Häufigkeiten,
   b) relativen Häufigkeiten.

7. Berechnen Sie aus Aufgabe 5 in Kapitel 4 das durchschnittliche Alter der männlichen und weiblichen Erwerbstätigen.
   Wie kann man aus dem Durchschnittsalter der männlichen und der weib-

lichen Erwerbstätigen das Durchschnittsalter aller Erwerbstätigen berechnen?

8. Unternehmen einer Branche nach Umsatzgrößenklassen

Umsatz von ... bis unter ... Mill. €	Anzahl
unter 2	90
2–4	50
4–10	30
10–20	16
20–50	6
50–100	4
100–300	2
300–500	2
insgesamt	200

Berechnen Sie einen geeigneten Mittelwert für den Umsatz.

8 Streuungsmaße

8.1 Aufgabe von Streuungsmaßen

Mittelwerte sind umso weniger repräsentativ für eine Häufigkeitsverteilung, je weniger die Merkmalswerte mit dem Mittelwert übereinstimmen. Das Ausmaß, in dem die Merkmalswerte vom Mittelwert abweichen, kommt aber im Mittelwert selbst nicht zum Ausdruck. Man sagt daher, dass ein Mittelwert allein zur Charakterisierung einer Häufigkeitsverteilung oft nicht ausreicht. Beispielsweise ist die Durchschnittstemperatur eines Orts nur dann aussagefähig, wenn die tatsächlichen Temperaturen nicht allzu stark vom Mittelwert abweichen, es also keine größeren Temperaturschwankungen gibt.

Zur Beurteilung einer Häufigkeitsverteilung sollte man auch die Ausdehnung des Wertebereichs und die Verteilung der Häufigkeiten über diesen Bereich hinzuziehen. Man bezeichnet dies als die *Streuung* eines Merkmals. Je stärker die Merkmalswerte um den Mittelwert konzentriert sind, desto kleiner ist die Streuung, desto repräsentativer ist der Mittelwert.

Bei manchen Fragestellungen kann der Mittelwert sogar ein ausgesprochen irreführendes Bild abgeben.

Beispiel 1

Untersucht wird die Fähigkeit eines Arbeiters zu Präzisionsarbeiten. Der einzuhaltende Sollwert beträgt 10,0 ± 0,1 mm. Der Arbeiter liefert 10 Muster mit folgenden Abmessungen (in mm).

10,2	9,4	9,9	10,3
9,7	10,5	10,3	
10,1	9,6	10,0	

Der arithmetische Mittelwert ist genau 10,0 mm. Er entspricht voll dem Sollwert. Von den 10 Mustern halten aber nur 3 die Toleranzgrenzen ein, weichen also nicht mehr als 0,1 mm vom Sollwert ab. Die übrigen Stücke sind wegen zu großer Abweichungen unbrauchbar. Der arithmetische Mittelwert sagt hier über die Eignung des Arbeiters überhaupt nichts aus. Zur Beurteilung braucht man vielmehr die Streuung.

Die Angabe der Streuung ist auch wichtig für den Vergleich von Häufigkeitsverteilungen. Zwei oder mehr Verteilungen können den gleichen Mittelwert haben, sind im Übrigen, d. h. beispielsweise in der Streuung, aber völlig verschieden.

Beispiel 2

Temperaturen in zwei amerikanischen Städten

	Mittlere Lufttemperatur in °C		
Stadt	Jahresdurchschnitt	kältester/wärmster Monat	
Washington	14,5	1,4	26,7
San Francisco	14,0	10,6	16,8

Quelle: Statistisches Jahrbuch 2006 für das Ausland, S. 23

Während die Jahresdurchschnittstemperaturen etwa gleich sind, unterscheiden sich die Temperaturschwankungen, hier ausgedrückt durch die mittlere Temperatur des wärmsten und des kältesten Monats, erheblich. Die Differenz beträgt bei Washington 25,3 °C, bei San Francisco nur 6,2 °C.

Ausgangspunkt zur Berechnung der Streuung ist stets die Häufigkeitsverteilung. Wie bei den Mittelwerten richten sich auch hier die Methoden nach der Art der Merkmale. Die Methoden zur Berechnung werden auch als Streuungsmaße bezeichnet. Wegen der größeren praktischen Bedeutung sollen hier nur Streuungsmaße für Abstandsmerkmale dargestellt werden.

8.2 Spannweite

Einfachstes und anschaulichstes Streuungsmaß ist die Spannweite, die Differenz zwischen dem größten und dem kleinsten Merkmalswert.

Beispiel 3

Niederschlagsmengen im langjährigen Durchschnitt in ausgewählten Städten der Bundesrepublik

Dresden	660 mm
Essen	893 mm
Nürnberg	623 mm
Erfurt	528 mm
Cuxhaven	809 mm
Stuttgart	643 mm
Oberstdorf	1834 mm

Quelle: Statistisches Bundesamt

Die größte Niederschlagsmenge hat Oberstdorf mit 1834 mm, die kleinste Erfurt mit 528 mm. Die Spannweite beträgt folglich 1834 mm – 528 mm = 1306 mm. Im Extremfall unterscheiden sich die Niederschlagsmengen um 1306 mm.

Als Differenz von zwei Merkmalswerten hat die Spannweite stets die gleiche Benennung, hier also mm.

Trotz aller Anschaulichkeit ist die Aussagefähigkeit der Spannweite gering. Sie richtet sich lediglich nach dem größten und kleinsten Wert. Diese Werte können von der Masse der übrigen Werte völlig abweichen. Das gilt im Beispiel besonders für Oberstdorf, dessen Niederschlagsmenge von der der übrigen Städte erheblich abweicht. Wenn solche Werte auftreten, sagt die Spannweite nichts mehr aus über die Streuung, d. h. die Unterschiede zwischen allen Merkmalswerten.

Störend ist ferner, dass die Spannweite nur größer werden kann, wenn zusätzliche Merkmalswerte hinzukommen. Sie ändert sich nur, wenn ein Wert auftritt, der größer als der bisher größte oder kleiner als der bisher kleinste Wert ist. Dennoch kann man – bei allen Vorbehalten – die Spannweite für eine erste, rasche Abschätzung der Streuung anwenden.

8.3 Durchschnittliche Abweichung

Will man sich nicht nur an den Randwerten eines Merkmals orientieren, muss man auch die Unterschiede der übrigen Werte berücksichtigen. Theoretisch könnte man dazu die Differenzen zwischen jeweils zwei Werten nehmen. Der Rechenaufwand hierfür wäre jedoch enorm. Bei nur zehn Werten müsste man bereits 45 Differenzen bilden, bei 100 sogar 4950. Aus diesem Grund ist es üblich, die Abweichungen der Werte von einem geeigneten Mittelwert als Ausdruck der Streuung anzusehen. Gewöhnlich nimmt man hierfür den arithmetischen Mittelwert oder den Zentralwert.

Abweichungen sind die Differenzen zwischen den Merkmalswerten und dem Mittelwert. Die Summe aller Differenzen wird anschließend durch die Zahl der Werte dividiert, um die Streuung unabhängig vom Umfang der Gesamtheit zu machen. Indem man die Summe der Abweichungen durch die Zahl der Einheiten teilt, berechnet man nichts anderes als einen arithmetischen Mittelwert aus den einzelnen unterschiedlichen Abweichungen.

Das auf diese Weise ermittelte Streuungsmaß wird als durchschnittliche Abweichung bezeichnet.

Die geschilderten Rechenschritte reichen jedoch nicht aus, um die durchschnittliche Abweichung korrekt zu berechnen. Da ein Teil der Merkmalswerte kleiner ist als der Mittelwert, ein anderer Teil größer als der Mittelwert, werden sich bei Aufsummierung der Abweichungen die negativen und die positiven Differenzen weitgehend aufheben. Verwendet man als Mittelwert den arithmetischen Mittelwert, ergibt sich als Summe der Differenzen sogar stets der Wert 0. Um das zu verhindern, addiert man die Abweichungen unabhängig von ihrem Vorzeichen, das heißt, man lässt alle negativen Vorzeichen wegfallen.

Ein solches Vorgehen ist durchaus plausibel, geht es bei der Streuungsmessung doch darum anzugeben, wie weit ein Wert vom Mittelwert abweicht. Für diese Angabe ist es unerheblich, ob der Wert kleiner oder größer als der Mittelwert ist.

Im konkreten Fall muss man natürlich angeben, welchen Mittelwert man als Bezugspunkt zugrunde legt. Wir wollen hier nur den Zentralwert verwenden. Er hat gegenüber allen anderen Werten die Eigenschaft, dass bei gegebener Häufigkeitsverteilung die Summe der Abweichungen (unter Verzicht auf das Vorzeichen) am kleinsten ist. Entsprechend nimmt auch die durchschnittliche Abweichung vom Zentralwert den kleinstmöglichen Wert an. Bei der Berechnung ist zu unterscheiden, ob man es mit Einzelwerten oder mit klassierten Werten zu tun hat.

Einzelwerte

Die Formel für die Berechnung der durchschnittlichen Abweichung vom Zentralwert bei Einzelwerten lautet

$$d = \frac{1}{n} \sum |x_i - \tilde{x}|$$

Es bedeuten:

d = durchschnittliche Abweichung vom Zentralwert

x_i = i-ter Merkmalswert, i = 1, ..., n

$\tilde{x}$ = Zentralwert

Der Ausdruck $|x_i - \tilde{x}|$ (lies: x i minus x Schlange absolut) bedeutet, dass man nur die Abweichungen ohne Rücksicht auf die Vorzeichen betrachtet. Die Summierungsgrenzen sind der Einfachheit halber weggelassen.

Beispiel 4

Niederschlagsmengen im Durchschnitt in ausgewählten Städten der Bundesrepublik

Dresden	660 mm
Essen	893 mm
Nürnberg	623 mm
Erfurt	528 mm
Cuxhaven	809 mm
Stuttgart	643 mm
Oberstdorf	1834 mm

Arbeitstabelle

	x_i	$x_i - \tilde{x}$	$\|x_i - \tilde{x}\|$
Erfurt	528 mm	–132	132
Nürnberg	623 mm	–37	37
Stuttgart	643 mm	–17	17
Dresden	660 mm	0	0
Cuxhaven	809 mm	149	149
Essen	893 mm	233	233
Oberstdorf	1834 mm	1174	1174
			1742

Der Zentralwert $\tilde{x}$ ist die Niederschlagsmenge von Dresden, 660 mm.
Für die durchschnittliche Abweichung ergibt sich

$$d = \frac{1742}{7} = 248{,}9$$

Im Durchschnitt, das heißt, wenn man alle 7 Städte berücksichtigt, betragen die Abweichungen vom Zentralwert 248,9 mm.

Klassierte Werte

Beispiel 5

Die Ermittlung der Dauer des Schulwegs von 600 Kindern ergab folgende Werte:

Wegedauer von ... bis unter ... Minuten	Anzahl
10–20	100
20–30	280
30–40	140
40–50	80
insgesamt	600

Da man mit den Klassen hier nicht rechnen kann, wählt man als repräsentativen Wert einer jeden Klasse die jeweilige Klassenmitte, also den Wert, der genau in der Mitte zwischen Unter- und Obergrenze einer Klasse liegt. Beispielsweise gilt die Mitte der ersten Klasse, der Wert 15, als repräsentativ für insgesamt 100 Werte, die Mitte der 2. Klasse, 25, für 280 Werte usw. Dies wird durch eine entsprechende Gewichtung berücksichtigt, das heißt, wir multiplizieren die Abweichungen der Klassenmitten vom Zentralwert mit ihren Häufigkeiten. Die Formel lautet also bei absoluten Häufigkeiten

$$d = \frac{1}{n} \sum_{i=1}^{k} \left| x_i' - \tilde{x} \right| n_i$$

bei relativen Häufigkeiten

$$d = \sum_{i=1}^{k} \left| x_i' - \tilde{x} \right| f_i$$

Es bedeuten:

x_i' = Mitte der i-ten Klasse

n_i = absolute Häufigkeit der i-ten Klasse

f_i = relative Häufigkeit der i-ten Klasse

k = Anzahl der Klassen

Zunächst gilt es, den Zentralwert auszurechnen. Er beträgt $\tilde{x} = 27$ Minuten.

Arbeitstabelle

x_i'	n_i	$x_i - \tilde{x}$	$\lvert x_i - \tilde{x} \rvert$	$\lvert x_i - \tilde{x} \rvert n_i$
15	100	−12	12	1200
25	280	−2	2	560
35	140	8	8	1120
45	80	18	18	1440
	600			4320

$$d = \frac{1}{600} \cdot 4320 = 7{,}2$$

Im Durchschnitt weicht die Dauer des Schulwegs um 7,2 Minuten vom Zentralwert ab.

8.4 Standardabweichung

Das wichtigste Streuungsmaß ist die Standardabweichung, manchmal auch als mittlere quadratische Abweichung bezeichnet. Der zweite Name deutet an, wie die Streuung gemessen wird, nämlich als Durchschnitt aus (quadrierten) Abweichungen. Die Standardabweichung ist, wie wir noch sehen werden, nicht so anschaulich wie die durchschnittliche Abweichung. Da sie jedoch eine Reihe theoretischer Vorzüge besitzt, hat sie in den letzten Jahren die durchschnittliche Abweichung weitgehend verdrängt.

Als Bezugspunkt für die Berechnungen der Abweichungen wird stets der arithmetische Mittelwert verwendet. Das Verfahren ist etwas komplizierter als bei der durchschnittlichen Abweichung. Um zu verhindern, dass sich positive und negative Abweichungen vom Mittelwert gegenseitig aufheben, werden die Abweichungen quadriert, d. h. mit sich selbst multipliziert. Die Ergebnisse sind in allen Fällen positive Zahlen.

Das Quadrieren bewirkt zusätzlich, dass große Abweichungen stärker berücksichtigt werden als kleine. Eine Abweichung von 2 geht in die Summe der quadrierten Abweichungen mit 2 · 2 = 4 ein, die doppelt so große Abweichung 4 dagegen mit 4 · 4 = 16. Die Abweichungen werden also ungleich behandelt, und zwar beeinflussen sie den Wert der Standardabweichung umso mehr, je größer sie sind.

Der Vorgang des Quadrierens führt zu sehr unanschaulichen Werten. Es werden ja nicht nur die Abstände quadriert, sondern auch ihre Benennungen. Aus diesem Grunde wird zum Schluss aus dem Durchschnitt der quadrierten Abweichungen die positive Quadratwurzel gezogen. (Das Wurzelziehen ist der umgekehrte Vorgang des Quadrierens, z. B. beträgt $5^2 = 5 \cdot 5 = 25, \sqrt{25} = 5$.) Dadurch wird erreicht, dass der Wert der Standardabweichung die gleiche Benennung hat wie die Merkmalswerte. Diese etwas umständliche verbale Beschreibung der Rechenschritte lässt sich wesentlich kürzer durch eine Formel ersetzen.

Zu unterscheiden ist wiederum, ob die Standardabweichung aus Einzelwerten oder klassierten Werten berechnet werden soll.

Einzelwerte

$$s = \sqrt{\frac{\sum (x_i - \bar{x})^2}{n}}$$

(lies: s gleich Wurzel aus Summe ...)

Es bedeuten:

s = Standardabweichung
x_i = i-ter Merkmalswert
$\bar{x}$ = arithmetischer Mittelwert

Das Wurzelzeichen $\sqrt{\ }$ gibt an, dass aus dem darunterstehenden Wert, dem Radikanden, die Wurzel zu ziehen ist.

Bei der Berechnung der Standardabweichung sind mehrere Rechenschritte nacheinander auszuführen, die hier beispielhaft aufgeführt werden, um den Nutzen von Formeln zu verdeutlichen.

Unter Beachtung der Grundregel, dass Punktrechnung vor Strichrechnung geht, werden zunächst jedoch alle Ausdrücke berechnet, die in Klammern eingeschlossen sind. Es ergeben sich folgende Rechenschritte:

1. Berechnung des arithmetischen Mittelwerts
2. Berechnung der Differenzen zwischen den Merkmalswerten und dem arithmetischen Mittelwert
3. Quadrieren der unter 2. berechneten Differenzen
4. Addieren der quadrierten Differenzen
5. Teilen der Summe der quadrierten Differenzen durch die Anzahl der Werte
6. Ziehen der (positiven) Quadratwurzel aus dem unter 5. berechneten Durchschnitt

Beispiel 6

Berechnung der Standardabweichung aus Beispiel 4

Arbeitstabelle

x_i'	$x_i-\bar{x}$	$(x_i-\bar{x})^2$
660	−196	38 416
893	37	1369
623	−233	54 289
528	−328	107 584
809	−47	2209
643	−213	45 369
1834	978	956 484
5990		1 205 720

$$\bar{x} = \frac{5990}{7} = 856\,, \qquad s = \sqrt{\frac{1\,205\,720}{7}} = 415$$

Die Standardabweichung der Niederschlagsmengen beträgt 415 mm. Dieser Wert ist wesentlich größer als die durchschnittliche Abweichung von 249 mm. Der Unterschied ist nicht zuletzt darauf zurückzuführen, dass bei der Standardabweichung die größten Abweichungen, insbesondere die von Oberstdorf mit 978 mm, überproportional berücksichtigt werden.
Genau genommen ergibt sich bei der Standardabweichung wie beim Mittelwert eine Doppelbenennung, hier mm/Stadt, die zweite Benennung wird jedoch meist weggelassen.

Anmerkung

Der arithmetische Mittelwert 856 mm ist hier nicht besonders repräsentativ, da nur zwei Werte größer sind, während fünf kleiner sind. Deutlich zeigt sich die Abhängigkeit des arithmetischen Mittelwerts von dem Ausreißer 1834 mm. Der Wert der Standardabweichung wird sogar noch stärker durch diesen Wert beeinflusst. Dies ist die Folge des Quadrierens. Ein Blick auf die Tabelle zeigt nämlich, dass die Abweichungen der übrigen Städte alle weniger als die Standardabweichung ausmachen. Es wurde jedoch mit Absicht ein solches Beispiel gewählt, um zu zeigen, dass die Standardabweichung wie der arithmetische Mittelwert stark auf extreme Werte reagiert.

Klassierte Werte

Sind die Einzelwerte in Klassen zusammengefasst und allein nicht verfügbar, werden die Klassenmitten als repräsentative Werte verwendet. Die unterschiedlichen Häufigkeiten werden durch eine entsprechende Gewichtung berücksichtigt.

Die Berechnungsformel lautet bei absoluten Häufigkeiten

$$s = \sqrt{\frac{1}{n} \sum \left(x_i' - \bar{x}\right)^2 n_i}$$

bei relativen Häufigkeiten

$$s = \sqrt{\sum \left(x_i' - \bar{x}\right)^2 f_i}$$

Beispiel 7

Benzinverbrauch eines Pkw bei 100 Testfahrten

Von ... bis unter ... l/100 km	Anzahl der Fahrten
7,0–7,5	5
7,5–8,0	10
8,0–8,5	28
8,5–9,0	36
9,0–9,5	15
9,5–10,0	6
insgesamt	100

Arbeitstabelle

x_i'	n_i	$x_i'n_i$	$x_i - \bar{x}$	$(x_i - \bar{x})^2$	$(x_i - \bar{x})^2 n_i$
7,25	5	36,25	–1,32	1,74	8,70
7,75	10	77,50	–0,82	0,67	6,70
8,25	28	231,00	–0,32	0,10	2,80
8,75	36	315,00	0,18	0,03	1,08
9,25	15	138,75	0,68	0,46	6,90
9,75	6	58,50	1,18	1,39	8,34
	100	857,00			34,52

$$\bar{x} = \frac{857}{100} = 8{,}57$$

$$s = \sqrt{\frac{34{,}52}{100}} = \sqrt{0{,}3452} = 0{,}59$$

Die Standardabweichung beträgt 0,59 l/100 km.

Anmerkung
In der theoretischen Statistik hat die quadrierte Standardabweichung s^2, die sogenannte Varianz, große Bedeutung. Anschaulich lässt sie sich jedoch nicht interpretieren.

8.5 Variationskoeffizient

Normalerweise wächst die Streuung mit der Größe der Merkmalswerte. Beispielsweise schwanken die Zuschauerzahlen eines Fußballvereins der Bundesliga viel stärker als die eines Vereins der Regionalliga, Aktien mit hohen Kursen haben gewöhnlich viel stärkere Kursausschläge als Aktien mit niedrigeren Kursen. Will man die Streuung unabhängig von derartigen Größeneinflüssen berechnen, empfiehlt es sich, eine relativierte, d. h. größenunabhängige Streuung zu ermitteln. Dies geschieht mit Hilfe des Variationskoeffizienten. Dabei wird ein Streuungsmaß durch einen geeigneten Mittelwert dividiert. Der Mittelwert repräsentiert den Größeneinfluss. Dividiert man die Streuung durch den Mittelwert, wird der Größeneinfluss folglich herausgerechnet.

Die Formel für den Variationskoeffizienten lautet

$$V = \frac{s}{\bar{x}}$$

Es bedeuten:
V = Variationskoeffizient,
s = Standardabweichung,
$\bar{x}$ = arithmetischer Mittelwert.

Beispiel 8

Bruttostundenverdienste von Arbeitskräften in einem Wirtschaftszweig

Verdienste von ... bis unter ... €	Männer %	Frauen %
unter 10	0,4	4,9
10–13	0,8	22,8
13–15	4,3	38,2
15–18	26,4	22,8
18–21	29,4	8,5
21–23	25,5	2,3
23–26	12,9	0,4
26–29	5,4	–
29 und mehr	4,9	0,1
	100	100

Zusätzlich sind folgende Maßzahlen bekannt:

Männer	Frauen
$\bar{x}_M$ = 22,54 €/Std.	$\bar{x}_F$ = 14,46 €/Std.
S_M = 4,67 €/Std.	S_F = 2,93 €/Std.

Die Männer verdienten 22,54 €/Std., die Frauen dagegen nur 14,46 €/Std. Die Standardabweichungen betrugen bei den Männern 4,67 €, bei den Frauen 2,93 €. Daraus könnte man schließen, dass die Löhne der Männer größere Unterschiede aufweisen als die der Frauen. Da das Lohnniveau der Männer, was im Mittelwert zum Ausdruck kommt, höher ist als das der Frauen, wird auch die Streuung der Männerlöhne normalerweise größer sein. Dieser Einfluss lässt sich durch den Variationskoeffizienten ausschalten. Es ergibt sich für die Männer

$$V_M = \frac{s_M}{\overline{x}_M} = \frac{4{,}67\,€\,/\text{Std.}}{22{,}54\,€\,/\text{Std.}} = 0{,}207 = 20{,}7\,\%$$

für die Frauen

$$V_F = \frac{s_F}{\overline{x}_F} = \frac{2{,}93\,€\,/\text{Std.}}{14{,}46\,€\,/\text{Std.}} = 0{,}203 = 20{,}3\,\%$$

Bei den Männern beträgt die relative Streuung 0,207 = 20,7 Prozent vom Mittelwert, bei den Frauen 0,203 = 20,3 Prozent.
Die Löhne der Frauen sind also – wenn man den Größenunterschied ausschaltet – nur geringfügig gleichmäßiger als die der Männer.

Variationskoeffizienten sind ungeeignet, wenn ein Merkmal auch negative Werte annehmen kann, z. B. bei Temperaturmessungen in °C oder bei Unternehmensgewinnen bzw. -verlusten. In einem solchen Fall kann der Mittelwert, bedingt durch die negativen Werte, nahe bei null liegen, sodass der Variationskoeffizient riesige Werte annimmt. Bei negativem Mittelwert erhält man unsinnige Werte des Variationskoeffizienten. Ist der Mittelwert sogar null, lässt sich der Variationskoeffizient nicht einmal ausrechnen, da eine Division durch null mathematisch nicht zugelassen ist.

Da beim Variationskoeffizienten Standardabweichung und Mittelwert die gleiche Benennung haben, ergibt sich eine benennungslose Zahl, die man auch als Prozentangabe schreiben kann. Will man etwa angeben, ob die sportlichen Leistungen eines Kugelstoßers oder eines Langstreckenläufers gleichmäßiger sind, versagen die Standardabweichungen, denn die Leistungsschwankungen des Kugelstoßers werden normalerweise in Zentimeter, die des Langstreckenläufers in Sekunden angegeben. Vergleichbare, weil benennungslose Angaben, erhält man erst durch die Variationskoeffizienten.

Fragen

1. Was versteht man unter der Streuung eines Merkmals?
2. Inwiefern kann ein Streuungsmaß einen Mittelwert bei der Beschreibung des Merkmals ergänzen?
3. Wie ist die Spannweite definiert?
4. Wie verändert sich die Spannweite, wenn die Zahl der Werte größer wird?
5. Wann ergibt sich eine Spannweite von null?
6. Welches sind die Vor- und Nachteile der Spannweite?
7. Wie ist die durchschnittliche Abweichung definiert?
8. Was ist bei der Berechnung der durchschnittlichen Abweichung zu beachten, damit sich positive und negative Abweichungen vom Mittelwert nicht gegenseitig aufheben?
9. Welche Eigenschaft hat die durchschnittliche Abweichung vom Zentralwert?
10. Wann stimmen die durchschnittliche Abweichung vom Zentralwert und die durchschnittliche Abweichung vom arithmetischen Mittelwert überein?
11. Welches ist das wichtigste Streuungsmaß?
12. Wie wird bei der Standardabweichung verhindert, dass sich positive und negative Abweichungen vom Mittelwert gegenseitig aufheben?
13. Welche Auswirkungen hat das Quadrieren der Abweichungen bei unterschiedlich großen Abweichungen?
14. Was versteht man unter einem relativen Streuungsmaß?
15. Weshalb eignen sich Variationskoeffizienten für den Vergleich der Streuungen von Merkmalen mit unterschiedlichen Maßeinheiten?
16. Bei welchen Merkmalen sind Variationskoeffizienten nicht sinnvoll?

Aufgaben

1. Berechnen Sie die Spannweite zu Aufgabe 6 in Kapitel 3.

2. In Münster wurden im langjährigen Durchschnitt folgende Temperaturen (in °C) gemessen:

Januar	1,3	Juli	17,7
Februar	1,8	August	17,4
März	5,0	September	14,4
April	9,0	Oktober	9,8
Mai	13,3	November	5,8
Juni	16,3	Dezember	2,7

Berechnen Sie die durchschnittliche Abweichung der Temperaturen vom Zentralwert.

3. Auf einer Maschine wurden 2500 Werkstücke gefertigt, deren Länge folgende Häufigkeitsverteilung aufweist:

Länge von ... bis unter ... mm	Anzahl
32–34	100
34–36	500
36–38	500
38–40	500
40–42	400
42–44	300
44–46	200
insgesamt	2500

Berechnen Sie aus diesen Angaben die durchschnittliche Abweichung vom Zentralwert

a) mit Hilfe absoluter Häufigkeiten,
b) mit Hilfe relativer Häufigkeiten.

4. Eine Umfrage unter 20 Schülern nach der Höhe des wöchentlichen Taschengeldes ergab folgende Beträge (in €):

5	6	10	1	2
2	4	5	5	4
8	5	2	3	3
2	5	2	1	5

Berechnen Sie die Standardabweichung als Ausdruck der Unterschiede zwischen den einzelnen Taschengeldbeträgen.

5. Eine Automobilzeitschrift veranstaltet einen Wettbewerb, in dem der sparsamste Autofahrer ermittelt werden soll. Auf der Teststrecke wurden für 100 Teilnehmer folgende Verbrauchswerte gemessen:

Benzinverbrauch von ... bis unter ... l/100 km	Anzahl Fahrer
6,75–7,25	5
7,25–7,75	10
7,75–8,25	28
8,25–8,75	36
8,75–9,25	15
9,25–9,75	6
insgesamt	100

Berechnen Sie ein Maß für die Streuung der Verbrauchswerte.

6. Neben den Testfahrten der Mittelklassewagen in Aufgabe 5 wurde auch der Verbrauch von Luxuslimousinen gemessen. Dabei ergaben sich auf der gleichen Teststrecke folgende Werte:

Benzinverbrauch von ... bis unter ... l/100 km	Anzahl Fahrer
12,5–13,5	6
13,5–14,5	8
14,5–15,5	10
15,5–16,5	6
insgesamt	30

a) Berechnen Sie eine Maßzahl für die Streuung dieser Verbrauchswerte.
b) Welcher Wagentyp (im Vergleich mit Aufgabe 5) weist die relativ geringere Streuung auf?

7. Zwei fliegende Händler streiten sich darum, wessen Apfelsinen das gleichmäßigere Gewicht aufweisen. Schließlich einigen sie sich auf folgendes Verfahren: Aus dem Angebot eines jeden Händlers werden 25 Apfelsinen zufällig ausgewählt und gewogen. Dabei ergibt sich bei Händler A ein Durchschnittsgewicht von 100 g bei einer Standardabweichung von 5 g. Die Apfelsinen des Händlers B wiegen im Durchschnitt 250 g bei einer Standardabweichung von 10 g. Welcher Händler verkauft Apfelsinen mit dem gleichmäßigeren Gewicht?

9 Konzentrationsmessung

9.1 Begriff und Formen der Konzentration

Unter Konzentration versteht man im allgemeinen Sprachgebrauch die Zusammenballung irgendwelcher Größen. In diesem Sinn spricht man beispielsweise von Unternehmenskonzentration, von Einkommenskonzentration oder von Bevölkerungskonzentration.

Im Prinzip geht es dabei um die Aufteilung des Totalwerts eines Merkmals, des Konzentrationsmerkmals, auf die einzelnen Einheiten, die Merkmalsträger. In der Praxis können erhebliche Schwierigkeiten bei der Festlegung des Konzentrationsmerkmals und der Merkmalsträger auftreten. Ein Beispiel hierfür ist die immer wieder diskutierte Pressekonzentration: Als Konzentrationsmerkmal kann man die Druckauflage oder die Verkaufsauflage verwenden, wobei man aber noch klären muss, ob man neben den Tageszeitungen auch die Wochenzeitungen oder sogar noch Magazine und Illustrierte einbeziehen will. Es fragt sich auch, ob man unabhängig vom Umfang einfach die Auflagenzahlen der verschiedenen Zeitungen addieren kann. Wenn es mehr darauf ankommt, die wirtschaftlichen Folgen der Pressekonzentration zu untersuchen, werden unter Umständen die Einnahmen, die auch das Anzeigengeschäft einschließen, ein geeignetes Konzentrationsmerkmal sein.

Als Merkmalsträger kommen Zeitungen, Verlage, aber auch Pressekonzerne, die mehrere Verlage und eine größere Zahl von Zeitungen umfassen können, in Betracht.

Je nachdem, welches Merkmal und welche Einheiten man zugrunde legt, kommt man zu unterschiedlichen Ergebnissen. Sind diese grundlegenden Fragen geklärt, kann man zwischen zwei Betrachtungsweisen der Konzentration wählen. Sie werden als *absolute* und als *relative Konzentration* bezeichnet.

1. Die *absolute Konzentration* orientiert sich an der Zahl der Merkmalsträger. Absolute Konzentration liegt dann vor, wenn *absolut* wenige Merkmalsträger den gesamten oder zumindest einen großen Teil des Totalwerts des Konzentrationsmerkmals auf sich vereinigen. Absolut weni-

ge bedeutet hier eine kleine Anzahl von Einheiten. Beispielsweise wird in der Bundesrepublik der größte Teil des Benzinabsatzes von einigen wenigen großen Mineralölfirmen bestritten. Die absolute Konzentration ist dann am größten, wenn nur ein einziger Merkmalsträger vorhanden ist. Im wirtschaftlichen Bereich spricht man hier von einem Monopol. Ein derartiges Monopol hatte in der Bundesrepublik in verschiedenen Bereichen der Nachrichtenübermittlung lange Zeit die Telekom. In einem solchen Fall liegt größtmögliche absolute Konzentration vor.

2. Die *relative Konzentration* hängt von der Aufteilung des Totalwerts eines Merkmals auf die Merkmalsträger ab. Man spricht von relativer Konzentration, wenn *relativ* wenige Merkmalsträger einen großen Teil des Totalwerts des Konzentrationsmerkmals auf sich vereinigen. Starke relative Konzentration liegt beispielsweise dann vor, wenn in einem Land zehn Prozent der Einwohner über 50 Prozent des Volksvermögens verfügen. Die relative Konzentration ist dann am kleinsten, wenn alle Einheiten genau den gleichen Merkmalswert aufweisen, wenn z. B. alle Einwohner das gleiche Vermögen haben. In einem solchen Fall haben – beliebige – zehn Prozent der Einwohner auch nur zehn Prozent des Volksvermögens. Die Erfassung der absoluten und der relativen Konzentration führt keinesfalls immer zur gleichen Beurteilung eines Sachverhalts. So ist bei nur zwei Merkmalsträgern (also bei wenigen) die absolute Konzentration sehr groß. Für die relative Konzentration ist die Zahl der Merkmalsträger dagegen unerheblich. Es kommt nur auf die Aufteilung des Totalwerts an. Haben im vorliegenden Fall beide Merkmalsträger den gleichen Anteil, nämlich 50 Prozent, ist trotz hoher absoluter Konzentration die relative Konzentration gleich null. Das Ausmaß der Konzentration eines Merkmals kann grafisch dargestellt oder zahlenmäßig gemessen werden.

9.2 Erfassung der absoluten Konzentration

Zur grafischen Darstellung der absoluten Konzentration kann man die sogenannte *Konzentrationskurve* verwenden.

Beispiel 1

Anbaufläche von Wein in der Bundesrepublik nach Ländern, 2007

Land	Anbaufläche in 1000 ha
Rheinland-Pfalz	62,1
Baden-Württemberg	26,9
Bayern	6,0
Hessen	3,5
Sachsen-Anhalt/Thüringen	0,7
Sachsen	0,4
sonstige Anbauländer (4)	0,1
insgesamt	99,7

Quelle: Statistisches Jahrbuch 2008, S. 356

Zunächst sind die Einheiten nach der Größe der Merkmalswerte zu ordnen. Einheiten sind hier die Länder, Merkmalswerte die Anbauflächen in Hektar. Der Totalwert beträgt 99 700 ha.

Die Merkmalswerte werden in Gliederungszahlen, d. h. Anteile am Totalwert, umgerechnet. Sie werden dadurch leichter vergleichbar.

Gliederungszahlen werden bekanntlich nach der Formel berechnet:

$$g_i = \frac{x_i}{\sum x_i}$$

Es bedeuten:

g_i = Gliederungszahl (= Anteil) der i-ten Einheit

x_i = Merkmalswert der i-ten Einheit

Für Rheinland-Pfalz ergibt sich folglich

$$g = \frac{62{,}1}{99{,}7} = 0{,}623 = 62{,}3\ \%$$

Anschließend werden die Anteilswerte kumuliert, d.h. fortlaufend aufsummiert. Das Verfahren ist das gleiche wie bei der Bestimmung der Häufigkeitssummenverteilung. Der (kumulierte) Anteilswert für Rheinland-Pfalz beträgt 62,3 %, der kumulierte Anteilswert für Rheinland-Pfalz und Baden-Württemberg, also für die beiden größten Einheiten zusammen, beträgt 62,3 + 27,0 = 89,3 %.

Die Ergebnisse dieser Rechenschritte sind – zusammen mit den Ausgangsdaten – in der folgenden Tabelle zusammengefasst:

Land	Anbaufläche 1000 ha	in %	Anteilswerte kumuliert
Rheinland-Pfalz	62,1	62,3	62,3
Baden-Württemberg	26,9	27,0	89,3
Bayern	6,0	6,0	95,3
Hessen	3,5	3,5	98,8
Sachsen-Anh./Thür.	0,7	0,7	99,5
Sachsen	0,4	0,4	99,9
sonstige Länder	0,1	0,1	100,0
insgesamt	99,7	100,0	

Die kumulierten Anteilswerte werden als Punkte der Konzentrationskurve in ein Diagramm eingezeichnet. Die einzelnen Punkte werden meist zusätzlich durch gerade Linien miteinander verbunden, um die Entwicklungsrichtung zu verdeutlichen. Der erste Punkt wird mit dem Nullpunkt verbunden.

Die absolute Konzentration ist umso größer, je schneller sich die Konzentrationskurve der oberen Begrenzungslinie nähert (vgl. Abb. 9.1).

Für Vergleichszwecke können mehrere Konzentrationskurven in einem Diagramm eingezeichnet werden. Allerdings können Schwierigkeiten bei einer Interpretation auftreten, wenn sich zwei oder mehr Konzentrationskurven schneiden (vgl. Abb. 9.2).

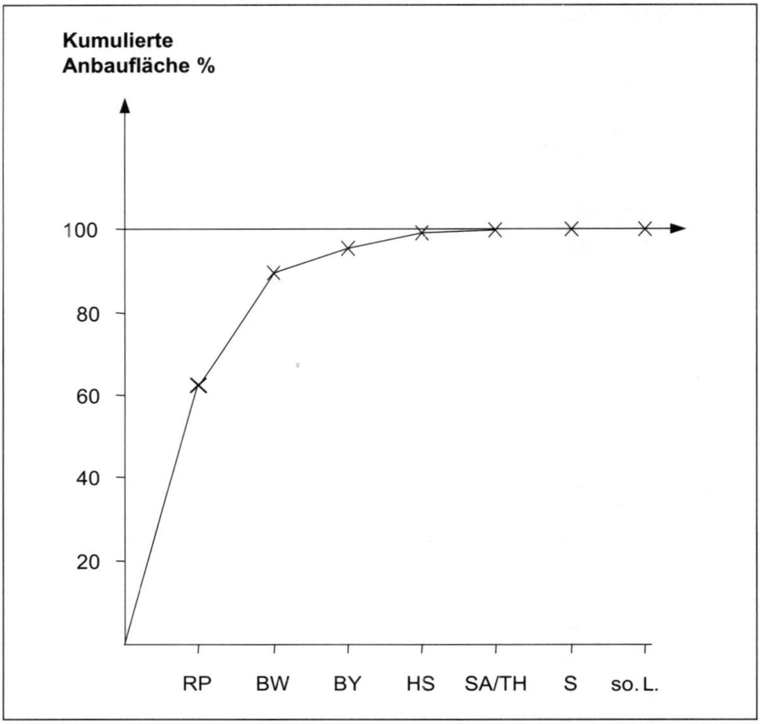

Abb. 9.1: Konzentrationskurve der Anbaufläche von Wein, Deutschland 2007

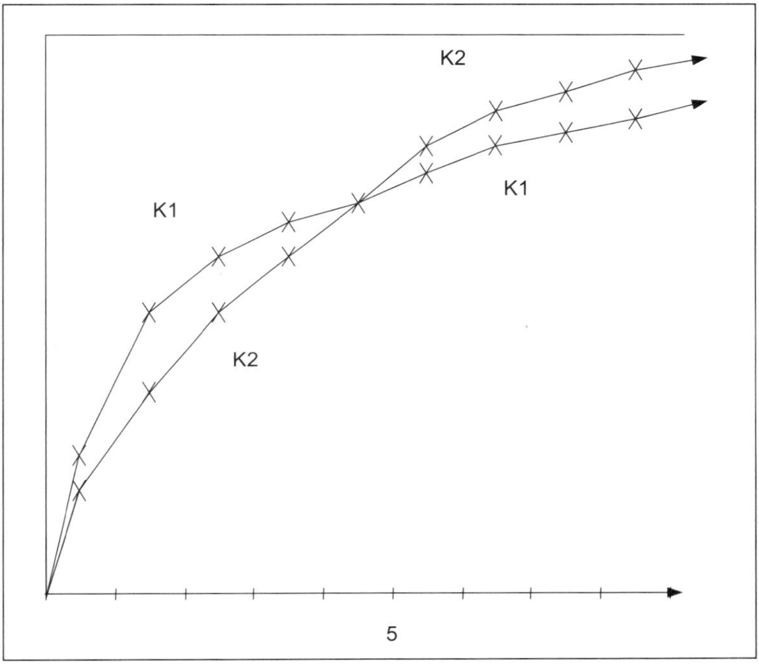

Abb. 9.2: Vergleich von zwei Konzentrationskurven

Bis zur 4. Einheit weist K1 die größere absolute Konzentration auf, weil sie über K2 liegt. Ab der 6. Einheit ist es genau umgekehrt. In einem solchen Fall kann man für den gesamten Bereich keine einheitliche Aussage machen.

Zahlenmäßig kann die absolute Konzentration durch das Konzentrationsverhältnis charakterisiert werden. Es gibt an, wie viel Prozent des Totalwerts auf eine bestimmte Zahl der (größeren) Einheiten entfallen. Im vorliegenden Fall könnte man sagen, dass der Weinanbau sich zu 89,3 Prozent auf zwei Länder, Rheinland-Pfalz und Baden-Württemberg, konzentriert. Die übrigen Länder spielen für die Weinproduktion mengenmäßig nur eine untergeordnete Rolle.

Das Konzentrationsverhältnis ist nur ein grobes Maß, da es weder etwas über die unterschiedlichen Anteile der großen Einheiten noch über die Zahl der kleinen Einheiten aussagt. Da es ferner Ermessenssache ist, auf wie viele der größeren Einheiten man sich beschränkt, lässt sich der Wert des Konzentrationsverhältnisses verändern, kann also Anlass geben, die Konzentration unterschiedlich stark erscheinen zu lassen. Man sollte daher ein Konzentrationsverhältnis möglichst nur in Verbindung mit der Konzentrationskurve angeben. Ein Maß, das die Konzentrationskurve in einer Zahl ausdrückt, ist das Maß von Rosenbluth. Es soll hier jedoch nicht näher behandelt werden.

9.3 Erfassung der relativen Konzentration

Bei der Erfassung der relativen Konzentration geht es darum anzugeben, wie unterschiedlich der Totalwert des Konzentrationsmerkmals auf die Einheiten verteilt ist. Anders ausgedrückt, es gilt, die Unterschiede zwischen den Merkmalswerten zu erfassen. Da dies auch die Aufgabe der Streuungsmessung ist, könnte man grundsätzlich die gleichen Verfahren anwenden: zur grafischen Darstellung die Häufigkeitsverteilung in Form des Histogramms, zur rechnerischen Erfassung beispielsweise die Standardabweichung.

Es gibt jedoch zwei Methoden, mit deren Hilfe die relative Konzentration anschaulicher und präziser erfasst werden kann.

Zur grafischen Darstellung dient die *Lorenzkurve.*

Beispiel 2

An den Olympischen Sommerspielen 1968 in Mexiko nahmen 100 Länder mit unterschiedlichem Erfolg teil, wie die folgende Aufstellung zeigt.

Gewonnene Medaillen pro Land	Anzahl der Länder	Von den Ländern insgesamt gewonnene Medaillen
0	56	0
1–5	24	66
6–10	7	49
11–20	7	107
21–35	4	107
36 und mehr	2	198
insgesamt	100	527

Die 3. Spalte gibt die Zahl der Medaillen an, die von allen Ländern der jeweiligen Klasse insgesamt gewonnen wurden, zum Beispiel haben die 24 Länder der 2. Klasse (1–5 Medaillen) zusammen 66 Medaillen gewonnen, während die 56 Länder der Klasse 1 keine einzige Medaille erringen konnten.

Um die Daten zur Zeichnung der Lorenzkurve zu erhalten, sind folgende Arbeitsschritte erforderlich:

1. Die absoluten Häufigkeiten, die Zahlen der Länder, werden in relative Häufigkeiten umgewandelt nach der Formel

$$f_i = \frac{n_i}{n}$$

2. Aus den relativen Häufigkeiten werden die Werte der Häufigkeitssummenverteilung für die Obergrenzen der einzelnen Klassen bestimmt nach der Formel

$$F_i = f_1 + f_2 + \ldots + f_i$$

3. Die Zahlen der von den Ländern insgesamt gewonnenen Medaillen, das sind die Werte des Konzentrationsmerkmals, werden in Gliederungszahlen umgerechnet nach der Formel

$$g_i = \frac{x_i}{\sum x_i}$$

4. Die Gliederungszahlen werden, beginnend mit den niedrigen Klassen, kumuliert nach der Formel

$$G_i = g_1 + g_2 + \ldots + g_i$$

Es bedeuten:

n_i = absolute Häufigkeit der i-ten Klasse

f_i = relative Häufigkeit der i-ten Klasse

g_i = Gliederungszahl der i-ten Klasse

x_i = Wert des Konzentrationsmerkmales der i-ten Klasse

F_i = Wert der Häufigkeitssummenverteilung für die Obergrenze der i-ten Klasse

G_i = Wert der kumulierten Gliederungszahl bis zur i-ten Klasse

Die vier Arbeitsschritte werden zweckmäßigerweise in einer Arbeitstabelle durchgeführt.

i	n_i	f_i	F_i	x_i	g_i	G_i
1	56	0,56	0,56	0	0	0
2	24	0,24	0,80	66	0,125	0,125
3	7	0,07	0,87	49	0,093	0,218
4	7	0,07	0,94	107	0,203	0,421
5	4	0,04	0,98	107	0,203	0,624
6	2	0,02	1,00	198	0,376	1,000
	100	1,00		527	1,000	

Für die Zeichnung der Lorenzkurve sind noch folgende Schritte erforderlich:

5. Es wird ein Quadrat mit der Kantenlänge 1 gezeichnet. Auf der Basislinie werden die Werte der Häufigkeitssummenverteilung abgetragen, auf der senkrechten Achse die kumulierten Gliederungszahlen.

6. Die linke untere und die rechte obere Ecke des Quadrats werden durch die sogenannte *Gleichheitsgerade* verbunden.

7. Für die Wertepaare der Häufigkeitssummenverteilung und der kumulierten Gliederungszahlen der einzelnen Klassen werden Punkte in das Quadrat eingezeichnet. Die Punkte liegen stets im unteren Dreieck. Verbindet man diese Punkte miteinander bzw. mit dem Nullpunkt durch Geraden, ergibt sich die Kurve der relativen Konzentration. Je größer die Fläche zwischen der Gleichheitsgeraden und der Konzentrationskurve ist, desto größer ist auch die relative Konzentration. Fallen Gleichheitsgerade und Konzentrationskurve zusammen, ist die relative Konzentration gleich null. Im vorliegenden Fall würde das allerdings erfordern, dass beispielsweise 50 Prozent der Länder auch 50 Prozent der Medaillen gewonnen hätten usw.

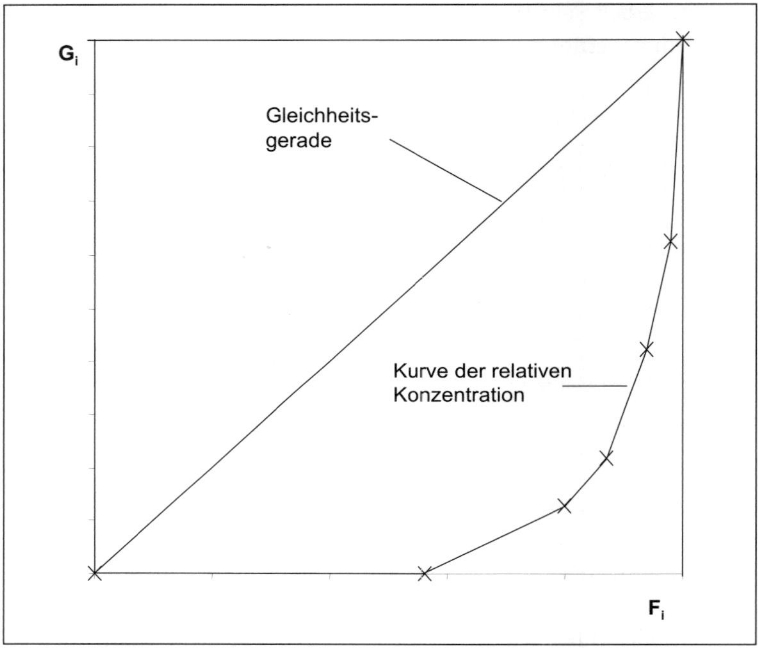

Abb. 9.3: Lorenzkurve zu Beispiel 2

Anmerkung

Hinter der Verbindung zweier Punkte der Kurve durch eine Gerade steckt die Annahme, dass der Merkmalsbetrag einer Klasse sich gleichmäßig auf alle Einheiten verteilt. Zwar trifft diese Annahme meist nicht zu, das Ergebnis wird dadurch aber nur unbedeutend beeinflusst.

Die zahlenmäßige Erfassung der relativen Konzentration erfolgt mit Hilfe des *Konzentrationsmaßes von Gini* (lies: Dschini). Es basiert auf der Lorenzkurve, und zwar wird die Fläche zwischen der Gleichheitsgeraden und der Konzentrationskurve dividiert durch die Fläche des unteren Dreiecks. Die beiden Grenzfälle, die dabei auftreten können, kann man sich leicht veranschaulichen:

1. Bei völlig fehlender Konzentration fallen Konzentrationskurve

und Gleichheitsgerade zusammen, sodass die Fläche zwischen Gleichheitsgerade und Konzentrationskurve null ist. Entsprechend ist der Wert des Konzentrationsmaßes gleich null.

2. Bei größtmöglicher Konzentration fällt die Konzentrationskurve – weitgehend – mit der Basislinie und der rechten Seitenlinie des Quadrats zusammen, sodass die gesuchte Fläche mit der Dreiecksfläche übereinstimmt. In diesem Fall hat das Konzentrationsmaß (fast) den Wert 1.[1]

Normalerweise hat das Konzentrationsmaß von Gini jedoch einen Wert zwischen 0 und 1. Je näher der Wert bei 0 liegt, desto kleiner ist die relative Konzentration. Je näher der Wert bei 1 liegt, desto größer ist die relative Konzentration.

Die Formel für die Berechnung des Konzentrationsmaßes von Gini lautet:

$$K = 1 - \sum f_i \left[G_{i-1} + G_i\right]$$

Es bedeutet:
K = Konzentrationsmaß von Gini

Die übrigen Symbole haben die gleiche Bedeutung wie bei der Lorenzkurve.

Am Beispiel 2 ergibt sich:

$$\begin{aligned} K &= 1 - [0{,}56(0 + 0) + 0{,}24(0 + 0{,}125) + 0{,}07 \cdot \\ &\quad (0{,}125 + 0{,}218) + 0{,}07(0{,}218 + 0{,}421) + 0{,}04 \cdot \\ &\quad (0{,}421 + 0{,}624) + 0{,}02(0{,}624 + 1{,}000)] \\ &= 1 - 0{,}17 = 0{,}83 = 83\,\% \end{aligned}$$

Die relative Medaillenkonzentration beträgt 0,83 bzw. 83 Prozent des größtmöglichen Werts.

1 Der Wert 1 ist aus logischen Gründen nicht möglich, da das bedeuten würde, dass 100 % gar nichts und 0 % alles haben. Die exakte Obergrenze ist $1 - \frac{1}{n}$.

Auch das Konzentrationsmaß von Gini sollte nach Möglichkeit in Verbindung mit der Lorenzkurve gebracht werden. Es lassen sich nämlich Fälle denken, in denen gleiche Werte des Konzentrationsmaßes für völlig verschiedene Sachverhalte auftreten. Hierfür liefern die beiden folgenden Lorenzkurven ein anschauliches Beispiel.

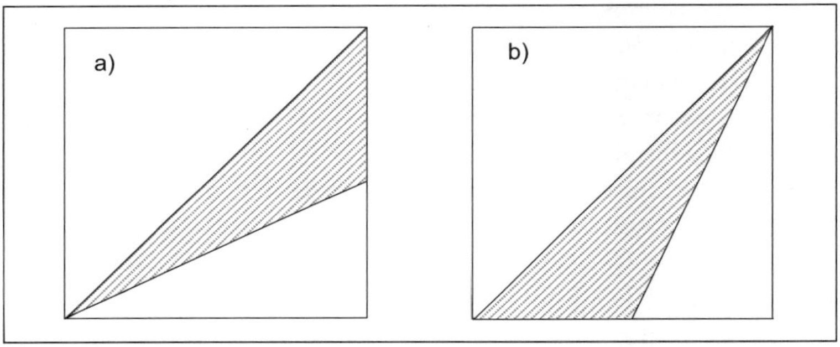

Abb. 9.4: Zwei unterschiedliche Lorenzkurven mit gleichem Wert des Konzentrationsmaßes von Gini

Wie man sofort sieht, sind die schraffierten Flächen, die über die Höhe der relativen Konzentration entscheiden, in beiden Fällen gleich groß. Es ergeben sich also auch gleiche Werte des Konzentrationsmaßes.

Fall a) besagt jedoch, dass (fast) 100 Prozent der Einheiten 50 Prozent des Konzentrationsmerkmals auf sich vereinigen.

Fall b) zeigt dagegen, dass 50 Prozent der Einheiten gar nichts vom Konzentrationsmerkmal mitbekommen.

Im Übrigen sollte man sich bei der Beurteilung der relativen Konzentration stets vor Augen halten, dass damit *nichts* über die Zahl der Einheiten gesagt ist.

Fragen

1. Was versteht man in der Statistik unter Konzentration?
2. Nennen Sie drei Beispiele für Konzentrationsphänomene.
3. Nennen Sie in den folgenden drei Konzentrationsbeispielen jeweils das Konzentrationsmerkmal und die Merkmalsträger:
   - Zuschauer in Bundesligaspielen,
   - Auslandsreisen deutscher Urlauber,
   - Steuereinnahmen der Bundesländer.
4. Worin besteht der Unterschied zwischen absoluter und relativer Konzentration?
5. Wann liegt maximale absolute Konzentration vor?
6. Wann spricht man von minimaler relativer Konzentration?
7. Wie lässt sich die relative Konzentration
   a) grafisch,
   b) rechnerisch erfassen?
8. Welches sind die Nachteile des Konzentrationsverhältnisses zur Kennzeichnung der absoluten Konzentration?

Aufgaben

1. Ausfuhr der Bundesrepublik Deutschland nach EU-Ländern, 2007

Land	Mrd. €
Frankreich	94
Großbritannien	71
Italien	65
Niederlande	62
Belgien	51
sonstige Länder (insgesamt 21)	285
insgesamt	628

Quelle: Statistisches Jahrbuch 2008, S. 478

Zeichnen Sie hierzu die Kurve der absoluten Konzentration.

2. Wie groß ist in Aufgabe 1 das Konzentrationsverhältnis für die
   a) zwei größten Abnehmerländer,
   b) vier größten Abnehmerländer?

3. Studierende an Universitäten in Baden-Württemberg, 1999 und 2007

Universität	Studierende in 1000 Wintersemester	
	1999/2000	2007/2008
Freiburg	17	20
Heidelberg	22	25
Hohenheim	4	6
Karlsruhe	14	18
Konstanz	7	9

Universität	Studierende in 1000 Wintersemester	
Mannheim	10	10
Stuttgart	15	18
Tübingen	19	22
Ulm	5	7
insgesamt	113	135

Quelle: Statistische Jahrbücher 2000 und 2008

a) Vergleichen Sie grafisch die Konzentration der Studierenden im WS 99/2000 und WS 07/08 für die baden-württembergischen Universitäten.

b) Vergleichen Sie die Konzentration der Studierenden mit Hilfe des Konzentrationsverhältnisses für
   (1) die drei größten,
   (2) die fünf größten Universitäten.

4. In einer Kleinstadt registrierte das zuständige Finanzamt folgende Einkommen:

Einkommen von ... bis unter ... €	Anzahl der Einkommensbezieher	Einkommen Mill. €
unter 6000	4000	16
6000–12 000	3000	24
12 000–24 000	2000	32
24 000 und mehr	1000	28
insgesamt	10 000	100

Ermitteln Sie grafisch und rechnerisch die relative Konzentration der Einkommen!

5. Die privaten Haushalte in Deutschland verfügten im Jahr 2007 über folgende monatlichen Haushaltsnettoeinkommen:

Monatliche Haushaltsnettoeinkommen von ... bis unter ... €	Anzahl Haushalte Mill.
unter 900	5,4
900–1300	6,5
1300–1500	3,2
1500–2000	6,5
2000–2600	5,8
2600–4500	7,5
4500 und mehr	2,2
insgesamt	37,1

Quelle: Statistisches Bundesamt 2008

Ermitteln Sie grafisch und rechnerisch die relative Konzentration der Haushaltsnettoeinkommen.

Hinweis: Berechnen Sie den Gesamtbetrag der Haushaltsnettoeinkommen in den einzelnen Klassen anhand der Klassenmitten. Nehmen Sie als Klassenmitte der letzten Klasse 6000 € an!

10 Indexzahlen

10.1 Allgemeine Überlegungen

Die Veränderung der Werte eines einzelnen Merkmals im Zeitablauf lässt sich anschaulich durch Messzahlen angeben. Oft ist man jedoch daran interessiert, die Veränderungen mehrerer sachlich zusammengehöriger Merkmale in einer einzigen Reihe von Verhältniszahlen ausdrücken zu können. Diese Aufgabe stellt sich besonders dann, wenn es sich bei den Merkmalen um Preis- und Mengenangaben verschiedener Güter handelt.

Beispiel 1

Will man die Entwicklung der Verbraucherpreise in der Bundesrepublik bestimmen, so könnte dies grundsätzlich dadurch geschehen, dass man für ein Sortiment ausgewählter und für die Lebenshaltung repräsentativer Sachgüter und Dienstleistungen Preismesszahlen berechnet. Aber selbst bei Beschränkung auf relativ wenige Güter müsste man immer noch einige hundert verschiedene Messzahlen aufführen. Da diese sich aber keineswegs gleichförmig verändern – die Mehrzahl wird steigen, einige gleich bleiben, ein paar sogar fallen –, ergibt sich ein völlig unübersichtliches Bild der Preisentwicklung für den Sektor der Lebenshaltung. Es fragt sich daher, ob es nicht möglich ist, alle diese unterschiedlichen Messzahlen zusammenzufassen, um aus ihnen eine durchschnittliche Veränderung zu berechnen.
Wir wollen für unsere Überlegungen das Preisbeispiel stark vereinfachen und nur noch zwei Güter betrachten.

Beispiel 2

Die Preisveränderungen der Grundnahrungsmittel Milch und Brot lassen sich in getrennten Messzahlen erfassen. Welche Möglichkeiten gibt es, die gemeinsame, d. h. durchschnittliche Preisveränderung anzugeben?
1. Die Addition beider Preisreihen zu einer einzigen Reihe scheidet aus, da unterschiedliche Benennungen vorliegen. Die Preise für Milch werden gewöhnlich in €/l, die Preise für Brot in €/kg angegeben. Benannte Zahlen können aber nur bei gleicher Benennung addiert werden.

2. Man könnte zunächst für jede Reihe Messzahlen berechnen. Messzahlen sind unbenannt und können daher grundsätzlich addiert werden. Die durchschnittliche Preisveränderung ergäbe sich dann als arithmetischer Mittelwert aus den beiden Messzahlen.
Dieses Vorgehen ist aber nur dann richtig, wenn die Messzahlen entsprechend der unterschiedlichen Bedeutung der beiden Güter gewichtet werden. Je wichtiger ein Gut für die Lebenshaltung ist, d. h., je mehr davon verbraucht wird, desto spürbarer werden dessen Preiserhöhungen. Das muss bei der Durchschnittsbildung berücksichtigt werden. Es reicht also nicht aus, die Messzahlen einfach zu addieren und durch ihre Zahl zu dividieren. Bei einem solchen einfachen Durchschnitt werden die Güter als gleich wichtig angesehen, was in den meisten Fällen der Wirklichkeit nicht entsprechen dürfte.
Die Berücksichtigung der einzelnen Reihen entsprechend ihrer Bedeutung erfolgt im Rahmen der Indexrechnung. Das Ergebnis der Berechnungen, der Index (Mehrzahl: Indizes), ist ein gewichteter Mittelwert aus einzelnen Messzahlen. Allerdings kommt dies in den üblichen Berechnungsformeln nicht direkt zum Ausdruck.

Beispiel 3

Preise und Verbrauchsmengen von drei alkoholischen Getränken

Getränk	2007		2008		2009	
	Preis	Verbrauch	Preis	Verbrauch	Preis	Verbrauch
Bier	1,40 €/l	10 l	1,50 €/l	10 l	1,60 €/l	11 l
Korn	7,50 €/Fl	4 Fl	8,20 €/Fl	3 Fl	8,50 €/Fl	4 Fl
Whisky	14,50 €/Fl	2 Fl	13,50 €/Fl	4 Fl	15,00 €/Fl	3 Fl

Die Tabelle enthält insgesamt drei Preismerkmale, die Preise für Bier, Korn und Whisky, und drei Mengenmerkmale, die entsprechenden Verbrauchsmengen.

Die Überlegungen, die für die Ermittlung der durchschnittlichen Preisänderung angestellt wurden, lassen sich auch auf die Mengenänderungen übertragen. Schließlich kann man auch Preis- und Mengenänderungen gemeinsam betrachten. Entsprechend erhält man verschiedene Formen von Indizes.

10.2 Indexformen

Wert-(Umsatz-, Ausgaben-)Index

Multipliziert man die Preise mit den dazugehörigen Verbrauchsmengen, ergeben sich die Ausgaben für jedes Getränk. Beispielsweise betrugen die Ausgaben für Bier 2007 1,40 €/l · 10 l = 14,00 €, die Ausgaben für Korn 2008 8,20 €/Fl · 3 Fl = 24,60 €. Bei den Ausgaben fällt die Mengenangabe weg. Teilt man die Gesamtausgaben für 2008 durch die Gesamtausgaben für 2007, erhält man einen Wertindex auf der Basis 2007. Das Gleiche gilt für die Ausgaben von 2009. Wie bei den Messzahlen ist es üblich, die Werte einer Periode einheitlich als Basiswerte zu verwenden. Die entsprechende Periode heißt Basisperiode oder Basis. Die Werte im Zähler des zu berechnenden Quotienten sind die Berichtswerte. Die zugehörige Periode heißt Berichtsperiode.

Im Beispiel ist 2007 das Basisjahr. Man spricht auch von einem Index «auf der Basis von 2007». Berichtsjahre sind alle verfügbaren Jahre, also auch das Jahr 2007. In diesem Fall stimmen Basisjahr und Berichtsjahr überein. Es hat sich eingebürgert, den Quotienten aus Berichts- und Basiswerten mit 100 zu multiplizieren.

Die Formel zur Berechnung des Wertindex lautet:

$$I_{0,t}^{w} = \frac{\sum p_i^{(t)} q_i^{(t)}}{\sum p_i^{(0)} q_i^{(0)}} \cdot 100$$

Es bedeuten:

$I_{0,t}^{w}$ = Wertindex für das Berichtsjahr auf der Basis 0; t kennzeichnet das Berichtsjahr, 0 das Basisjahr

$p_i^{(0)}, p_i^{(t)}$ = Preis des i-ten Gutes im Basisjahr (0) bzw. im Berichtsjahr (t)

$q_i^{(0)}, q_i^{(t)}$ = Menge des i-ten Gutes im Basisjahr (0) bzw. im Berichtsjahr (t)

Es werden stets die Ausgaben aller erfassten Güter addiert.

Im Beispiel ergeben sich als Werte des Wertindex auf der Basis 2007

$$I^{w}_{07,07} = \frac{\sum p_i^{(07)} q_i^{(07)}}{\sum p_i^{(07)} q_i^{(07)}} \cdot 100$$

$$= \frac{1{,}40 \cdot 10 + 7{,}50 \cdot 4 + 14{,}50 \cdot 2}{1{,}40 \cdot 10 + 7{,}50 \cdot 4 + 14{,}50 \cdot 2} \cdot 100$$

$$= \frac{73{,}00\,€}{73{,}00\,€} \cdot 100 = 100$$

Stimmen Basis- und Berichtsjahr überein, hat der Index den Wert 100.

$$I^{w}_{07,08} = \frac{\sum p_i^{(08)} q_i^{(08)}}{\sum p_i^{(07)} q_i^{(07)}} \cdot 100$$

$$= \frac{1{,}50 \cdot 10 + 8{,}20 \cdot 3 + 13{,}50 \cdot 4}{1{,}40 \cdot 10 + 7{,}50 \cdot 4 + 14{,}50 \cdot 2} \cdot 100$$

$$= \frac{93{,}60\,€}{73{,}00\,€} \cdot 100 = 128{,}2$$

Die Ausgaben für die drei Getränke sind von 2007 bis 2008 von 100 auf 128,2, also um 28,2 %, gestiegen.

$$I^{w}_{07,09} = \frac{\sum p_i^{(09)} q_i^{(09)}}{\sum p_i^{(07)} q_i^{(07)}} \cdot 100$$

$$= \frac{1{,}60 \cdot 11 + 8{,}50 \cdot 4 + 15{,}00 \cdot 3}{1{,}40 \cdot 10 + 7{,}50 \cdot 4 + 14{,}50 \cdot 2} \cdot 100$$

$$= \frac{96{,}60\,€}{73{,}00\,€} \cdot 100 = 132{,}3$$

Die Ausgaben sind von 2007 bis 2009 um 32,3 % gestiegen.

Da sich die Ausgaben aus Mengen und Preisen zusammensetzen, erfasst ein Wertindex sowohl die Preis- als auch die Mengenänderungen, die im Zeitablauf eingetreten sind. Es kann dabei nicht angegeben werden, in welchem Ausmaß die Preiserhöhungen und die Verbrauchsänderungen zur Ausgabensteigerung beigetragen haben.

Anmerkung
Da die Gesamtausgaben auch als eine einzige Reihe dargestellt werden können, die im Beispiel die Werte 73,00 €, 93,60 € und 96,60 € hat, kann man einen Wertindex grundsätzlich auch als Messzahl bezeichnen.

Preisindizes
Sollen lediglich die durchschnittlichen Preisveränderungen in einer einzigen Reihe wiedergegeben werden, sind Mengenveränderungen auszuschalten. Dies wird dadurch erreicht, dass man für Basis- und Berichtsjahr gleichbleibende Verbrauchsmengen ansetzt. Diese konstanten Mengen, mit denen man die Preise «gewichtet», d. h. multipliziert, werden auch als *Gewichtungsschema* bzw. *Warenkorb* bezeichnet. Man bestimmt den Wert eines «Warenkorbs» von Gütern zu unterschiedlichen Zeiten.

Für die Wahl des Gewichtungsschemas gibt es verschiedene Möglichkeiten. Üblich ist es, entweder den Verbrauch des Basisjahrs oder den Verbrauch des (jeweiligen) Berichtsjahres zu verwenden. Wie wir noch sehen werden, können die Ergebnisse in diesen beiden Fällen erheblich voneinander abweichen.

Bei Verwendung gleichbleibender Mengen aus dem Basisjahr ergibt sich der sogenannte *Preisindex nach Laspeyres* (lies: Laspähr). Die Formel zur Berechnung lautet:

$$I^{p}_{La,0,t} = \frac{\sum p_i^{(t)} q_i^{(0)}}{\sum p_i^{(0)} q_i^{(0)}} \cdot 100$$

Es bedeutet:

$I^{p}_{La,0,t}$ = Preisindex nach Laspeyres mit der Basis 0 für das Berichtsjahr t

Für die übrigen Symbole gelten die Erläuterungen zum Wertindex.

Aus der Formel wird ersichtlich, dass im Zähler *und* im Nenner die gleichen Mengenangaben verwendet werden. Da sich also nur die Preise unterscheiden, gibt der Index die durchschnittliche Veränderung der Preise an. Im Nenner des Quotienten stehen die tatsächlichen Ausgaben des Basisjahrs, im Zähler hat man es dagegen nicht mit echten Ausgaben zu tun, sondern mit Ausgaben, die sich ergeben hätten, wenn der Verbrauch gegenüber dem Basisjahr gleich geblieben wäre.

Die verschiedenen Berechnungen zur Ermittlung der Indexwerte macht man am besten in einer Arbeitstabelle. Das gilt im Übrigen auch für den Wertindex.

Arbeitstabelle

$p_i^{(07)}$	$q_i^{(07)}$	$p_i^{(07)} \cdot q_i^{(07)}$	$p_i^{(08)}$	$p_i^{(08)} \cdot q_i^{(07)}$	$p_i^{(09)}$	$p_i^{(09)} \cdot q_i^{(07)}$
1,40	10	14,00	1,50	15,00	1,60	16,00
7,50	4	30,00	8,20	32,00	8,50	34,00
14,50	2	29,00	13,50	27,00	15,00	30,00
		73,00		74,80		80,00

Als Indexwert erhält man

$$I^{P}_{La,07,08} = \frac{\sum p_i^{(08)} q_i^{(07)}}{\sum p_i^{(07)} q_i^{(07)}} \cdot 100 = \frac{74{,}80\ €}{73{,}00\ €} \cdot 100 = 102{,}5$$

$$I^{P}_{La,07,09} = \frac{\sum p_i^{(09)} q_i^{(07)}}{\sum p_i^{(07)} q_i^{(07)}} \cdot 100 = \frac{80{,}00\ €}{73{,}00\ €} \cdot 100 = 109{,}6$$

Unter der Annahme – das sollte man stets im Auge behalten –, dass 2008 und 2009 die gleichen Verbrauchsmengen wie 2007 angesetzt werden, steigen die Preise von 2007 bis 2008 um 2,5 %, von 2007 bis 2009 um 9,6 %.

Werden gleichbleibende Mengen aus dem Berichtsjahr verwendet, ergibt sich der sogenannte *Preisindex nach Paasche*. Die Formel zur Berechnung lautet:

$$I^{P}_{Pa,0,t} = \frac{\sum p_i^{(t)} q_i^{(t)}}{\sum p_i^{(0)} q_i^{(t)}} \cdot 100$$

Es bedeutet:

$I^{P}_{Pa,0,t}$ = Preisindex nach Paasche mit der Basis 0 für das Berichtsjahr t

Für die übrigen Symbole gelten die Erläuterungen zum Wertindex.

Beim Preisindex nach Paasche enthält der Zähler die tatsächlichen Ausgaben (= Menge × Preis) des Berichtsjahrs. Im Nenner stehen dagegen Ausgaben, die entstanden wären, wenn bei den Preisen des Basisjahrs die Mengen des Berichtsjahrs verbraucht worden wären.

Für Beispiel 3 ergeben sich folgende Werte:

Arbeitstabelle

$p_i^{(07)}$	$q_i^{(08)}$	$p_i^{(07)} \cdot q_i^{(08)}$	$p_i^{(08)}$	$p_i^{(08)} \cdot q_i^{(08)}$
1,40	10	14,00	1,50	15,00
7,50	3	22,50	8,20	24,60
14,50	4	58,00	13,50	54,00
		94,50		93,60

$q_i^{(09)}$	$p_i^{(07)} \cdot q_i^{(09)}$	$p_i^{(09)}$	$p_i^{(09)} \cdot q_i^{(09)}$
11	15,40	1,60	17,60
4	30,00	8,50	34,00
3	43,50	15,00	45,00
	88,90		96,60

$$I^{P}_{Pa,07,08} = \frac{\sum p_i^{(08)} q_i^{(08)}}{\sum p_i^{(07)} q_i^{(08)}} \cdot 100 = \frac{93{,}60\ €}{94{,}50\ €} \cdot 100 = 99{,}0$$

$$I^{P}_{Pa,07,09} = \frac{\sum p_i^{(09)} q_i^{(09)}}{\sum p_i^{(07)} q_i^{(09)}} \cdot 100 = \frac{96{,}60\ €}{88{,}90\ €} \cdot 100 = 108{,}7$$

Unter der Annahme eines Gewichtungsschemas aus dem jeweiligen Berichtsjahr ergibt sich von 2007 bis 2008 eine Preissenkung um 1 %. Von 2007 bis 2009 sind die Preise dagegen um 8,7 % gestiegen.

Vergleicht man die Werte des Preisindex nach Paasche für die Jahre 2008 und 2009, muss man berücksichtigen, dass der Index für 2008 die Mengen von 2008, der für 2009 die Mengen von 2009 enthält. Die beiden Indexwerte sind daher nicht mehr miteinander vergleichbar. Bei einem Paasche-Index ist ein Vergleich grundsätzlich nur mit dem Basisjahr möglich.

Vergleicht man die Werte des Preisindex nach Paasche mit denen des Index nach Laspeyres, ergibt sich für 2008 die scheinbar paradoxe Situation, dass der Laspeyres-Index eine durchschnittliche Preissteigerung von 2,5 Prozent ausweist, während der Paasche-Index zu einer Preissenkung von 1 Prozent kommt. Die Begründung hierfür liefert das unterschiedliche Gewichtungsschema. Werden die Güter, deren Preise gestiegen sind, mit großen Mengen angesetzt, ergibt sich insgesamt eine Preissteigerung. Sind dagegen die Güter mit sinkenden Preisen stärker vertreten, kommt es im Durchschnitt zu einer Preissenkung. Zusätzlich muss man natürlich auch noch das Ausmaß der jeweiligen Preisveränderungen berücksichtigen.

Im vorliegenden Fall wirkt sich bei dem Index nach Laspeyres die Preissteigerung von Korn durch das Gewicht von vier Flaschen besonders stark aus, während die Preissenkung von Whisky weniger zu Buche schlägt, da dessen Verbrauch nur mit zwei Flaschen angesetzt ist.

Beim Paasche-Index ist es genau umgekehrt. Da diesmal bei Korn nur mit drei Flaschen gerechnet wird, wirkt sich die Preissteigerung von 7,50 € auf 8,20 € weniger stark aus. Dafür kommt jetzt die Preissenkung bei Whisky stärker zum Zuge, da hierfür vier Flaschen als Gewicht vorgesehen sind.

Die Werte der beiden Preisindizes für 2009 sind dagegen ähnlich. Da die Preise aller drei Getränke von 2007 bis 2009 gestiegen sind, wirken sich Unterschiede im Gewichtungsschema nicht so stark aus.

Die Verschiebungen im Verbrauch, wie sie im Beispiel angedeutet wurden, sind nicht nur Ausdruck von Geschmacksveränderungen, sie entsprechen auch wirtschaftlichem Verhalten. Ein Verbraucher wird nach Möglichkeit Güter, deren Preise stark steigen, ersetzen durch Güter, die vergleichsweise billig geblieben sind.

Welcher Indextyp ist nun zu bevorzugen? Beide haben Vorteile und Nachteile.

- Da der Laspeyres-Index die Mengen einheitlich aus dem Basisjahr verwendet, werden bei einer Indexreihe, die aus mehr als zwei Werten besteht, die Preisveränderungen für den gesamten Zeitraum ohne Einflüsse von Mengenverschiebungen wiedergegeben. Die Mengen des Basisjahrs werden im Laufe der Zeit jedoch immer unrealistischer, da sich der tatsächliche Verbrauch, nicht zuletzt aufgrund der unterschiedlichen Preisentwicklung, ständig ändert. Man misst also die Preisveränderungen für ein Verbrauchsschema, das immer unrealistischer wird. Die Verschiebungen im Verbrauch können in Einzelfällen so weit gehen, dass Preise für Güter berücksichtigt werden, die überhaupt nicht mehr gefragt sind.
- Beim Paasche-Index wird das Mengenschema des jeweiligen Berichtsjahrs angesetzt. Es wird also stets der aktuelle Verbrauch zugrunde gelegt. Da das Berichtsjahr jedoch von Jahr zu Jahr wechselt, muss, wie wir gesehen haben, auch jedes Jahr das Gewichtungsschema geändert werden. Die Folge ist, dass die sich ergebende Reihe von Indexwerten nicht nur die Preisänderungen ausweist, sondern zusätzlich von Mengenverschiebungen beeinflusst wird.

Aus diesem Dilemma, Veraltung des Gewichtungsschemas beim Laspeyres-Index, ständig wechselndes Gewichtungsschema beim Paasche-Index, hilft man sich in der Praxis dadurch, dass man in erster Linie Laspeyres-Indizes wegen der Vergleichbarkeit der Indexwerte berechnet.

Parallel dazu ermittelt man aber auch Paasche-Indizes zu Kontrollzwecken. Werden die Abweichungen zwischen den Werten beider Indextypen zu groß, ist das ein Zeichen dafür, dass der Laspeyres-Index aktualisiert werden muss. Er wird zu diesem Zweck für ein neues Basisjahr mit neuen Gewichten berechnet.

Mengenindizes

Analog zur Erfassung der Preisschwankungen lassen sich auch die durchschnittlichen Mengenänderungen mehrerer Güter in einem Index messen. Als Gewichte dienen in diesem Fall die jeweiligen Preise, die jetzt aber, da nur die Mengenänderungen interessieren, konstant gehalten werden müssen. Wie beim Preisindex kann man auch hier wählen zwischen Preisen aus dem Basisjahr und Preisen aus dem jeweiligen Berichtsjahr. Entsprechend erhält man Mengenindizes nach Laspeyres oder nach Paasche.

1. Bei Verwendung gleichbleibender Preise aus dem Basisjahr ergibt sich der Mengenindex nach Laspeyres. Er ist definiert als

$$I^{m}_{La,0,t} = \frac{\sum p_i^{(0)} q_i^{(t)}}{\sum p_i^{(0)} q_i^{(0)}} \cdot 100$$

Es bedeutet:

$I^{m}_{La,0,t}$ = Mengenindex nach Laspeyres für das Jahr t auf der Basis 0

Die übrigen Symbole werden beim Wertindex erklärt.

Aus Beispiel 3 lässt sich folgende Mengenänderung berechnen

$$I^{m}_{La,07,08} = \frac{\sum p_i^{(07)} q_i^{(08)}}{\sum p_i^{(07)} q_i^{(07)}} \cdot 100 = \frac{94{,}50\,€}{73{,}00\,€} \cdot 100 = 129{,}5$$

$$I^{m}_{La,07,09} = \frac{\sum p_i^{(07)} q_i^{(09)}}{\sum p_i^{(07)} q_i^{(07)}} \cdot 100 = \frac{88{,}90\,€}{73{,}00\,€} \cdot 100 = 121{,}8$$

Der mengenmäßige Verbrauch ist, bei Verwendung der Preise von 2007, von 2007 bis 2008 um 29,5 %, von 2007 bis 2009 um 21,8 % gestiegen.
Gegenüber 2008 ist der Verbrauch von 2009 zurückgegangen. Will man die mengenmäßige Veränderung von 2008 auf 2009 angeben, darf man wie bei den Messzahlen nicht einfach die Differenz zwischen den beiden Indexwerten nehmen. Die prozentuale Veränderung ergibt sich vielmehr, indem man den Indexwert 2009 durch den von 2008 dividiert. Dadurch wird 2008 zur neuen Basis. Er ergibt sich also die relative Änderung

121,8/129,5 = 0,941

Der Verbrauch 2009 beträgt 94,1 % des Verbrauchs von 2008. Der Rückgang ist 5,9 %. Das Umbasieren von Indizes ist grundsätzlich jedoch nur bei Laspeyres-Indizes möglich. Das gilt auch für Preisindizes. Wertindizes können wie Messzahlen jederzeit umbasiert werden.

2. Bei Verwendung gleichbleibender Preise aus dem (jeweiligen) Berichtsjahr erhält man einen Mengenindex nach Paasche. Er wird berechnet nach der Formel

$$I^{m}_{Pa,0,t} = \frac{\sum p_i^{(t)} q_i^{(t)}}{\sum p_i^{(t)} q_i^{(0)}} \cdot 100$$

Es bedeutet:

$I^{m}_{Pa,0,t}$ = Mengenindex nach Paasche für das Berichtsjahr t auf der Basis 0

Die übrigen Symbole behalten ihre Bedeutung (vgl. Wertindex).

Aus Beispiel 3 lässt sich folgende Mengenänderung berechnen:

$$I^{m}_{Pa,07,08} = \frac{\sum p_i^{(08)} q_i^{(08)}}{\sum p_i^{(08)} q_i^{(07)}} \cdot 100 = \frac{93{,}60\,€}{74{,}80\,€} \cdot 100 = 125{,}1$$

$$I^{m}_{Pa,07,09} = \frac{\sum p_i^{(09)} q_i^{(09)}}{\sum p_i^{(09)} q_i^{(07)}} \cdot 100 = \frac{96{,}60\,€}{80{,}00\,€} \cdot 100 = 120{,}8$$

Der Verbrauch ist, wenn man von den Preisen des jeweiligen Berichtsjahres ausgeht, von 2007 bis 2008 um 25,1 %, von 2007 bis 2009 um 20,8 % gestiegen.
Will man die durchschnittliche Mengenänderung von 2008 bis 2009 berechnen, muss man, bei korrekter Vorgehensweise, einen neuen Index auf der Basis 2008 berechnen.
Vor- und Nachteile von Mengenindizes sind die gleichen wie bei Preisindizes.

Zusammenhänge zwischen den Indizes

Da sich Ausgaben aus dem Produkt von Menge und Preis ergeben, sollte man annehmen, dass diese Beziehung auch für Indizes gilt:

Wertindex = Preisindex · Mengenindex

Diese Gleichung gilt aber nur unter der Bedingung, dass sich Preis- und Mengenindizes bei gleicher Basis in der Herkunft der Gewichtungsschemata unterscheiden. Dann gilt die Beziehung

$$I^{w} \cdot 100 = I^{p}_{La} \cdot I^{m}_{Pa} = I^{p}_{Pa} \cdot I^{m}_{La}$$

Man erhält einen Wertindex (multipliziert zusätzlich mit 100), wenn man einen Preisindex nach Laspeyres multipliziert mit einem Mengenindex nach Paasche bzw. umgekehrt. Diese Beziehung ist in der Praxis von Nutzen. Beispielsweise ergibt sich durch Umformung

$$I^{m}_{La} = \frac{I^{w}}{I^{p}_{Pa}} \cdot 100$$

Dividiert man einen Wertindex durch einen zugehörigen Preisindex, erhält man einen Mengenindex. Ist der Preisindex vom Typ Paasche, ergibt sich ein Mengenindex nach Laspeyres bzw. umgekehrt. Durch diese Operation werden die Preiseinflüsse, die im Wertindex enthalten sind, ausgeschaltet. Man nennt diesen Vorgang auch Deflationierung, d. h. Ausschaltung der Preissteigerungen.

Man kann die Beziehung zwischen den Indizes auch nutzen, um

aus einer Wertgröße, z. B. einem Einkommensbetrag, – näherungsweise – die Preiseinflüsse herauszurechnen. Dividiert man das Einkommen durch einen passenden Preisindex, ergibt sich ein preisbereinigtes Einkommen, das sogenannte Realeinkommen. Dividiert man das Realeinkommen durch das Einkommen des Basiszeitraumes, zeigt sich die Veränderung der Kaufkraft des Einkommens, d. h., wie viel mehr Güter man im Berichtszeitraum für das Einkommen kaufen kann.

10.3 Zusammenfassung von Indizes

Hat man es mit einer größeren Zahl von Gütern zu tun, empfiehlt es sich, die Preis- oder Mengenveränderungen nicht nur in einem einzigen Index zusammenzufassen. Man wird dann zweckmäßigerweise Bereiche mit verwandten Gütern abgrenzen, um deren Veränderung zunächst gesondert zu kennzeichnen. Das ist umso wichtiger, je unterschiedlicher die Entwicklung in den einzelnen Bereichen verläuft. Als Durchschnitt aus allen Veränderungen kann der Gesamtindex darüber keine Auskunft geben.

Will man beispielsweise die Produktionsentwicklung in der Industrie erfassen, reicht ein einziger Mengenindex normalerweise nicht aus. Man wird daher zunächst Mengenindizes für einzelne Branchen aufstellen, die über die dortigen Veränderungen Auskunft geben. Erst zum Schluss berechnet man einen Mengenindex für die gesamte Industrie.

Der Rechenaufwand für ein solches stufenweises Vorgehen ist kaum größer, als wenn man nur einen einzigen Index berechnet. Man kann nämlich die Bereichsindizes unmittelbar zu dem Gesamtindex zusammenfassen. In einem solchen Fall nennt man die Bereichsindizes auch *Sub*- oder *Teilindizes.* Je nach Informationsbedürfnis kann man beliebig viele Stufen von Subindizes hintereinanderschalten. Beispiel 4 gibt einen Ausschnitt vom stufenweisen Vorgehen bei der Angabe der Produktionsveränderungen der deutschen Industrie.

Beispiel 4

Aufgliederung der deutschen Industrie in Industriegruppen (Ausschnitt)

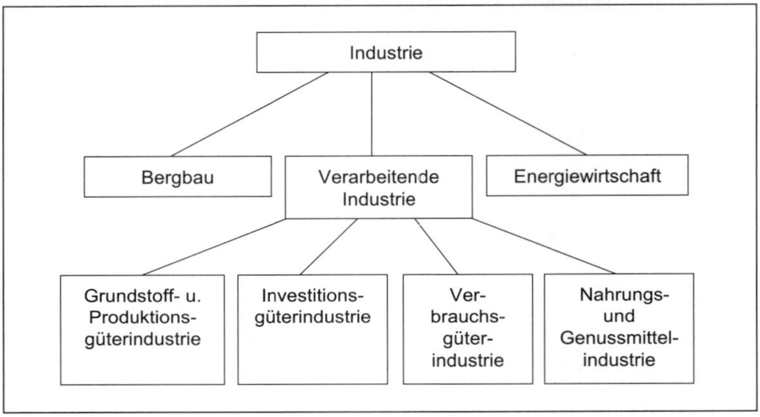

Sämtliche Wirtschaftszweige sind noch weiter aufgegliedert. Beschränken wir uns aus Gründen der Übersichtlichkeit auf diesen Ausschnitt, ergibt sich folgende Situation:

Zunächst werden Indizes der Produktionsveränderungen für die Bereiche Grundstoff- und Produktionsgüter, Investitionsgüter, Verbrauchsgüter und Nahrungs- und Genussmittel berechnet.

Diese vier Subindizes werden zu einem Mengenindex für die verarbeitende Industrie zusammengefasst. Dieser Index wird zusammen mit den Indizes für den Bergbau und die Energiewirtschaft zum Index für die Produktionsentwicklung der gesamten Industrie aggregiert.

Bei der Zusammenfassung der Subindizes handelt es sich um die Berechnung eines Mittelwerts. Die Gewichtung muss daher so erfolgen, dass man zum gleichen Ergebnis kommt, wie wenn man den Gesamtindex unmittelbar aus den zugrunde liegenden Preis- und Mengendaten berechnet.

Beschränken wir uns im Folgenden auf die Indizes nach Laspeyres. Gewichte sind die Anteile der Ausgaben der einzelnen Bereiche an den Gesamtausgaben im Basisjahr.

Beispiel 5

Angaben zur Entwicklung der deutschen Einfuhr

Bereich	Einfuhr 2005		Mengenindizes der Einfuhr für 2007 2005 = 100
	Mrd. €	%	
Ernährungswirtschaft	54	7,6	113,5
gewerbliche Wirtschaft	654	92,4	116,8
insgesamt	708	100	

Quelle: Statistisches Jahrbuch 2008, S. 470 ff.

Der Mengenindex der gesamten Einfuhr für 2007 auf der Basis 2005 lässt sich berechnen, indem man die beiden Mengenindizes für die Ernährungswirtschaft (= 113,5) und für die gewerbliche Wirtschaft (= 116,8) mit den anteiligen Ausgaben im Basisjahr gewichtet. Es ergibt sich

$$I^{m}_{05,07} = 113{,}5 \cdot 0{,}076 + 116{,}8 \cdot 0{,}924 = 116{,}5$$

Mengenmäßig, d. h. unter Ausschluss der Preissteigerung, ist die Einfuhr insgesamt von 2005 bis 2007 um 16,5 % gestiegen.

Allgemein gilt für die Zusammenfassung von (zwei) Subindizes (nach Laspeyres)

$$I^{gesamt} = I^{A} \cdot g_{A} + I^{B} \cdot g_{B}$$

Es bedeuten:

I^{gesamt} = Gesamtindex

I^{A}, I^{B} = Subindizes für die Bereiche A bzw. B

g_{A}, g_{B} = Gewichte der Subindizes A bzw. B, Anteile der Ausgaben an den Ausgaben des Basisjahrs

Es gilt: $g_{A} + g_{B} = 1$, d. h., die Summe der Gewichte ist 1.

Die Berechnungsformel, die hier nur für den Fall von zwei Subindizes dargestellt ist, lässt sich für beliebig viele Subindizes verallgemeinern. Sie gilt außerdem sowohl für Preis- als auch für Mengenindizes.

Anmerkung

Handelt es sich bei den Subindizes um Paasche-Indizes, ist für die Zusammenfassung ein anderer Mittelwert, ein sogenannter harmonischer Mittelwert, zu berechnen.

Fragen

1. Worin besteht der Unterschied zwischen Messzahlen und Indizes?
2. Welche Rolle spielen die Gewichte bei der Berechnung eines Index?
3. Welche Indexformen gibt es?
4. Welche Veränderungen gibt ein Umsatzindex an?
5. Welche Veränderungen misst ein Preisindex?
6. Welche Veränderungen misst ein Mengenindex?
7. Was versteht man unter einem Preisindex nach Laspeyres?
8. Was versteht man unter einem Preisindex nach Paasche?
9. Was versteht man unter einem Mengenindex nach Laspeyres?
10. Was versteht man unter einem Mengenindex nach Paasche?
11. Welches sind die Vor- und Nachteile von Laspeyres-Indizes?
12. Welches sind die Vor- und Nachteile von Paasche-Indizes?
13. Inwieweit beeinflussen die Gewichte die Werte eines Preisindex?
14. Wie kann man einen Preisindex umbasieren?
15. Welcher Zusammenhang besteht zwischen den verschiedenen Indexformen?
16. Was versteht man in der Indexrechnung unter Deflationierung?
17. Wie kann man mehrere Indizes zu einem Gesamtindex zusammenfassen?

Aufgaben

1. Preise und Verbrauchsmengen von Brennstoffen in einem Industriebetrieb

Brennstoff	2003		2008	
	€/t	t	€/t	t
Heizkohle	289	100	295	50
Briketts	210	50	226	40
schweres Heizöl	206	200	230	400

Berechnen Sie aus diesen Angaben den

a) Wertindex,
b) Preisindex nach Laspeyres,
c) Preisindex nach Paasche,
d) Mengenindex nach Laspeyres,
e) Mengenindex nach Paasche.

2. Erntemengen und Verkaufspreise von Getreide eines Landwirts

Getreide	2003		2008	
	€/t	t	€/t	t
Roggen	469	35	367	20
Weizen	509	50	394	50
Futtergerste	462	25	359	30
Futterhafer	440	20	351	50

Berechnen Sie aus diesen Angaben:

a) um wie viel Prozent sich der Umsatz des Bauern von 2003 bis 2008 verändert hat,
b) um wie viel Prozent die Preise für Getreide von 2003 bis 2008 gesunken sind,
c) die Preisindizes nach Laspeyres für Brotgetreide (Roggen und Weizen)

sowie für Futtergetreide (Gerste und Hafer); anschließend Zusammenfassung der beiden Subindizes zu einem Gesamtindex der Preisentwicklung!

3. Der Verbraucherpreisindex in Deutschland zeigt von 2005 bis 2008 folgende Werte:

Jahr	Index
2005	100,0
2006	101,6
2007	103,9
2008	106,6

Quelle: Statistisches Bundesamt

Um wie viel Prozent sind die Verbraucherpreise gestiegen?

a) von 2005 bis 2007,

b) von 2007 bis 2008?

4. Ein Elektrogroßhändler ist daran interessiert zu erfahren, wie sich in den letzten Jahren sein Absatz verändert hat, wenn man die Preissteigerungen außer Acht lässt. Er bittet Sie als Statistiker darum, ihm Antwort auf diese Frage zu geben. Als Daten liefert er Ihnen seine Umsatzzahlen sowie die Werte des Index der Großhandelsverkaufspreise für Elektroartikel:

Jahr	Umsatz (Mill. €)	Preisindex
2002	20	100
2004	28	101
2006	35	102
2008	40	107

a) Berechnen Sie anhand dieser Angaben einen Mengenindex.

b) Was für ein Mengenindex ergibt sich, wenn der Preisindex ein Index nach Laspeyres ist?

11 Zeitreihenanalyse

11.1 Komponenten einer Zeitreihe

Eine Zeitreihe ist eine zeitlich geordnete Folge statistischer Maßzahlen. Betrachtet man die zugrunde liegenden Zeiteinheiten als Merkmalsträger, werden die Maßzahlen zu Werten eines Merkmals. Handelt es sich bei den Zeitreihenwerten um Bestandsgrößen, werden sie Zeitpunkten zugeordnet. Sind die Maßzahlen dagegen Bewegungsgrößen, sind die zugrunde liegenden Einheiten Zeiträume.

Beispiel 1

Betriebe und Umsatz in der deutschen Industrie, 2002 bis 2007

Jahr	Unternehmen* 1000	Umsatz Mrd. €
2002	41,3	1340
2005	38,9	1488
2007	38,3	1692

* Jahresdurchschnitt

Quelle: Statistisches Jahrbuch 2008, S. 367

Das Beispiel enthält zwei Zeitreihen, die aus jeweils drei Werten bestehen. Bei der Zahl der Unternehmen handelt es sich um durchschnittliche Bestandsgrößen, die aus Stichtagsdaten errechnet wurden. Die Umsatzangaben sind dagegen Bewegungsgrößen, die das ganze Jahr betreffen.

Die Veränderungen der Zeitreihenwerte, ihre Schwankungen, weisen häufig typische Verlaufsmuster auf, die auf bestimmte gleichförmig wirkende Einflussfaktoren zurückzuführen sind. Gelingt es, sie herauszuarbeiten, kann man Zeitreihen in einzelne Komponenten zerlegen. Dadurch wird die Beurteilung der Zeitreihen erleichtert, wenn man z. B. störende Komponenten eliminiert. Am Anfang einer solchen Untersuchung sollte stets eine grafische Darstellung stehen, da diese erste

Anhaltspunkte für den Gang der Untersuchung liefern kann. Als Grafik wird gewöhnlich ein Kurvendiagramm gewählt (vgl. Kap. 4.2). Bei der anschließenden Analyse der Zeitreihenwerte geht es darum, die verschiedenen Komponenten der Zeitreihe herauszuarbeiten.

Die wichtigsten Komponenten sind:

Trend

Als Trend wird die vergleichsweise stetige, d.h. ohne abrupte Richtungsänderungen verlaufende Entwicklung einer Zeitreihe bezeichnet. Beispielsweise steigt das Bruttoinlandsprodukt der Bundesrepublik, die Summe aller bewerteten wirtschaftlichen Leistungen eines Jahres, grundsätzlich von Jahr zu Jahr an. Die Ursachen dieses tendenziellen Anstiegs sind vielfältig, z.B. steigende Produktion aufgrund erhöhten Kapitaleinsatzes und technischen Fortschritts, Preissteigerungen u. Ä. All dies wirkt in Richtung auf ein jährliches Wachsen des Bruttoinlandsprodukts. Da diese Trendeinflüsse jedoch durch andere Einflussgrößen, die kurzfristig wirken, überlagert werden, schwankt der Zuwachs von Jahr zu Jahr. Unter Umständen kommt es sogar zu einem vorübergehenden Rückgang.

Konjunkturelle Bewegungen

Die meisten wirtschaftlichen Zeitreihen, z.B. die Zahl der Arbeitslosen oder der Umfang der industriellen Produktion, zeigen mehr oder minder ausgeprägte zyklische, d.h. wiederkehrende Schwankungen. Ursache ist das Aufeinanderfolgen von Zeiten mit verstärkter und mit abgeschwächter wirtschaftlicher Aktivität. Diesen Vorgang bezeichnet man als Konjunkturschwankungen. Sie sind in erster Linie verantwortlich für das unterschiedliche Wachstumstempo des Bruttoinlandsprodukts.

In der Wirtschaftstheorie gehen die Meinungen auseinander, ob es sachlich sinnvoll ist, Trend und Konjunkturschwankungen voneinander zu trennen. Da kein Konjunkturverlauf dem anderen gleicht, ist es kaum möglich, Trend und Konjunkturschwankungen zu isolieren. Beide werden daher in der Regel als sogenannte *glatte Komponente* zusammengefasst, weil man sich ihren Verlauf vergleichsweise glatt vorstellt.

Saisonale Einflüsse

Saisonschwankungen werden hervorgerufen durch Einflüsse, die von Periode zu Periode wiederkehren, etwa durch die Witterungsverhältnisse oder durch Feiertage. Beispielsweise steigt die Arbeitslosenzahl im Winter regelmäßig an, weil viele Unternehmen, z. B. aus der Bauwirtschaft, wegen der ungünstigen Witterung ihre Aktivitäten einschränken. Der saisonale Einfluss von Feiertagen zeigt sich deutlich im Einzelhandel, wenn das Weihnachtsgeschäft alle Jahre wieder Umsätze bringt, die weit über dem Jahresdurchschnitt liegen.

Kalenderunregelmäßigkeiten

Von Kalenderunregelmäßigkeiten spricht man, wenn die Erfassungszeiträume von Bewegungsmassen unterschiedlich lang sind. Beispielsweise ist die Produktion der deutschen Industrie im Mai regelmäßig niedriger als im Jahresdurchschnitt. Das liegt daran, dass der Mai infolge mehrerer Feiertage (1. Mai, Himmelfahrt, evtl. Pfingsten) einige Arbeitstage weniger hat als die meisten übrigen Monate. Wenn aber an weniger Tagen produziert werden kann, ist auch das Produktionsergebnis niedriger.

Irreguläre Einflüsse

Die übrigen, ohne erkennbare Regelmäßigkeiten auftretenden, meist einmaligen Schwankungen werden als irreguläre oder Restschwankungen bezeichnet. Als Ursache können plötzliche Witterungsänderungen, technische Störungen u. Ä., aber auch Erhebungsfehler in Frage kommen.

Die Analyse einer Zeitreihe hat den Zweck, die verschiedenen Einflussfaktoren, die auf die Werte der Zeitreihe eingewirkt haben, zu isolieren. Dabei wird versucht, die Werte in einzelne Bestandteile, die sogenannten Komponenten, zu zerlegen, von denen jede einem bestimmten Einflussfaktor zugeschrieben wird. Wir wollen hier unterstellen, dass sich die Zeitreihenwerte als Summe der einzelnen Komponenten ergeben. Es gilt also für einen beliebigen Zeitreihenwert

$$x_i = G_i + S_i + K_i + V_i$$

Es bedeuten:
x_i = i-ter Wert der Zeitreihe
G_i = glatte Komponente
S_i = saisonale Komponente
K_i = Kalenderkomponente (Kalenderunregelmäßigkeit)
V_i = irreguläre Komponente (Restkomponente)

Wenn man die einzelnen Komponenten zahlenmäßig erfassen kann, dann kann man eine Zeitreihe konstruieren, die eventuell störende Einflussfaktoren nicht mehr aufweist. Man braucht dazu lediglich die entsprechenden Komponenten auszuschalten.

Beispiel 2
Die Zahl der Arbeitslosen gilt als wichtige Kennzahl für den Verlauf der Konjunktur. Im Aufschwung sinkt die Zahl der Arbeitslosen, im Abschwung steigt sie an. Dieser Umstand kommt in der glatten Komponente zum Ausdruck. Unabhängig vom Konjunkturverlauf steigt die Arbeitslosenzahl jedoch auch im Winter an, während sie im Frühjahr zurückgeht. Diese jahreszeitlich bedingten Schwankungen werden in der saisonalen Komponente erfasst.
Wenn nach einer längeren Zeit ständig steigender Arbeitslosenzahlen erstmals ein Rückgang zu verzeichnen ist, möchte man natürlich wissen, ob dies Ausdruck des konjunkturellen Wiederaufschwungs ist oder ob andere Ursachen, in erster Linie saisonale Gründe, vorliegen. Kennt man die einzelnen saisonalen Komponenten, kann man sie ausschalten und anhand der «saisonbereinigten» Reihenwerte Aussagen über den Konjunkturverlauf machen.

Welche Einflussfaktoren im Einzelfall zu beachten sind, richtet sich in erster Linie nach der Art der Zeitreihe. Während alle Zeitreihenwerte grundsätzlich aus glatter und irregulärer Komponente bestehen dürften, liegen saisonale Einflüsse nur dann vor, wenn innerhalb einer Periode mehr oder minder gleichbleibende Schwankungen auftreten. Beispielsweise schwanken die Gemüsepreise im Jahresverlauf, die Unfälle innerhalb einer Woche, der Stromverbrauch im Laufe eines Tages. Werden also für jede derartige Periode mehrere Zeitreihenwerte angegeben, z. B. die Gemüsepreise monatlich, die Unfallzahlen für sieben Wochentage und der Stromverbrauch für die 24 Stunden eines Tages, weisen die Zeitreihenwerte saisonale Schwankungen auf. Wird dagegen für jede Periode nur ein Gesamtwert angegeben, gibt es keine saisonalen Schwankungen mehr. Sie gleichen sich insgesamt aus.

Kalenderunregelmäßigkeiten liegen immer dann vor, wenn die Zeitreihenwerte Bewegungsgrößen sind, die sich auf unterschiedlich lange Zeiträume wie unterschiedlich viele Arbeitstage beziehen.

Bei der Entscheidung über die zu beachtenden Komponenten kann ein Kurvendiagramm wichtige Hilfestellung leisten. Insbesondere lässt sich anhand einer Grafik leichter beurteilen, ob Saisonschwankungen vorliegen oder nicht.

Beispiel 3

Kapazitätsauslastung in den Beherbergungsbetrieben der Stadt Wien, Österreich, 2003 bis 2008

Kapazitätsauslastung in Prozent			
Winterhalbjahr		Sommerhalbjahr	
03/04	48	2004	60
04/05	46	2005	62
05/06	49	2006	63
06/07	49	2007	64
07/08	49	2008	61

Quelle: Statistik Austria, Tourismusstatistik, 2009

Es bedarf keiner besonderen Sachkenntnis, um sagen zu können, dass der Reiseverkehr in Wien saisonabhängig ist. Die Periodizität der Schwankungen zeigt sich besonders deutlich anhand des Kurvendiagramms (Abb. 11.1).

Mit der Entscheidung, welche Einflussfaktoren die Zeitreihenwerte bestimmt haben, ist nur der erste Schritt der Analyse getan. Da man als Ausgangsmaterial nur die tatsächlichen Zeitreihenwerte hat, kann man die einzelnen Komponenten nur dann ermitteln, wenn man bestimmte An-

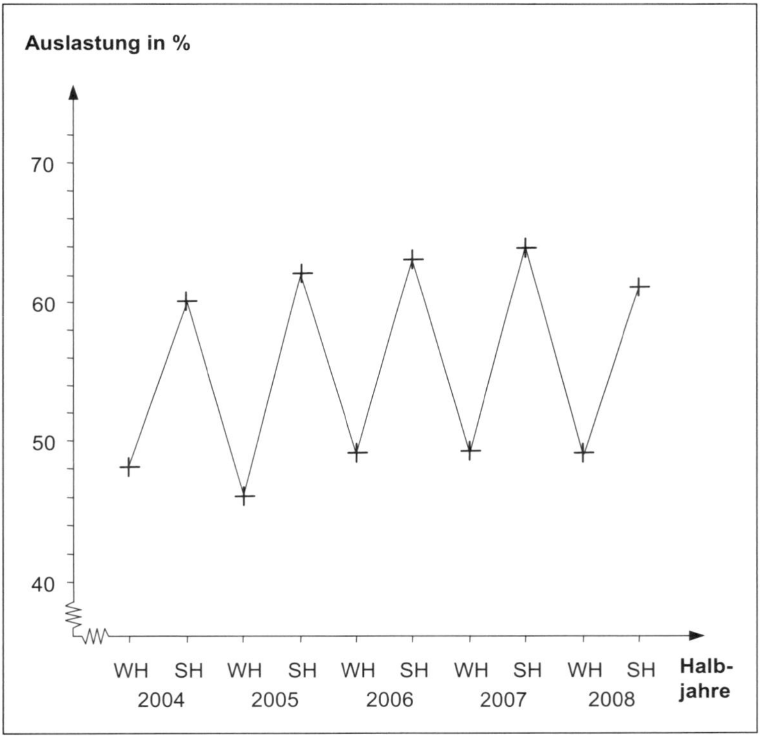

Abb. 11.1: Kurvendiagramm zu Beispiel 3

nahmen über die Wirkungsweise der Einflussfaktoren macht. Dafür gibt es jedoch meist mehrere vertretbare Möglichkeiten, sodass niemals mit objektiv richtigen Ergebnissen gerechnet werden kann. Die Ergebnisse sind stets nur im Rahmen der gemachten Annahmen richtig. Am Beispiel der Zeitreihenanalyse zeigt sich der Modellcharakter der Statistik besonders deutlich. Um die Wirklichkeit, hier die einzelnen Komponenten, erfassen zu können, muss man bestimmte Annahmen machen. Ändert man die Annahmen und das darauf aufgebaute Analyseverfahren, erhält man auch andere Ergebnisse.

Hier soll ein Analyseverfahren nur für den Fall beschrieben werden, dass sich die Zeitreihenwerte lediglich aus der glatten Komponente und aus der irregulären Komponente zusammensetzen. Die Berücksichtigung saisonaler Schwankungen erfordert eine Verfeinerung des methodischen Instrumentariums. Die erforderlichen Rechenarbeiten sind teilweise so aufwendig, dass sie nur noch mit Hilfe von Computern durchgeführt werden können. Doch auch die komplizierten Verfahren basieren im Prinzip auf dem hier dargestellten Ansatz. Das grundlegende Verfahren wird als *Methode der gleitenden Durchschnitte* bezeichnet.

11.2 Methode der gleitenden Durchschnitte

Bei der Methode der gleitenden Durchschnitte berechnet man jeweils aus mehreren nebeneinanderliegenden Zeitreihenwerten arithmetische Mittelwerte. Die Durchschnittsberechnung hat das Ziel, einen Ausgleich zwischen positiven und negativen Restkomponenten zu bewirken, sodass als Ergebnis nur noch die glatte Komponente übrig bleibt.

Die Ausschaltung der irregulären Komponenten gelingt umso besser, je mehr folgende Annahmen erfüllt sind:

- Die Restschwankung kann sich positiv oder negativ auswirken. Entsprechend gibt es irreguläre Komponenten mit positiven und mit negativen Vorzeichen. Positive und negative Komponenten folgen ferner regellos aufeinander und gleichen sich, wenn man eine ausreichend große Zahl zusammenfasst, aus. Ihre Summe ist dann gleich null.
- Alle glatten Komponenten der in einem Durchschnitt zusammengefassten Werte liegen annähernd auf einer Geraden.

Betrachten wir zur Verdeutlichung die ersten drei Werte einer Zeitreihe, wobei wir – im Gegensatz zur Wirklichkeit – die einzelnen Komponenten als bekannt voraussetzen. Dabei ergibt die Summe der Komponenten unter Berücksichtigung ihrer Vorzeichen (die Addition eines negativen Werts entspricht seiner Subtraktion) den Zeitreihenwert.

Beispiel 4

Werte einer Zeitreihe

Periode	Zeitreihenwert	Glatte Komponente	Restkomponente
1	8	9	−1
2	9	10	−1
3	13	11	+2

Bildet man aus den drei Zeitreihenwerten einen Durchschnitt, erhält man genau die glatte Komponente für die zweite Periode.

$$\bar{x}_2 = \frac{8+9+13}{3} = 10 = G_2$$

Wenn man die Komponenten gesondert aufführt, wird deutlich, wie sich die irregulären Komponenten im Rahmen des Durchschnitts ausgleichen:

$$\bar{x}_2 = \frac{(9-1)+(10-1)+(11+2)}{3}$$

Durch Umformung wird hieraus

$$\bar{x}_2 = \underbrace{\frac{9+10+11}{3}}_{\text{Glatte Komponenten}} + \underbrace{\frac{(-1)+(-1)+2}{3}}_{\text{Irreguläre Komponenten}}$$

Da die Summe der Restkomponenten gleich null ist, ist auch ihr Durchschnitt gleich null. Sie verschwinden also vollständig.
Da ferner die drei glatten Komponenten 9, 10 und 11 auf einer Geraden liegen, wie das folgende Bild (Abb. 11.2) zeigt, ergibt sich als Durchschnitt aus ihnen genau die glatte Komponente der zweiten Periode.

An diesem Beispiel zeigt sich, dass man die irregulären Komponenten durch die Berechnung von Durchschnitten ausschalten kann, wenn die vorhin genannten Annahmen zutreffen. Dies gilt auch dann, wenn man die einzelnen Komponenten nicht kennt.

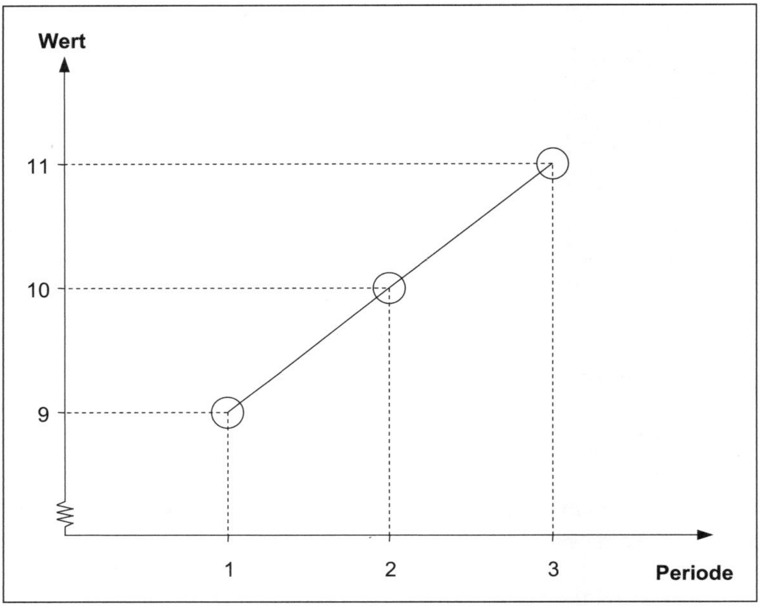

Abb. 11.2: Glatte Komponente aus Beispiel 4

In der Wirklichkeit dürften die Annahmen jedoch meist nur annähernd erfüllt sein. Entsprechend erhält man auch nur Näherungsergebnisse, d. h. Werte, die nur annähernd genau sind. In der Statistik spricht man in solchen Fällen von Schätzwerten. Man versteht darunter Ergebnisse, die aufgrund bestimmter Annahmen berechnet wurden.

Die Ergebnisse hängen wesentlich von der Zahl der Zeitreihenwerte ab, aus denen man jeweils einen Durchschnitt berechnet. Die beiden grundlegenden Annahmen sollen ja für alle Werte eines Durchschnitts gelten. Die Zahl der (vollständigen) Zeitreihenwerte, aus denen man jeweils einen Durchschnitt bildet, wird als *Gliederzahl* bezeichnet. Beispielsweise spricht man bei drei Werten von einem dreigliedrigen, bei fünf von einem fünfgliedrigen Durchschnitt.

Für die Zahl der Glieder eines Durchschnitts gibt es nur dann feste Regeln, wenn die Zeitreihe Saisonschwankungen aufweist.

Beispiel 5

Erfahrungsgemäß ist die Zahl der fehlenden Arbeitnehmer in einem Unternehmen montags besonders hoch. Sie sinkt zur Wochenmitte und steigt zum Wochenende wieder an. Will man derartige Saisonschwankungen, die sich jede Woche wiederholen, ausschalten, muss man darauf achten, dass man von allen unterschiedlichen Saisoneinflüssen jeweils einen im Durchschnitt berücksichtigt. Ist das der Fall, heben sich die Saisoneinflüsse gegenseitig auf. Bei fünf Arbeitstagen muss man also in jedem Durchschnitt einen Montagswert, einen Dienstagswert usw. haben. Es ist folglich ein fünfgliedriger Durchschnitt zu berechnen.

Ähnlich muss man einen zwölfgliedrigen Durchschnitt bilden, wenn bei einer Zeitreihe aus Monatswerten Saisonschwankungen im Laufe eines Jahres auftreten.

Weist eine Zeitreihe keine (regelmäßig wiederkehrenden) Saisonschwankungen auf, gibt es nur eine Faustregel für die Gliederzahl der einzelnen Durchschnitte:

- Je größer die Abweichungen der Reihenwerte von einer glatten Linie sind, die man frei Hand durch die Punktemenge zeichnet, desto mehr Glieder müssen die Durchschnitte aufweisen. In einem solchen Fall sind die Restschwankungen nämlich sehr groß und gleichen sich umso eher aus, je größer die Gliederzahl ist.
- Weist die Kurve der Reihenwerte starke Krümmungen auf, sollte die Gliederzahl möglichst klein sein. Bei einer derartigen Reihe kann man nämlich immer nur sehr wenige glatte Komponenten durch eine Gerade annähern.

Man muss also stets abwägen, ob man eine größere oder kleinere Gliederzahl wählt. Notfalls sollte man Durchschnitte mit unterschiedlicher Gliederzahl berechnen und die Ergebnisse miteinander vergleichen, um das beste Verfahren zu finden. Auf alle Fälle sollte man zunächst ein Kurvendiagramm zeichnen, anhand dessen man die Gliederzahl festlegt.

Beispiel 6

Kurse einer Aktie eines Unternehmens, Juni 2008 bis Mai 2009, jeweils Monatsanfang

Tag	1.6.08	3.7.08	1.8.08	4.9.08	2.10.08	1.11.08	1.12.08	2.1.09	1.2.09	1.3.09	2.4.09	2.5.09
Kurs	68,5	58,5	46,7	49,0	39,0	42,5	37,3	31,2	35,2	26,2	26,4	28,4

In dem folgenden Kurvendiagramm sind neben den tatsächlichen Werten auch bereits die Schätzwerte der glatten Komponenten, d. h. die von irregulären Einflüssen bereinigten Kurswerte, enthalten.

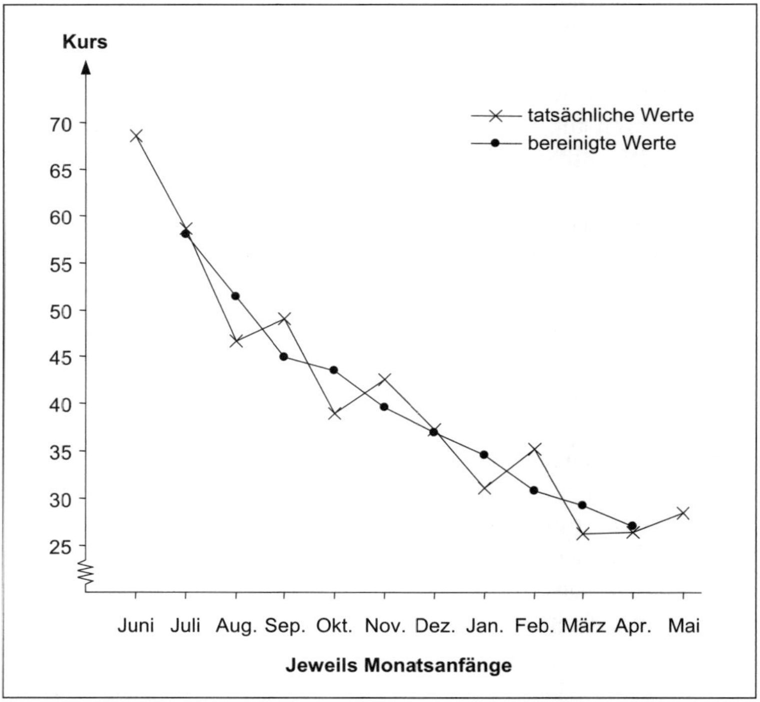

Abb. 11.3: Tatsächliche und von irregulären Schwankungen bereinigte Aktienkurse

Im vorliegenden Fall werden zunächst dreigliedrige gleitende Durchschnitte berechnet. Ein Vergleich ihres Verlaufs mit dem der Originalwerte zeigt, dass der Kurvenverlauf in geglätteter Form recht gut wiedergegeben wird. Die Kurstendenz zeigt eindeutig nach unten.
Die Berechnung der Durchschnittswerte geht folgendermaßen vor sich. Zunächst wird ein Durchschnitt aus den ersten drei Werten der Zeitreihe berechnet.

$$\overline{x}_2 = \frac{68{,}5 + 58{,}5 + 46{,}7}{3} = 57{,}9$$

Hätte es keine Sondereinflüsse gegeben, hätte der Aktienkurs am 3.7.2008 statt 58,5 (näherungsweise) den Wert 57,9 gehabt. Positiv wirkende irreguläre Einflüsse haben den tatsächlichen Wert jedoch leicht auf 58,5 angehoben.
Der nächste Durchschnitt besteht aus den Werten von Juli, August und September 2008, also

$$\overline{x}_3 = \frac{58{,}5 + 46{,}7 + 49{,}0}{3} = 51{,}4$$

der dritte Durchschnitt aus den Werten von August, September und Oktober 2008,

$$\overline{x}_4 = \frac{46{,}7 + 49{,}9 + 39{,}0}{3} = 44{,}1 \text{ usw.}$$

Die Durchschnittswerte werden stets dem mittleren Monatsanfang zugerechnet. Sie sind die Schätzwerte der glatten Komponente für den mittleren Monatsanfang. Die Durchschnitte verschieben sich jedes Mal um einen Wert in Richtung auf das Ende einer Reihe. Dies erklärt auch die Bezeichnung «gleitende Durchschnitte».
Die Ergebnisse sind in der folgenden Arbeitstabelle zusammengestellt. Zusätzlich sind auch die Restkomponenten aufgeführt. Sie ergeben sich aus der Differenz von tatsächlichen Werten und gleitenden Durchschnitten, die ja als Schätzwerte der glatten Komponenten gelten.

Die Durchschnittsbildung hat hier den Nachteil, dass am Anfang und am Ende der Reihe für jeweils einen Monat keine bereinigten Werte berechnet werden können. Das ist besonders am Ende der Zeitreihe unangenehm, da dadurch die Ergebnisse an Aktualität einbüßen.

Arbeitstabelle

Monatsanfang	Werte der Zeitreihe	Gleitende Durchschnitte	Restkomponente
2008–2009	x_i	$\bar{x}_i$	$V_i = x_i - \bar{x}_i$
Juni	68,5	.	.
Juli	58,5	57,9	0,6
August	46,7	51,4	–4,7
September	49,0	44,9	4,1
Oktober	39,0	43,5	–4,5
November	42,5	39,6	2,9
Dezember	37,3	37,0	0,3
Januar	31,2	34,6	–3,4
Februar	35,2	30,9	4,3
März	26,2	29,3	–3,1
April	26,4	27,0	–0,6
Mai	28,4	.	.

Je mehr Werte in die Durchschnitte einbezogen werden, d. h., je größer die Gliederzahl ist, desto mehr Werte fallen auch am Anfang und am Ende der Zeitreihe aus. Es gibt zwar Verfahren, die fehlenden Werte zu ergänzen, sie sind jedoch mit zusätzlichen Annahmen verbunden und in der Regel auch komplizierter zu berechnen. Sie sollen hier daher nicht behandelt werden.

Nimmt man statt einer ungeraden eine gerade Gliederzahl, ergibt sich die Schwierigkeit, dass die Durchschnittswerte nicht ohne weiteres der mittleren Zeiteinheit zugeordnet werden können. Beispielsweise steht bei vier Monatswerten kein Monat eindeutig in der Mitte. Es gibt vielmehr zwei «mittlere» Monate. In diesem Fall kann man den Mangel dadurch beseitigen, dass man nicht die vollen vier Werte in einen Durchschnitt einbezieht, sondern insgesamt fünf, den ersten und den fünften davon jedoch nur zur Hälfte. Bei diesen sogenannten viergliedrigen gleitenden Durchschnitten, die genau genommen fünfgliedrige Durchschnitte mit ungleicher Gewichtung der Reihenwerte sind, wird wie folgt gerechnet:

$$\bar{x}_3 = \frac{\frac{1}{2} \cdot 68{,}5 + 58{,}5 + 46{,}7 + 49{,}0 + \frac{1}{2} \cdot 39{,}0}{4} = 51{,}9$$

$$\bar{x}_4 = \frac{\frac{1}{2} \cdot 58{,}5 + 46{,}7 + 49{,}0 + 39{,}0 + \frac{1}{2} \cdot 42{,}5}{4} = 46{,}3 \text{ usw.}$$

In jedem Durchschnitt sind drei Werte mit dem Gewicht von 1, das nicht ausdrücklich aufgeführt werden muss, und zwei Werte mit dem Gewicht von ½ enthalten. Die Summe der Gewichte beträgt folglich ½ + 1 + 1 + 1 + ½ = 4. Es ist also durch 4 zu teilen.

Bei dieser Konstruktion gibt es eine mittlere Zeiteinheit. Das ist im ersten Durchschnitt der Monatsanfang August, im zweiten Durchschnitt der Monatsanfang September. Die Durchschnittswerte können diesen Monaten zugerechnet werden.

Die Unterschiede zu den Dreier-Durchschnitten sind zwar nicht erheblich, sie zeigen jedoch die Abhängigkeit der Ergebnisse vom jeweiligen Modellansatz.

Generell gilt, dass eine Zeitreihe mit starken irregulären Ausschlägen besser durch Durchschnitte mit einer höheren Gliederzahl geglättet wird, weil sich dabei die irregulären Komponenten besser gegenseitig kompensieren. Hat die Zeitreihe dagegen eine stärkere Krümmung (im glatten Verlauf), empfiehlt sich eine niedrigere Gliederzahl. Andernfalls werden die Krümmungen «abgeschliffen», das heißt, die Zeitreihe wird zu stark geglättet. Im Zweifelsfall muss man durch Probieren das beste Verfahren herausfinden.

Die in der Praxis angewendeten Verfahren der Zeitreihenanalyse wie das «Berliner Verfahren» des Statistischen Bundesamtes oder das «Census-X-11-Verfahren» der Bundesbank kombinieren mehrere Methoden miteinander und sind daher sehr viel komplizierter. Sie basieren im Kern jedoch auf gleitenden Durchschnitten.

Fragen

1. Was versteht man unter einer Zeitreihe?
2. Wann werden die Werte einer Zeitreihe für Zeiträume, wann für Zeitpunkte angegeben?
3. Welches sind die wichtigsten Einflussgrößen für die Streuung der Werte einer Zeitreihe?
4. Was versteht man unter den Komponenten einer Zeitreihe?
5. Wie kann man erkennen, ob eine Zeitreihe Saisonschwankungen aufweist?
6. Wozu dient die Methode der gleitenden Durchschnitte, und wie funktioniert sie?
7. Welche Voraussetzungen müssen erfüllt sein, damit man die irregulären Schwankungen mit Hilfe der Methode der gleitenden Durchschnitte vollständig ausschalten kann?
8. Was versteht man in der Zeitreihenanalyse unter einem Schätzwert?
9. Wonach richtet sich die Gliederzahl eines gleitenden Durchschnitts?
10. Welchem Zeitwert wird das Ergebnis einer gleitenden Durchschnittsberechnung zugeordnet?
11. Warum fehlen am Anfang und am Ende einer Zeitreihe bei der Anwendung gleitender Durchschnitte einige bereinigte Werte?

Aufgaben

1. Zeichnen Sie ein Kurvendiagramm für die Zahl der Arbeitslosen und der gemeldeten Stellen in der Bundesrepublik seit 1992 (Jahresdurchschnittswerte).

Jahr	Arbeitslose (1000)	Gemeldete Stellen (1000)
1992	2977	356
1994	3698	285
1996	3965	327
1998	4281	422
2000	3890	515
2002	4061	452
2004	4381	286
2006	4487	564
2008	3268	568

Quelle: Statistik der Bundesagentur für Arbeit

2. Ehescheidungen in der Bundesrepublik, 1997 bis 2006

Jahr	Anzahl 1000
1997	188
1998	192
1999	191
2000	194
2001	197
2002	204
2003	214
2004	214

Jahr	Anzahl 1000
2005	202
2006	191

Quelle: Statistisches Jahrbuch 2008, S. 55

Berechnen Sie die glatte Komponente und die Restkomponenten mit Hilfe

a) dreigliedriger gleitender Durchschnitte,
b) viergliedriger gleitender Durchschnitte.

Zeichnen Sie Ursprungs- und geglättete Werte (Schätzwerte) in einem Kurvendiagramm.

3. Berechnen Sie mit Hilfe geeigneter gleitender Durchschnitte die glatte Komponente zu Aufgabe 1.

4. Berechnen Sie aus den Werten der Zeitreihe 8, 9, 13, 11, 12, 16, 14, 15, 19, 17, 18, 22 den Trend nach der Methode der gleitenden Durchschnitte und ermitteln Sie die trendbereinigten Werte.

5. Hausschlachtungen von Schweinen in einem Dorf, 2005 bis 2008

	Quartal			
Jahr	I	II	III	IV
2005	13	5	3	12
2006	11	4	3	11
2007	10	4	3	10
2008	10	5	4	11

a) Zeichnen Sie ein Kurvendiagramm der Hausschlachtungen.
b) Bestimmen Sie die glatte Komponente mit Hilfe der Methode gleitender Durchschnitte.
c) Zeichnen Sie die glatten Komponenten in das Kurvendiagramm ein.

12 Das Messen von Zusammenhängen

12.1 Zum Begriff des Zusammenhangs

Die gleichzeitige Untersuchung mehrerer Merkmale, die sogenannte multivariable Statistik, gewinnt immer größere Bedeutung. Es entspricht der Wirklichkeit besser, wenn man bei der Analyse eines Sachverhalts die wesentlichen Merkmale mit ihren wechselseitigen Beziehungen auf einmal berücksichtigt, anstatt jedes Merkmal isoliert für sich zu betrachten. Eine zentrale Stellung nimmt dabei die Messung von Zusammenhängen ein. Es geht um die Frage, in welchem Umfang und in welcher Richtung die interessierenden Merkmale sich gegenseitig beeinflussen.

Forscht man nach den Ursachen für die Streuung eines Merkmals, also für die unterschiedlichen Werte der einzelnen Merkmalsträger, stößt man in der Regel auf ein ganzes Bündel von Einflussfaktoren. Derartige Einflussfaktoren hatten wir, wenn auch in stark zusammengefasster Form, bereits bei der Analyse von Zeitreihen kennengelernt. Gelingt es, die Einflussgrößen selbst zahlenmäßig zu erfassen, handelt es sich bei ihnen ebenfalls um Merkmale. In einem solchen Fall kann man also auch sagen, dass ein Merkmal von mehreren anderen Merkmalen abhängt. Beispielsweise wird der Ernteertrag eines Ackers bestimmt von der Qualität des Bodens und des Saatguts, vom Wetter, vom Düngemitteleinsatz usw. Die Unfallhäufigkeit auf einer Straße richtet sich nach der Verkehrsdichte, der Beschaffenheit der Fahrbahn, der Witterung usw.

Im Idealfall gelingt es, alle wesentlichen Einflussfaktoren zu quantifizieren. Dann ist es möglich, die Veränderungen des interessierenden Merkmals zu erklären. Es ergeben sich Hinweise darauf, auf welche Einflussfaktoren man einwirken muss, um das interessierende Merkmal zu verändern. Kann man beispielsweise die wichtigsten Einflussgrößen der Unfallhäufigkeit anhand statistischer Daten nachweisen, sind die Voraussetzungen gegeben, um durch gezielte Maßnahmen die Verkehrssicherheit zu erhöhen. Allerdings werden statistische Erkenntnisse nicht immer in die Tat umgesetzt, wie sich am Beispiel der Geschwindigkeitsbegrenzung auf den Autobahnen zeigt.

Hier soll nur der einfache Fall betrachtet werden, dass zwei Merkmale sich gegenseitig beeinflussen. Beziehungen zu anderen Merkmalen bleiben außer Acht. Die Ergebnisse sind daher umso besser, je weniger die Beziehungen der beiden Merkmale durch andere Größen gestört werden. Das kommt in der Stärke des Zusammenhangs, der sogenannten Korrelation, zum Ausdruck.

Bevor man versucht, die Stärke des Zusammenhangs zwischen zwei Merkmalen mit statistischen Methoden zu erfassen, muss man prüfen, ob überhaupt ein sachlicher Zusammenhang angenommen werden kann. Erst wenn diese Prüfung positiv ausfällt, ist es sinnvoll, den Zusammenhang zu messen, um die zunächst nur vermutete Beziehung bestätigen oder widerlegen zu können. Keinesfalls sollte man den umgekehrten Weg gehen, da es sonst zu Fehlschlüssen kommen kann. Mit Hilfe statistischer Methoden lässt sich stets nur nachweisen, ob ein formaler, d.h. rein zahlenmäßiger Zusammenhang besteht oder nicht. Ob dahinter auch eine sachliche Beziehung steckt, ist damit keinesfalls gesagt. Bekannt ist das Beispiel des Zusammenhangs zwischen der Zahl der Störche und der Geburtenzahl in der Bundesrepublik. Die Werte beider Merkmale nahmen lange Zeit stark ab. Die Folge ist, dass statistisch-formal ein starker Zusammenhang zwischen der Abnahme der Geburtenzahl und der Abnahme der Zahl der Störche besteht. Würde man dies Ergebnis auch inhaltlich deuten, müsste man zu dem Schluss kommen, dass für längere Zeit die Geburtenzahl in der Bundesrepublik sank, weil es immer weniger Störche gab.

In einem solchen Fall spricht man von Unsinnskorrelation. Allerdings zeigt sich bei näherem Hinsehen, dass beide Merkmale doch nicht völlig zusammenhangslos nebeneinanderstehen. Es gab immer weniger Störche wegen der zunehmenden wirtschaftlichen Entwicklung der Bundesrepublik, die den Lebensraum der Störche einschränkte. Die wirtschaftliche Entwicklung kann aber auch – vereinfacht ausgedrückt – für den Rückgang der Geburten mitverantwortlich gemacht werden. Zwar haben Störche und Geburten direkt nichts miteinander zu tun, ihre Zahl wird jedoch von einer gemeinsamen dritten Größe beeinflusst.

Es lassen sich aber auch zahlreiche Fälle denken, wo nicht einmal solche mittelbaren Beziehungen bestehen. Misst man den Zusammenhang zwischen zwei Zeitreihen, wird sich in der Regel eine hohe Korrelation ergeben, sofern beide Reihen einen Trend aufweisen.

Es gibt eine Reihe statistischer Maße zur Erfassung des Zusammenhangs zwischen zwei Merkmalen. Sie sind jeweils auf die unterschiedlichen Merkmalsarten zugeschnitten.

12.2 Zusammenhang von Unterschiedsmerkmalen

Der Zusammenhang zwischen zwei Unterschiedsmerkmalen wird auch als Assoziation oder Kontingenz bezeichnet.

Beispiel 1

Arbeitskräfte in einem Unternehmen nach Geschlecht und Stellung im Beruf

	Geschlecht		
Stellung im Beruf	männlich	weiblich	insgesamt
leitende Angestellte	15	3	18
Tarifangestellte	135	47	182
Arbeiter	100	200	300
insgesamt	250	250	500

Die beiden Unterschiedsmerkmale sind:

- Geschlecht, mit den Ausprägungen männlich und weiblich,
- Stellung im Beruf, mit den Ausprägungen leitender Angestellter, Tarifangestellter, Arbeiter.

Das Merkmal «Geschlecht» hat also zwei, das Merkmal «Stellung im Beruf» drei Ausprägungen.

Die Gesamtzahl der Arbeitskräfte ist 500. In der letzten Spalte stehen die Häufigkeiten des Merkmals «Stellung im Beruf». Die unterste Zeile enthält die Häufigkeiten des Merkmals «Geschlecht». Man spricht in diesem Fall von Randverteilungen. Beispielsweise ist die Randverteilung der «Stellung im Beruf»:

Stellung im Beruf	Anzahl
leitende Angestellte	18
Tarifangestellte	182
Arbeiter	300
insgesamt	500

In den Randverteilungen werden die Merkmale jeweils isoliert betrachtet. Darüber hinaus enthält die Tabelle aber auch – in ihrem inneren Teil – die kombinierte Häufigkeitsverteilung beider Merkmale. Beispielsweise beträgt die Häufigkeit der männlichen Tarifangestellten 135, die Häufigkeit der weiblichen leitenden Angestellten 3. Charakteristisch ist, dass stets zwei Ausprägungen miteinander verbunden sind. Grundsätzlich kann jede Ausprägung des einen Merkmals mit jeder Ausprägung des anderen Merkmals kombiniert werden.

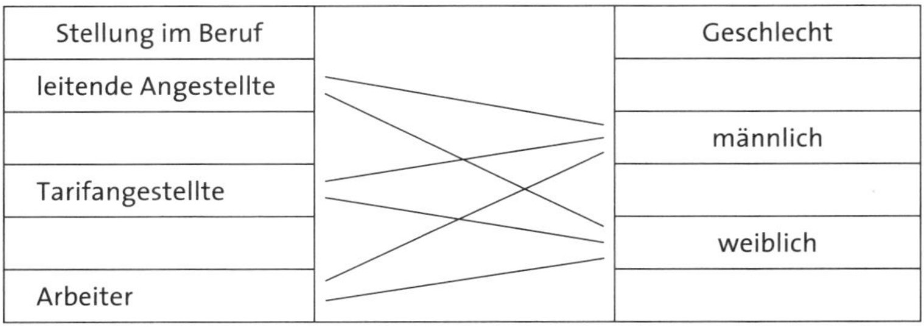

Im Beispiel sind insgesamt 6 Kombinationen möglich. Entsprechend weist die Tabelle sechs Häufigkeiten aus. Man spricht auch von einer Tabelle mit 6 Feldern.

Bezüglich der Zusammenhänge zwischen den beiden Merkmalen lassen sich grundsätzlich drei verschiedene Möglichkeiten unterscheiden:
- völlige Unabhängigkeit,
- völlige Abhängigkeit,
- weder völlige Unabhängigkeit noch Abhängigkeit.

Völlige Unabhängigkeit

Die beiden Merkmale sind dann völlig unabhängig voneinander, d.h. beeinflussen sich in keiner Weise, wenn sich männliche und weibliche Arbeitskräfte gleichmäßig auf die drei Berufsgruppen verteilen. «Gleichmäßig» bedeutet hier, ihrem Anteil an der Gesamtzahl der Arbeitskräfte entsprechend. Da im Beispiel 50 Prozent der Erwerbstätigen Männer und 50 Prozent Frauen sind, müssten auch 50 Prozent der Leitenden, der Tarifangestellten und der Arbeiter Männer sein, um von völliger Unabhängigkeit sprechen zu können.

Völlige Abhängigkeit

Völlige Abhängigkeit liegt dann vor, wenn man von den Ausprägungen des Merkmals «Stellung im Beruf» eindeutig auf das Merkmal «Geschlecht» schließen kann. Das bedeutet, dass es in jeder Berufsgruppe nur Männer oder nur Frauen gibt. Kennt man die Stellung im Beruf bei einer Person, kann man zweifelsfrei ihr Geschlecht angeben. Ein solcher Fall läge bei der folgenden Aufteilung vor:

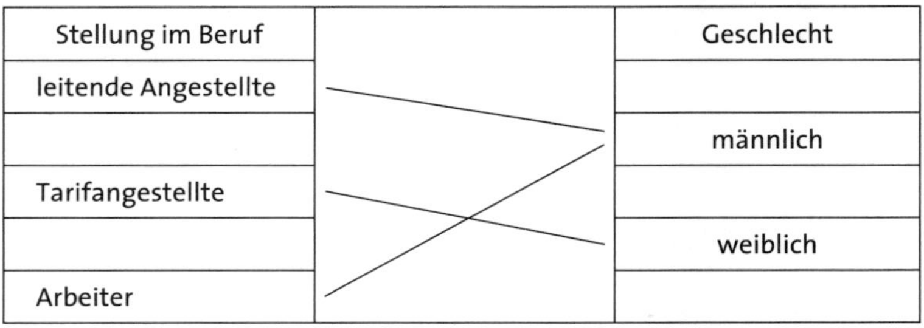

Die Männer sind entweder als leitende Angestellte oder Arbeiter tätig, die Frauen ausschließlich als Tarifangestellte.

Selbstverständlich sind auch andere Zuordnungen möglich, entscheidend ist nur, dass in keiner Berufsgruppe sowohl Männer als auch Frauen gemeinsam tätig sind.

Anmerkung
Man kann bei völliger Abhängigkeit im Beispiel zwar eindeutig vom Beruf auf das Geschlecht schließen, nicht jedoch umgekehrt, da auf eine der Ausprägungen des Merkmals Geschlecht zwei Ausprägungen des anderen Merkmals kommen. Die Männer sind teils als leitende Angestellte, teils als Arbeiter tätig.

Weder völlige Abhängigkeit noch Unabhängigkeit
In der Wirklichkeit dürften die beiden Grenzfälle in reiner Form niemals vorkommen. Es wird vielmehr ein mehr oder minder starker Zusammenhang bestehen. So sind überproportional viele Frauen in der Gruppe der Arbeiter, während bei den leitenden Angestellten die Männer dominieren. Einen ersten Eindruck vom Zusammenhang zwischen den Merkmalen erhält man, wenn man die tatsächlichen Anteile den Werten bei Unabhängigkeit gegenüberstellt.

Im Beispiel genügt es, sich auf die Männer zu beschränken, da der Anteil der Frauen sich ergibt, indem man den Männeranteil von 100 Prozent abzieht.

Vergleich der tatsächlichen Anteile der Männer mit den Anteilen bei Unabhängigkeit

Stellung im Beruf	Tatsächlicher Anteil in %	Anteil bei Unabhängigkeit in %
leitende Angestellte	83,3	50
Tarifangestellte	74,2	50
Arbeiter	33,3	50
insgesamt	50,0	50

Der Anteil der Männer an den Leitenden beträgt 83,3 %. Da jedoch nur 50 % der Arbeitskräfte Männer sind, dürften auch nur 50 % der Leitenden Männer sein, wenn das Geschlecht keinen Einfluss auf die berufliche Betätigung hätte.

Nicht ganz so krass ist das Missverhältnis bei den Tarifangestellten, hier sind 74,2 % Männer tätig.

Es gilt nun, diesen zunächst noch recht unpräzise festgestellten Zusammenhang in geeigneter Weise zu messen, ihn also in einer Zahl auszudrücken. Eine Möglichkeit – unter zahlreichen anderen – bietet hierfür der sogenannte Kontingenzkoeffizient.

Die Berechnung erscheint auf den ersten Blick recht kompliziert, macht aber erfahrungsgemäß mit einiger Übung keinerlei Schwierigkeiten mehr. Im Prinzip geht es darum, die tatsächlichen Häufigkeiten mit den Werten zu vergleichen, die sich bei völliger Unabhängigkeit ergeben würden.

Zur Angabe des Lösungsweges ist es zweckmäßig, zunächst die Ausgangstabelle zu formalisieren.

Merkmal x mit den Ausprägungen	Merkmal y mit den Ausprägungen					Zeilensummen
	y_1	...	y_j	...	y_m	
x_1	n_{11}	...	n_{1j}	...	n_{1m}	$n_{1.}$
⋮	⋮		⋮		⋮	⋮
x_i	n_{i1}	...	n_{ij}	...	n_{im}	$n_{i.}$
⋮	⋮		⋮		⋮	⋮
x_k	n_{k1}	...	n_{kj}	...	n_{km}	$n_{k.}$
Spaltensummen	$n_{.1}$	...	$n_{.j}$	...	$n_{.m}$	n

Es bedeuten:

$x_1, ..., x_i, ..., x_k$ = Ausprägungen des Merkmals x

$y_1, ..., y_j, ..., y_m$ = Ausprägungen des Merkmals y

n_{11} = Anzahl der Einheiten, bei denen sowohl Ausprägung x_1 als auch Ausprägung y_1 vorliegt

n_{ij} = Anzahl der Einheiten, bei denen sowohl Ausprägung x_i als auch Ausprägung y_j vorliegt, also Häufigkeit für irgendeine Kombination von Ausprägungen
$n_{i.}$ = Anzahl der Einheiten mit der i-ten Ausprägung des Merkmals x
$n_{.j}$ = Anzahl der Einheiten mit der j-ten Ausprägung des Merkmals y
k = Anzahl der Ausprägungen des Merkmals x
m = Anzahl der Ausprägungen des Merkmals y
n = Anzahl der Einheiten insgesamt

Die Formel für die Berechnung des Kontingenzkoeffizienten lautet:

$$C = \sqrt{\frac{\sum_{i=1}^{k}\sum_{j=1}^{m}\frac{n_{ij}^2}{n_{i.}n_{.j}} - 1}{\min\{(k-1), (m-1)\}}}$$

Die beiden Summenzeichen sind erforderlich, weil man es hier, im Gegensatz zu früheren Berechnungen, mit zwei Merkmalen gleichzeitig zu tun hat. Da die Zahl der Ausprägungen nicht unbedingt gleich ist, muss man mit k und m auch zwei verschiedene allgemeine Symbole dafür einsetzen. Die beiden Summenzeichen bedeuten, dass man den Quotienten aus dem Quadrat der Häufigkeiten n_{ij} der kombinierten Häufigkeitsverteilung und dem Produkt der beiden Randhäufigkeiten $n_{i.}$ und $n_{.j}$ für alle Tabellenfelder berechnen und aufsummieren soll.

Der Ausdruck $\min \{(k - 1), (m - 1)\}$ besagt nichts anderes, als dass von den beiden Zahlen $(k - 1)$ und $(m - 1)$ die kleinere als Nenner von C einzusetzen ist. Im Beispiel, wo $k = 3$ und $m = 2$, ist $\min \{(k - 1), (m - 1)\} = 1$. Im Nenner von C ist folglich der Wert 1 einzusetzen. Durch diese Operation wird erreicht, dass C niemals größere Werte als 1 annehmen kann.

Die formalisierte Tabelle zu Beispiel 1 sieht schon wesentlich einfacher aus.

Stellung im Beruf	Geschlecht		Zeilen-summe
	männlich (y_1)	weiblich (y_2)	
leitende Angestellte (x_1)	n_{11}	n_{12}	$n_{1.}$
Tarifangestellte (x_2)	n_{21}	n_{22}	$n_{2.}$
Arbeiter (x_3)	n_{31}	n_{32}	$n_{3.}$
Spaltensumme	$n_{.1}$	$n_{.2}$	n

Zu berechnen ist zunächst:

$$\frac{n_{11}^2}{n_{1.}n_{.1}}+\frac{n_{12}^2}{n_{1.}n_{.2}}+\frac{n_{21}^2}{n_{2.}n_{.1}}+\frac{n_{22}^2}{n_{2.}n_{.2}}+\frac{n_{31}^2}{n_{3.}n_{.1}}+\frac{n_{32}^2}{n_{3.}n_{.2}}-1$$

Setzt man entsprechende Zahlen aus dem Beispiel ein, ergibt sich:

$$\frac{15^2}{18\cdot 250}+\frac{3^2}{18\cdot 250}+\frac{135^2}{182\cdot 250}+\frac{47^2}{182\cdot 250}+\frac{100^2}{300\cdot 250}+\frac{200^2}{300\cdot 250}-1$$

$$= 0{,}05 + 0{,}002 + 0{,}401 + 0{,}049 + 0{,}133 + 0{,}533 - 1$$
$$= 0{,}168$$

Der Wert des Kontingenzkoeffizienten beträgt folglich

$$C=\sqrt{\frac{0{,}168}{\min\{(3-1),(2-1)\}}}=\sqrt{\frac{0{,}168}{1}}=0{,}41$$

Zur Beurteilung der Ergebnisse muss man die Grenzen des Wertebereichs kennen, den der Kontingenzkoeffizient annehmen kann.

Untergrenze

Die Untergrenze beträgt 0. Der Wert ergibt sich bei völliger Unabhängigkeit beider Merkmale voneinander.

Obergrenze

Die Obergrenze ist 1. Dieser Wert ergibt sich bei vollständiger Abhängigkeit.

In der Regel liegt der konkrete Wert zwischen 0 und 1.

Je näher der Wert des Maßes bei 1 liegt, desto stärker ist der Zusammenhang. Im Beispiel liegt der Wert mit 0,41 etwa in der Mitte. Es besteht also ein Zusammenhang zwischen dem Geschlecht und der Stellung im Beruf, der allerdings nicht besonders stark erscheint. Das liegt an der Konstruktion des Koeffizienten, bei dem mittlere Werte, d. h. in der Nähe von 0,5, bereits einen deutlichen Zusammenhang kennzeichnen. Hohe Werte in der Nähe von 1 kommen nur bei extremen Konstellationen vor.

Rein formal kann man den Kontingenzkoeffizienten für zwei Merkmale mit beliebig vielen Ausprägungen berechnen. Je größer die Zahl der Ausprägungen ist, desto geringer wird jedoch die Aussagefähigkeit, da es dann immer mehr Möglichkeiten gibt, von einem Merkmal auf das andere zu schließen. Dies kommt auch darin zum Ausdruck, dass die Werte des Koeffizienten tendenziell immer kleiner werden.

Im Übrigen sollte man bedenken, dass man völlige, hundertprozentige Abhängigkeit bzw. Unabhängigkeit in der Wirklichkeit niemals vorfinden wird. Selbst wenn einer der beiden Fälle im Prinzip vorliegt, wird es regelmäßig einige zufallsbedingte Abweichungen geben, die verhindern, dass es zu einem eindeutigen Ergebnis kommt. Es gibt statistische Methoden, mit deren Hilfe man solche zufallsbedingten Abhängigkeiten von tatsächlichen Abhängigkeiten trennen kann. Sie sind jedoch theoretisch recht kompliziert und werden daher hier nicht erläutert.

12.3 Zusammenhang von Rangmerkmalen

Die Stärke des Zusammenhangs zweier Rangmerkmale kann mit Hilfe des Rangkorrelationskoeffizienten von Spearman erfasst werden.

Beispiel 2

Noten von 10 Studierenden in Betriebswirtschaftslehre und in Statistik

Betriebswirtschaftslehre	1,6	3,4	3,8	2,7	2,4	4,2	5,0	3,7	3,1	3,5
Statistik	1,7	3,2	3,6	2,2	2,5	4,3	5,0	4,4	3,7	2,6

Zur Berechnung des Rangkorrelationskoeffizienten werden die Noten für jedes Fach gesondert durch Rangzahlen ersetzt. Das geschieht so, dass die beste Note die Rangzahl 1, die zweitbeste die Rangzahl 2 usw. erhält. Die Vergabe von Rangzahlen bedeutet, dass man die Kandidaten nach der Prüfungsleistung ordnet.

Für die weiteren Berechnungen verwendet man nur noch die Rangzahlen, nicht mehr die tatsächlichen Noten. Im Prinzip geht es darum, die Übereinstimmung der Rangzahlen der Kandidaten in beiden Fällen zu überprüfen.

Konkret sind die in der folgenden Formel zusammengefassten Rechenschritte auszuführen:

$$r_s = 1 - \frac{6\sum_{i=1}^{n} D_i^2}{n^3 - n}$$

Es bedeuten:

r_s = Rangkorrelationskoeffizient von Spearman

n = Anzahl der Einheiten

D_i = Differenz zwischen den beiden Rangzahlen der i-ten Einheit

Die Berechnung erfolgt zweckmäßigerweise in einer Arbeitstabelle.

	Noten		Rangzahlen		Differenzen der Rangzahlen	
Student	BWL	Statistik	BWL	Statistik	D_i	D_i^2
1	1,6	1,7	1	1	0	0
2	3,4	3,2	5	5	0	0
3	3,8	3,6	8	6	2	4
4	2,7	2,2	3	2	1	1
5	2,4	2,5	2	3	–1	1
6	4,2	4,3	9	8	1	1
7	5,0	5,0	10	10	0	0
8	3,7	4,4	7	9	–2	4
9	3,1	3,7	4	7	–3	9
10	3,5	2,6	6	4	2	4
						24

Die Rangzahlen sind folgendermaßen zu interpretieren: Student 1 hat in beiden Fächern die besten Noten erzielt, er erhält folglich sowohl in Statistik wie in Betriebswirtschaft die Rangzahl 1. Die Differenz zwischen diesen beiden Rangzahlen (1–1) ist also gleich 0.

Student 3 hat in Betriebswirtschaftslehre die achtbeste Note und in Statistik die sechstbeste Note. Er erhält dafür die Rangzahl 8 und 6. Die Differenz dieser Rangzahlen ist 2.

In der letzten Spalte der Arbeitstabelle stehen die quadrierten, d. h. mit sich selbst multiplizierten Differenzen der Rangzahlen. Ihre Summe beträgt 24.

Setzt man die errechneten Werte in die Formel ein, ergibt sich

$$r_s = 1 - \frac{6 \cdot 24}{10^3 - 10} = 1 - \frac{6 \cdot 24}{1000 - 10} = 1 - 0{,}145 = 0{,}855$$

Der Rangkorrelationskoeffizient hat den Wert 0,855.

Zur Beurteilung muss man wissen, welche Werte überhaupt möglich sind. Am besten orientiert man sich an den beiden Grenzfällen:

- Stimmen die Rangzahlen beider Merkmale völlig überein, hat der Koeffizient den Wert 1. Völlige Übereinstimmung bedeutet, dass jede Einheit bei beiden Merkmalen die gleiche Rangzahl hat. In einem solchen Fall liegt ein vollständiger *positiver* Zusammenhang vor.
- Verlaufen die Rangzahlen beider Merkmale genau entgegengesetzt, hat der Koeffizient den Wert –1. Je größer die Rangzahlen des ersten Merkmals sind, desto kleiner sind die Rangzahlen des zweiten Merkmals. Es liegt ein vollständiger *negativer* Zusammenhang vor.

Ein positiver Zusammenhang zweier Merkmale bedeutet, dass steigende Werte des einen Merkmals mit steigenden Werten des anderen Merkmals zusammentreffen. Verschlechtern sich die Noten in Betriebswirtschaft, verschlechtern sich auch die Noten in Statistik.

In der Wirklichkeit wird man vollständige positive oder negative Zusammenhänge niemals vorfinden, da die Beziehung zweier Merkmale regelmäßig durch andere Einflüsse gestört werden dürfte. Entsprechend erhält man Werte des Rangkorrelationskoeffizienten zwischen den beiden Grenzen –1 und +1.

Es gilt: Je näher der Wert bei –1 liegt, desto stärker ist der negative Zusammenhang.
Je näher der Wert bei +1 liegt, desto stärker ist der positive Zusammenhang.

Völlige Unabhängigkeit beider Merkmale führt zu einem Wert des Koeffizienten von 0. Da aber auch bei fehlenden Beziehungen zufällige Übereinstimmungen zwischen den Rangzahlen auftreten können, wird man selbst dann von Unabhängigkeit sprechen, wenn der Wert des Koeffizienten nahe bei 0 liegt. Dies gilt besonders, wenn die Zahl der Einheiten sehr klein ist.

Im Beispiel ist die Zahl der Einheiten mit 10 nur klein. Da der Wert des Koeffizienten mit 0,855 jedoch recht hoch ist, kann man von einem starken positiven Zusammenhang sprechen. Je besser die Studenten in Betriebswirtschaft sind, desto besser sind sie auch in Statistik bzw. umgekehrt. Es wurde gesagt, dass bei Unabhängigkeit zweier Merkmale der Wert des Rangkorrelationskoeffizienten nahe bei 0 liegen wird. Diese Aussage lässt sich jedoch nicht umkehren. Man kann nicht ohne weiteres von einem kleinen Wert des Koeffizienten auf Unabhängigkeit der Merkmale schließen. Es liegt nur kein Zusammenhang in dem Sinn vor, dass steigende Werte des einen Merkmals mit grundsätzlich steigenden (bzw. fallenden) Werten des anderen Merkmals zusammentreffen. In einem solchen Fall spricht man auch von einem «monotonen» Zusammenhang. Mit Monotonie bezeichnet man in der Mathematik die Eigenschaft einer Zahlenreihe, die entweder nur steigt oder nur fällt. Gilt dies für zwei Reihen von Merkmalswerten, liegt ein monotoner Zusammenhang vor. Es sind jedoch noch andere Formen des Zusammenhangs denkbar, die mit dem Rangkorrelationskoeffizienten nicht erfasst werden können.

Anmerkung

Sind zwei oder mehr Merkmalswerte gleich, erhalten sie auch die gleiche Rangzahl. Stehen beispielsweise zwei Merkmalswerte an 10. Stelle, erhalten sie die Rangzahl 10,5. Die Folge der Rangzahlen lautet dann ..., 9, 10,5, 10,5, 12, ... Bei zwei oder mehr gleichen Werten setzt man als einheitliche Rangzahl den arithmetischen Mittelwert aus den Rangzahlen an, die sich ergeben hätten, wenn die Merkmalswerte nicht gleich, sondern unterschiedlich gewesen wären. Treten solche Fälle verstärkt auf, kann man die Korrelation allerdings nicht mehr mit der angegebenen Formel berechnen, sondern muss eine geeignete Korrektur vornehmen.

12.4 Zusammenhang von Abstandsmerkmalen

Die Stärke des Zusammenhangs zwischen zwei Abstandsmerkmalen kann mit Hilfe des *Korrelationskoeffizienten* von Pearson und Bravais erfasst werden. Dieser Koeffizient misst jedoch nur den sogenannten *linearen* Zusammenhang.

Um diese Annahme zu überprüfen, sollte man vorab stets eine Grafik, ein sogenanntes Streuungsdiagramm, anfertigen. Zu diesem Zweck zeichnet man wie gewohnt zwei aufeinanderstehende Achsen. Auf jeder dieser Achsen wird der Wertebereich eines Merkmals abgetragen. Die Wertepaare werden durch Punkte in der Fläche gekennzeichnet, die durch die beiden Merkmalsachsen festgelegt ist.

Kann man durch die Menge der Punkte des Streuungsdiagramms eine Gerade zeichnen, ohne dass die Abweichungen der Punkte von der Geraden allzu groß sind, ist es sinnvoll, einen linearen Zusammenhang zu erfassen. Der Korrelationskoeffizient von Pearson/Bravais gibt nämlich nur an, wie gut die Punktemenge des Streuungsdiagramms durch eine Gerade wiedergegeben wird.

Beispiel 3

Erwerbstätige und Steuereinnahmen der Länder der früheren Bundesrepublik 2007

Land	Erwerbstätige 100 000	Steuereinnahmen (nur Ländersteuern) Mrd. €
Schleswig-Holstein	13	7
Hamburg	11	5
Niedersachsen	36	18
Bremen	4	2
Nordrhein-Westfalen	86	42
Hessen	31	15
Rheinland-Pfalz	18	10
Baden-Württemberg	55	25
Bayern	65	30
Saarland	5	3
Berlin	16	14
insgesamt	340	171

Quelle: Statistisches Jahrbuch 2008, S. 573

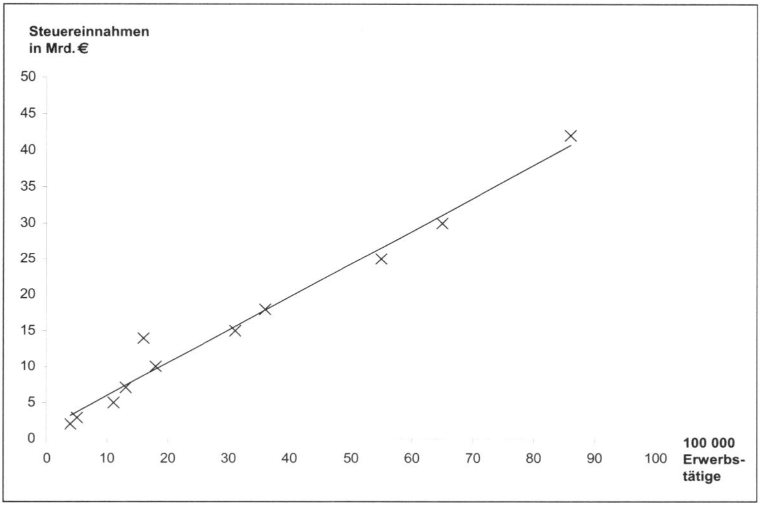

Abb. 12.1: Streuungsdiagramm

Jedes Kreuz steht für ein Bundesland, so repräsentiert der Punkt rechts oben das Land Nordrhein-Westfalen. Der Punkt liegt im Schnittpunkt der beiden Geraden, die man durch die Werte 86 auf der Waagerechten und 42 auf der Senkrechten zeichnet. Entsprechend sind auch die übrigen Punkte festgelegt. Die elf Punkte liegen zwar insgesamt nicht auf einer Geraden, doch lässt sich die Punktemenge näherungsweise durch eine Gerade wiedergeben. Auf alle Fälle lässt sich feststellen, dass kein gekrümmter Verlauf vorliegt.

Berechnet man für beide Merkmale den arithmetischen Mittelwert, ergibt sich eine durchschnittliche Erwerbstätigenzahl von 30,9 (× 100 000) bei durchschnittlichen Steuereinnahmen von 15,5 Mrd. €. Betrachten wir die Abweichungen der Einzelwerte vom Mittelwert, stellen wir fest, dass grundsätzlich große positive Abweichungen bei den Erwerbstätigen zusammenfallen mit großen positiven Abweichungen bei den Steuereinnahmen. Das Gleiche gilt für die kleinen Bundesländer, die sowohl in der Zahl der Erwerbstätigen als auch bei den Steuereinnahmen unter dem Durchschnitt liegen.

Allgemein kann man sagen, dass die Steuereinnahmen eines Landes umso höher liegen, je größer die Zahl der Erwerbstätigen ist. Der Korrelationskoeffizient

von Pearson/Bravais erfasst, inwieweit die Streuung beider Merkmale, d. h. die Abweichungen von den beiden Mittelwerten, in die gleiche Richtung geht.
Die Formel für die Berechnung des Korrelationskoeffizienten zwischen zwei Merkmalen x und y wirkt auf den ersten Blick recht unangenehm. Es handelt sich im Grunde jedoch nur um elementare Rechenoperationen.

$$r = \frac{\frac{1}{n}\sum(x_i - \bar{x})(y_i - \bar{y})}{\sqrt{\frac{1}{n}\sum(x_i - \bar{x})^2}\sqrt{\frac{1}{n}\sum(y_i - \bar{y})^2}} = \frac{s_{xy}}{s_x s_y}$$

Summiert wird stets über alle vorkommenden Werte, wobei i nacheinander die Werte 1, 2, ..., n annimmt.

Es bedeuten:
r = Korrelationskoeffizient (von Pearson/Bravais)
n = Anzahl der Wertepaare bzw. Einheiten
x_i = i-ter Wert des 1. Merkmals
y_i = i-ter Wert des 2. Merkmals
$\bar{x}, \bar{y}$ = Mittelwerte von x und y
s_{xy} = Kovarianz von x und y
s_x, s_y = Standardabweichungen von x und y

Es ist gleich, welches Merkmal mit x und welches mit y bezeichnet wird.

Die *Kovarianz* erfasst die Übereinstimmung in der Streuung von x und y. Sie ist Ausdruck für die Stärke des (linearen) Zusammenhanges. Die Division durch die beiden Standardabweichungen bewirkt, dass der Korrelationskoeffizient nur Werte zwischen –1 und +1 annehmen kann.

Durch Umformung erhält man eine Formel, mit der es sich im Allgemeinen leichter rechnen lässt:

$$r = \frac{n\sum x_i y_i - \sum x_i \sum y_i}{\sqrt{\left[n\sum x_i^2 - \left(\sum x_i\right)^2\right]\left[n\sum y_i^2 - \left(\sum y_i\right)^2\right]}}$$

Stellt man die benötigten Größen in einer Arbeitstabelle zusammen, zeigt sich, dass nur ganz einfache Rechenoperationen verlangt werden. Der Rechenaufwand kann allerdings bei vielen und großen Werten erheblich werden.

Arbeitstabelle

i	x_i	y_i	$x_i y_i$	x_i^2	y_i^2
1	13	7	91	169	49
2	11	5	55	121	25
3	36	18	648	1296	324
4	4	2	8	16	4
5	86	42	3612	7396	1764
6	31	15	465	961	225
7	18	10	180	324	100
8	55	25	1375	3025	625
9	65	30	1950	4225	900
10	5	3	15	25	9
11	16	14	224	256	196
Σ	340	171	8623	17814	4221

Eingesetzt in die Formel ergibt sich

$$r = \frac{11 \cdot 8623 - 340 \cdot 171}{\sqrt{\left[11 \cdot 17814 - 340^2\right]\left[11 \cdot 4221 - 171^2\right]}}$$

$$= \frac{36\,713}{\sqrt{80\,354 \cdot 17\,190}} = 0{,}988$$

Der Korrelationskoeffizient hat den Wert 0,99.

Der Korrelationskoeffizient von Pearson/Bravais hat den gleichen Wertebereich wie der Rangkorrelationskoeffizient. Die Interpretation der Ergebnisse ist entsprechend. Man muss jedoch zusätzlich berücksichtigen, dass hier nur die Stärke des linearen Zusammenhangs gemessen wird:

- Je näher der Wert bei +1 liegt, desto stärker ist der positive (lineare) Zusammenhang. Im Beispiel ist der Wert 0,99, der Zusammenhang ist folglich sehr hoch.
- Je näher der Wert bei –1 liegt, desto stärker ist der negative (lineare) Zusammenhang. Ein solcher Fall liegt vor, wenn steigende Werte des einen Merkmals verbunden sind mit sinkenden Werten des anderen Merkmals.
- Werte (mit positiven oder negativen Vorzeichen) nahe bei 0 bedeuten, dass kein (linearer) Zusammenhang zwischen den beiden Merkmalen besteht. Auch hier gilt, dass es durchaus andere Arten von Zusammenhängen geben kann, wie das folgende Diagramm zeigt (Abb. 12.2).

Der lineare Zusammenhang ist in diesem Fall gleich null. Man kann durch die Punktmenge nicht sinnvoll eine Gerade zeichnen, die den Punktverlauf auch nur annähernd wiedergibt. Es besteht jedoch ein vollkommener nichtlinearer Zusammenhang. Für jeden Wert von x kann man eindeutig einen Wert von y angeben. Diese Beziehung gilt aber, wie man an der Grafik sieht, nicht umgekehrt.

Anhand des Streuungsdiagramms kann man nicht nur überprüfen, ob ein linearer Zusammenhang angenommen werden kann; man kann auch abschätzen, welche Werte des Korrelationskoeffizienten etwa zu erwarten sind (Abb. 12.3).

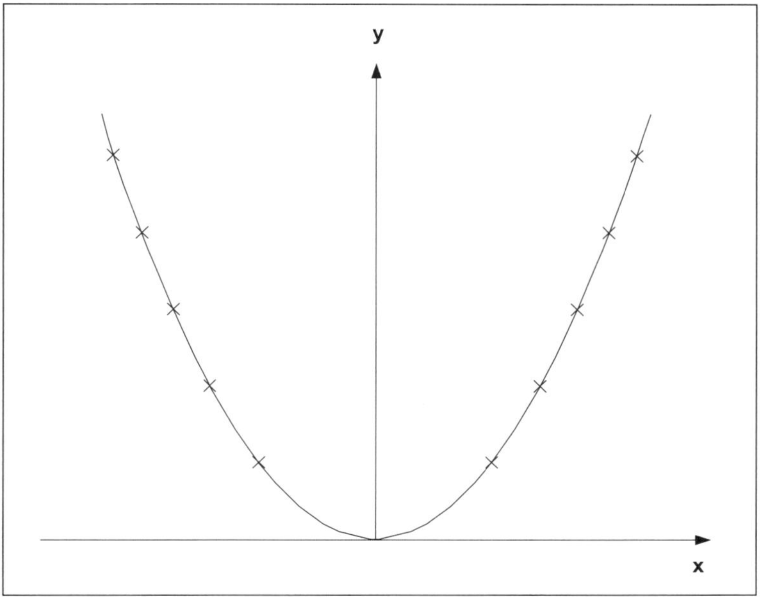

Abb. 12.2: Nichtlinearer Zusammenhang zwischen zwei Merkmalen x und y

Bei der Interpretation des Werts des Korrelationskoeffizienten sollte man stets die Zahl der Einheiten berücksichtigen. Bei einer kleinen Wertezahl können nämlich zufällige Übereinstimmungen leicht zu einem hohen Wert des Korrelationskoeffizienten führen und so einen starken Zusammenhang vortäuschen, der gar nicht besteht. Als Faustregel sollte man beachten, dass eine Berechnung in der Regel nur für mindestens fünf Werte sinnvoll ist. Bei bis zu zehn Einheiten sollte der Koeffizient mindestens den Wert + oder – 0,7 haben, damit man von einem wesentlichen Zusammenhang sprechen kann.

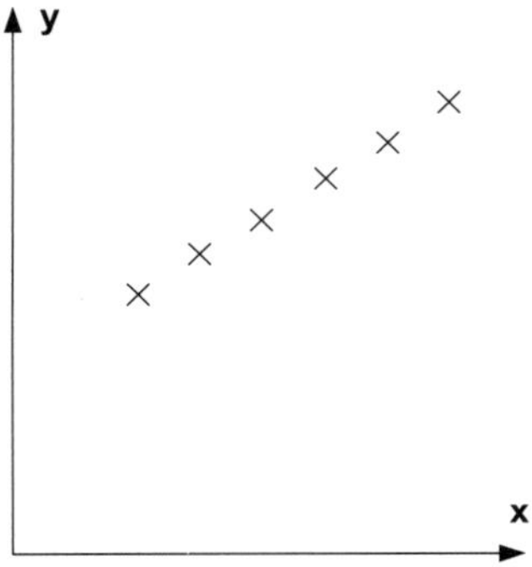

Die Punkte liegen genau an einer Geraden. Die Gerade steigt, es ergibt sich r = 1.

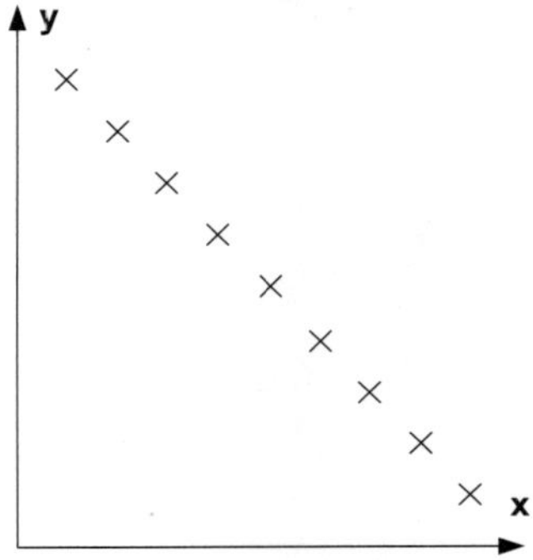

Die Gerade fällt, es ergibt sich r = –1.

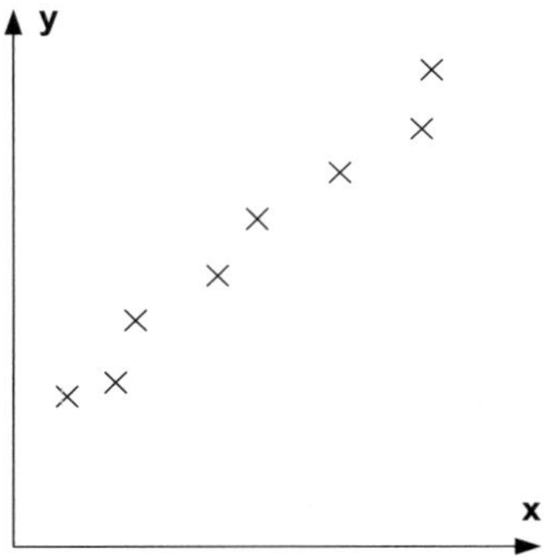

Die Punkte liegen nur näherungsweise auf einer Geraden. Die Gerade steigt, es ergibt sich ein positiver Wert von r.

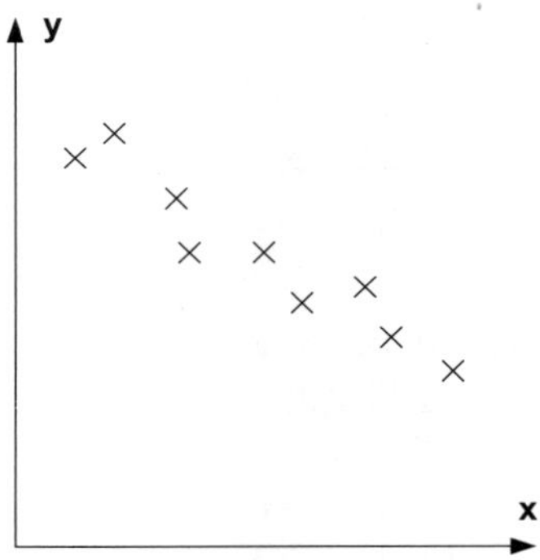

Die Gerade fällt, es ergibt sich ein negativer Wert von r.

Abb. 12.3: Streuungsdiagramme für die Merkmale x und y

12.5 Unterschiedliche Merkmale

Bisher wurde unterstellt, dass beide Merkmale jeweils von der gleichen Art sind. In einem solchen Fall sollte man natürlich das Maß für die Erfassung des Zusammenhangs wählen, das den jeweiligen Informationsgehalt der Merkmale voll ausschöpft. Berechnet man beispielsweise für zwei Abstandsmerkmale die Rangkorrelation, berücksichtigt man nur noch die Reihenfolge der Merkmalswerte, nicht aber die Abstände zwischen ihnen. Man behandelt Abstandsmerkmale wie Rangmerkmale.

Diese Rückstufung von Merkmalen kann man sich auch zunutze machen, wenn man es mit verschiedenartigen Merkmalen zu tun hat. Haben wir beispielsweise ein Rang- und ein Abstandsmerkmal, ist es eigentlich nicht zulässig, einen Korrelationskoeffizienten nach Pearson/Bravais zu berechnen. Man kann jedoch den Rangkorrelationskoeffizienten anwenden.

Insgesamt haben wir bei den drei behandelten Zusammenhangsmaßen folgende Möglichkeiten:

	1. Merkmal		
2. Merkmal	Unterschiedsm.	Rangm.	Unterschiedsm.
Unterschiedsm.	C	C	C
Rangmerkmal	C	C, r_s	C, r_s
Abstandsm.	C	C, r_s	C, r_s, r

Es bedeuten:

C = Kontingenzkoeffizient

r_s = Rangkorrelationskoeffizient von Spearman

r = Korrelationskoeffizient von Pearson/Bravais

Die Wahlmöglichkeiten, die man etwa bei zwei Abstandsmerkmalen hat, bedeuten keinesfalls, dass die Ergebnisse der verschiedenen Zusammenhangsmaße gleichwertig sind. Man muss stets daran denken, dass sie eine andere, d. h. enger oder weiter gefasste Abhängigkeit messen.

Fragen

1. Was versteht man unter einem Zusammenhang von Merkmalen?
2. Was ist zu prüfen, bevor man versucht, den Zusammenhang zweier Merkmale mit statistischen Methoden zu erfassen?
3. Was versteht man unter Unsinnskorrelation?
4. Wie nennt man den Zusammenhang zwischen zwei Unterschiedsmerkmalen?
5. Was versteht man unter einer Randverteilung?
6. Wodurch ist die kombinierte Häufigkeitsverteilung zweier Merkmale gekennzeichnet?
7. Erklären Sie die Begriffe «völlige Abhängigkeit» und «völlige Unabhängigkeit» zweier Merkmale.
8. Wie kann man den Zusammenhang zwischen zwei Unterschiedsmerkmalen messen?
9. Innerhalb welcher Grenzen liegt der Wert des Kontingenzkoeffizienten?
10. Was geschieht, wenn die Zahl der Ausprägungen der untersuchten Unterschiedsmerkmale größer wird?
11. Wie erfasst man den Zusammenhang zwischen zwei Rangmerkmalen?
12. Was versteht man unter Rangzahlen?
13. Welche Rolle spielen Rangzahlen bei der Berechnung des Zusammenhangs zwischen zwei Rangmerkmalen?
14. Welches ist der Wertebereich des Rangkorrelationskoeffizienten?
15. Was versteht man unter einem positiven, was unter einem negativen Zusammenhang?
16. Kann man bei einem Wert des Rangkorrelationskoeffizienten von null sagen, dass kein (wie auch immer gearteter) Zusammenhang zwischen den untersuchten Merkmalen vorliegt?
17. Womit kann man den linearen Zusammenhang zwischen zwei Abstandsmerkmalen messen?
18. Was versteht man unter einem linearen Zusammenhang zweier Abstandsmerkmale?
19. Wie kann man überprüfen, ob die Annahme eines linearen Zusammenhangs vertretbar ist?

20. Welches sind die Grenzen des Wertebereichs des Korrelationskoeffizienten von Pearson/Bravais?
21. Wie lässt sich der Rechenaufwand bei großen Merkmalswerten verringern?
22. Kann man auch den Zusammenhang zwischen zwei Merkmalen verschiedener Art berechnen?

Aufgaben

1. An einer Feier nehmen 50 Personen teil. Von ihnen sind 30 Männer und 20 Frauen. 20 Männer und 5 Frauen geben an, Raucher zu sein. Berechnen Sie mit Hilfe eines geeigneten statistischen Verfahrens die Stärke des Zusammenhangs zwischen den beiden Merkmalen Geschlecht und Rauchgewohnheit.

2. Fußballfan Willy macht sich vor jedem Spieltag der Fußballbundesliga eine Aufstellung der jeweiligen Spielstärke der 18 Bundesligamannschaften.
   Zum 23.05.2009 ergibt sich, verglichen mit dem tatsächlichen Tabellenstand, folgendes Bild:

Verein	Tabellenstand	Willys Spielstärke
VfL Wolfsburg	1	1
Bayern München	2	3
VfB Stuttgart	3	2
Hertha BSC	4	4
Hamburger SV	5	5
Borussia Dortmund	6	11
1899 Hoffenheim	7	6
FC Schalke 04	8	7
Bayer Leverkusen	9	12
Werder Bremen	10	13
Hannover 96	11	10
1. FC Köln	12	14
Eintracht Frankfurt	13	8
VfL Bochum 1848	14	9
Borussia Mönchengladbach	15	17
Energie Cottbus	16	16
Karlsruher SC	17	15
Arminia Bielefeld	18	18

Berechnen Sie die Stärke des Zusammenhangs (der Übereinstimmung) zwischen den beiden Tabellenständen.

3. Umsatz und Gewinn eines Unternehmens (in Millionen €), 2005 bis 2009

Jahr	Umsatz	Gewinn
2005	60	2
2006	70	3
2007	70	4
2008	80	3
2009	90	5

Berechnen Sie, wie stark der Zusammenhang zwischen Umsatz und Gewinn in den angegebenen Jahren ist.

4. Ein statistisch interessierter Unternehmer, Inhaber einer Imbissstube, untersucht den Zusammenhang zwischen dem Verkauf von Bratwürsten und Flaschen Bier. Für eine Woche ergaben sich folgende Werte:

	Anzahl	
Tag	Bratwürste	Flaschen Bier
Mo	500	40
Di	400	25
Mi	350	20
Do	400	22
Fr	600	50
Sa	800	80

Kann man davon sprechen, dass ein starker Zusammenhang zwischen den beiden Absatzreihen besteht?

13 Abhängigkeitsrechnung

13.1 Regressionsrechnung zur Erfassung der Abhängigkeit

In der Korrelationsrechnung geht es darum, die Stärke des Zusammenhangs zwischen zwei Merkmalen zu erfassen. Dabei werden die Merkmale als gleichwertig angesehen, sie beeinflussen sich gegenseitig. In der Wirklichkeit gibt es jedoch meistens eine eindeutige Wirkungsrichtung: Merkmal x beeinflusst Merkmal y und nicht umgekehrt. Beispielsweise hängt das Ergebnis eines Examens von der Intensität der Vorbereitung ab. Schon aus Gründen der zeitlichen Abfolge, erst die Vorbereitung, dann die Prüfung, kann es nicht anders sein. In einem solchen Fall wird x als unabhängiges, y als abhängiges Merkmal bezeichnet.

Es liegt nahe zu versuchen, die Art der Abhängigkeit zu quantifizieren. Dies geschieht durch eine mathematische Funktion, die die Beziehung, hier also die Abhängigkeit eines Merkmals y vom Merkmal x, kennzeichnet. Es gibt eine Fülle von Funktionen, die dafür grundsätzlich in Frage kommen. Für die Auswahl gibt es nur in seltenen Fällen sachliche Gründe. Meist ist man auf Probieren angewiesen, um eine Funktion zu finden, die, bezogen auf das vorliegende Datenmaterial, eine plausible Beziehung wiedergibt.

Der Versuch, die Abhängigkeit eines Merkmals von einem anderen durch eine geeignete Funktion zu erfassen, wird als Regressionsrechnung bezeichnet. Die mathematische Funktion heißt Regressionsgleichung. Sie ist folglich ein mathematisches Modell über die Abhängigkeit des Merkmals y von x.

Wir wollen uns auf den einfachsten Fall beschränken, dass die beiden betrachteten Merkmale Abstandsmerkmale sind und dass die Regressionsgleichung eine lineare Funktion ist. Hier wird also die gleiche Konstellation unterstellt wie beim Korrelationskoeffizienten von Pearson und Bravais. Dort wird ebenfalls eine lineare Beziehung zwischen x und y unterstellt, die jedoch nicht näher bestimmt werden muss. Es reicht, wenn man solch eine Beziehung als plausibel annehmen kann. In der

Regressionsrechnung geht es darum, eine konkrete Funktion für diese Beziehung zu finden.

Eine lineare Funktion von zwei Variablen x und y wird ganz allgemein durch zwei Größen, die sogenannten Koeffizienten, die wir hier mit a und b bezeichnen werden, festgelegt. Die Funktion lautet folglich

$$y = a + bx$$

Sofern zwischen x und y eine perfekte oder, wie man auch sagt, funktionale lineare Beziehung besteht, ist die obige Funktion die Regressionsfunktion, die die Abhängigkeit des Merkmals y von x angibt. Allerdings sind im konkreten Fall erst noch Werte für a und b zu ermitteln. Sind diese bekannt, kann man ohne Einschränkungen von x auf y schließen. Man braucht dazu lediglich Werte für x in die Funktion einzusetzen und kann dann leicht die entsprechenden y-Werte ausrechnen.

In der Realität gibt es jedoch praktisch keine funktionalen Beziehungen. Auch wenn y sehr stark von x abhängt, kommen regelmäßig noch andere Einflüsse ins Spiel. Mit anderen Worten, y hängt nicht allein von x, sondern auch noch von weiteren, nicht näher bezeichneten Merkmalen ab. Der Prüfungserfolg wird zwar stark von der Vorbereitungsintensität beeinflusst, daneben aber auch noch von der Intelligenz des Kandidaten, von seiner Nervenstärke, der Tagesform usw.

Man kann nun versuchen, die weiteren für wichtig gehaltenen Einflussfaktoren in die Regressionsgleichung einzubeziehen. Man operiert dann mit mehreren unabhängigen Merkmalen. Die Rechenarbeiten zur Bestimmung der Koeffizienten der Regressionsfunktion werden jedoch ungleich komplizierter. Auch bleibt stets ein Rest der Streuung von y ungeklärt.

Wenn ein Merkmal x einen dominanten Einfluss auf y ausübt, ist es daher berechtigt, sich auf diese Beziehung zu beschränken und alle übrigen Faktoren nicht näher zu berücksichtigen. Man spricht hier auch von Einfachregression. Dies bedeutet jedoch, dass die obige Funktion wie folgt zu erweitern ist:

$$y = a + bx + v$$

wobei v den gebündelten Einfluss aller übrigen Faktoren bezeichnet. Es dürfte einleuchten, dass y umso stärker von x abhängt oder, wie man in der Statistik sagt, von x erklärt wird, je kleiner der ungeklärte Resteinfluss v ist.

Ziel der Regressionsrechnung ist es jetzt, eine Funktion zu finden, in der y nur noch von x abhängt, nämlich

$\hat{y} = a + bx$ (lies: y Dach)

Dies ist die gesuchte Regressionsfunktion. Die Schreibweise $\hat{y}$ soll dabei zum Ausdruck bringen, dass die Regressionsgleichung nicht die konkreten y-Werte ergibt, sondern Schätzwerte, die nur noch von x abhängen. Die konkreten y-Werte weichen von den Schätzwerten um den Resteinfluss v ab: $y = \hat{y} + v$

13.2 Bestimmung der Regressionsfunktion

Anhand von Beispiel 3 aus Kapitel 12.4 soll gezeigt werden, wie die Koeffizienten a und b der Regressionsfunktion bestimmt werden können. Es geht also darum, die Abhängigkeit der Steuereinnahmen von der Zahl der Erwerbstätigen durch eine lineare Regressionsfunktion zu erfassen.

Grundsätzlich kann man durch die Punktmenge des Streuungsdiagramms in Abb. 12.1 beliebige Geraden zeichnen. Um jedoch eine Gerade zu erhalten, die möglichst «gut» durch die Punkte geht, verwendet man die *Methode der kleinsten Quadrate* zur Ermittlung der Koeffizienten. Wie das im Einzelnen vor sich geht, braucht hier nicht zu interessieren. Wichtig ist nur, dass wir eine Gerade erhalten, bei der, etwas vereinfacht ausgedrückt, die Resteinflüsse v minimal sind. Salopp formuliert könnte man sagen: Wenn es schon darum geht, die lineare Abhängigkeit eines Merkmals y von x zu erfassen, dann soll aus dem Datenmaterial auch die größtmögliche Abhängigkeit abgeleitet werden. Genau das macht die Methode der kleinsten Quadrate.

Ergebnis sind folgende Formeln für die Koeffizienten:

$$b = \frac{\frac{1}{n}\sum(x_i - \bar{x})(y_i - \bar{y})}{\frac{1}{n}\sum(x_i - \bar{x})^2} = \frac{s_{xy}}{s_x^2}$$

$$a = \bar{y} - b\bar{x}$$

Hierin sind eigentlich alle Größen bereits aus Kapitel 12.4 bekannt. Zur besseren Übersicht seien sie hier jedoch noch einmal aufgeführt:

x_i, y_i = Werte der i-ten Einheit des Merkmals x bzw. y
n = Anzahl der Einheiten
$\bar{x}, \bar{y}$ = arithmetische Mittelwerte von x bzw. y
s_{xy} = Kovarianz der Merkmale x und y
s_x^2 = Varianz von x (= quadrierte Standardabweichung)

Deutlich ist die Verwandtschaft von b mit dem Korrelationskoeffizienten r erkennbar. Beide haben im Zähler die Kovarianz. Auch hier vereinfachen sich die Rechenarbeiten, wenn man folgende, aus den obigen Formeln abgeleitete Formeln verwendet:

$$b = \frac{n\sum x_i y_i - \sum x_i \sum y_i}{n\sum x_i^2 - \left(\sum x_i\right)^2}$$

$$a = \frac{\sum y_i - b\sum x_i}{n}$$

Für das Beispiel 3 aus Kapitel 12.4 sind alle erforderlichen Berechnungen bereits angestellt, sodass sich ergibt:

$$b = \frac{11 \cdot 8623 - 340 \cdot 171}{11 \cdot 17\,814 - 340^2} = \frac{36\,713}{80\,354} = 0{,}457$$

$$a = \frac{171 - 0{,}457 \cdot 340}{11} = \frac{15{,}62}{11} = 1{,}42$$

Die Regressionsgleichung lautet folglich:

$$\hat{y}_i = 1{,}42 + 0{,}46x_i$$

Konkrete Schätzwerte ergeben sich, indem man Werte von x in die Gleichung einsetzt, z. B.:

$$x_{SH} = 13 : \hat{y}_{SH} = 1{,}42 + 0{,}46 \cdot 13 = 7{,}4$$

$$x_{HH} = 11 : \hat{y}_{HH} = 1{,}42 + 0{,}46 \cdot 11 = 6{,}5 \text{ usw.}$$

Wenn die Koeffizienten der Regressionsfunktion bekannt sind, kann man die Gerade in das Streuungsdiagramm einzeichnen und erhält so einen optischen Eindruck von der unterstellten linearen Beziehung zwischen x und y.

Die Gerade selbst lässt sich am einfachsten dadurch zeichnen, dass man für zwei x-Werte die zugehörigen Schätzwerte berechnet. Das ist hier für Hamburg und für Baden-Württemberg bereits geschehen. Trägt man diese Punkte, hier also (11; 6,5) und (55; 26,7), in das Diagramm ein und zeichnet durch sie eine Linie, erhält man die Regressionsgerade.

Durch die Koeffizienten a und b wird die Regressionsgleichung festgelegt, die für den zugrunde liegenden Datensatz die lineare Abhängigkeit des Merkmals y von Merkmal x kennzeichnet. Beide Koeffizienten haben auch eine anschauliche Bedeutung. Es ist

a = der sogenannte Niveaufaktor, der dazu dient, die Regressionsgerade auf das richtige Niveau anzuheben. Es ist gleichzeitig der Schnittpunkt der Geraden mit der senkrechten Achse, der y-Achse. Formal gibt a den Wert an, den $\hat{y}$ hat, wenn $x = 0$. Hier ist der Wert 1,42, d. h. fast null. Dies ist plausibel, denn wenn es in einem Land keine Erwerbstätigkeit gibt, wenn also nicht gearbeitet wird, kann man auch keine – großen – Steuereinnahmen erwarten.
Anmerkung: Es ist unerheblich, wenn sich in einem realen Beispiel nicht exakt der theoretisch zu erwartende Wert null ergibt. So etwas

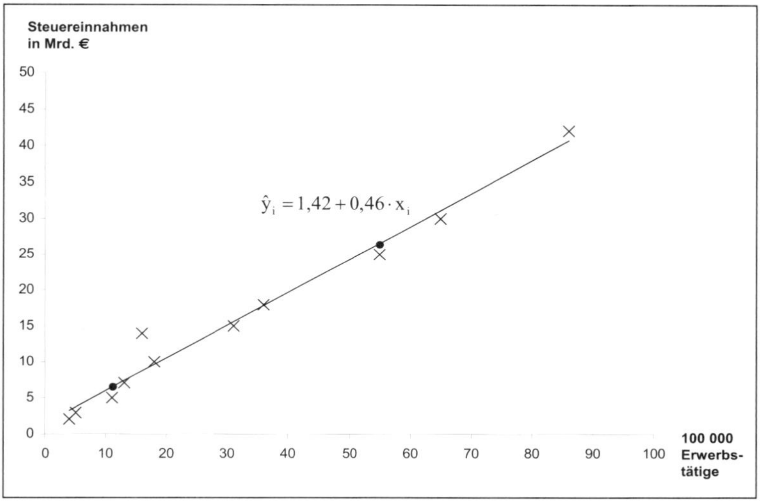

Abb. 13.1: Streuungsdiagramm und Regressionsgerade

ist bei konkreten Daten praktisch niemals der Fall. Es reicht vollauf, wenn der theoretische Wert ungefähr erreicht wird.

b = Steigungskoeffizient der Regressionsgleichung. Er gibt den Betrag an, um den sich $\hat{y}$ verändert, wenn sich x um eine Einheit verändert. b hat folglich – ebenso wie a – die gleiche Benennung wie y.
Im Beispiel hat b den Wert 0,46 (Mrd. €). Wenn die Zahl der Erwerbstätigen um 1 (= 100 000 Erwerbstätige) ansteigt, erhöhen sich die Steuereinnahmen im Durchschnitt um 0,46 Mrd. €.

b gibt zwar an, in welchem Ausmaß $\hat{y}$ auf die Veränderung von x reagiert. Das ist jedoch noch kein Indiz für die Stärke der Abhängigkeit. Dass das nicht der Fall sein kann, zeigt sich, wenn man bedenkt, dass der Wert von b davon abhängt, in welchen Maßeinheiten x gemessen wird. Wäre im Beispiel die Zahl der Erwerbstätigen nicht in 100 000, sondern in 10 000 Personen gemessen, hätte sich für b der Wert 0,046 ergeben. Eine bloße Änderung der Maßeinheiten des unabhängigen Merkmals ändert jedoch nichts an der Stärke der Abhängigkeit des abhängigen Merkmals.

13.3 Die Stärke der Abhängigkeit

Die Stärke der Abhängigkeit des Merkmals y von x zeigt sich darin, wie gut x in der Lage ist, y zu erklären, anders ausgedrückt, wie gut die Schätzwerte $\hat{y}$ der Regressionsfunktion mit den y-Werten übereinstimmen bzw. wie klein die Resteinflüsse v sind. Betrachten wir zur Verdeutlichung die folgenden drei Streuungsdiagramme mit den zugehörigen Regressionsgeraden.

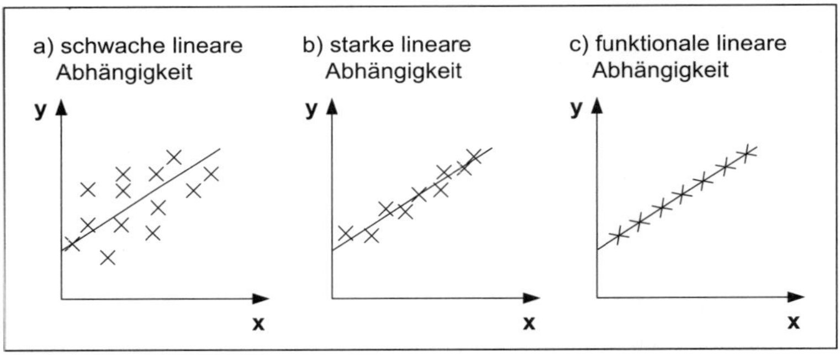

Abb. 13.2: Drei verschiedene Streuungsdiagramme mit übereinstimmenden Regressionsgeraden

In allen diesen Fällen ergibt sich offenbar die gleiche Regressionsfunktion, d. h. eine Gerade mit den gleichen Werten für a und b. Dennoch sind die Ausgangssituationen unterschiedlich:

Fall a: y hängt zwar tendenziell linear von x ab, es gibt aber noch starke sonstige Einflüsse, die dazu führen, dass die y-Werte, die Punkte des Streuungsdiagramms, zum Teil deutlich von der Geraden abweichen.

Fall b: Die Abweichungen sind wesentlich geringer, es gibt also nur schwache sonstige Einflüsse.

Fall c: y hängt allein von x ab, es gibt keine sonstigen Einflüsse.

Um die unterschiedlichen Situationen zahlenmäßig zu kennzeichnen, greifen wir zurück auf die Aufgabe der Regressionsfunktion, nämlich die Unterschiede der y-Werte auf den Einfluss von x zurückzuführen, also die Streuung von y zu erklären.

Die Streuung eines (Abstands-)Merkmals wird üblicherweise gemessen durch die Abweichungen der Einzelwerte y_i vom Mittelwert $\bar{y}$, und zwar, um zu verhindern, dass sich negative und positive Abweichungen gegenseitig kompensieren, in quadrierter Form. Summiert man diese quadrierten Abweichungen auf, ergibt sich die sogenannte (quadrierte) Gesamtabweichung. Sie lässt sich in zwei Bestandteile aufteilen:

$$\sum (y_i - \bar{y})^2 = \sum (\hat{y}_i - \bar{y})^2 + \sum (y_i - \hat{y}_i)^2$$

Es bedeuten:

$\sum (y_i - \bar{y})^2$ = Gesamtabweichung (= *Gesamtstreuung*) von y

$\sum (\hat{y}_i - \bar{y})^2$ = Streuung der $\hat{y}$-Werte um den Mittelwert. Dies ist die durch den Einfluss von x *erklärte Streuung* von y

$\sum (y_i - \hat{y}_i)^2$ = Streuung der y-Werte um die entsprechenden Schätzwerte, d. h. die Werte auf der Geraden. Dies ist die *Reststreuung*, die auf den Einfluss sonstiger Faktoren zurückzuführen ist

Dividiert man alle drei Ausdrücke durch die Gesamtstreuung $\sum (y_i - \bar{y})^2$, ergibt sich

$$1 = \frac{\sum (\hat{y}_i - \bar{y})^2}{\sum (y_i - \bar{y})^2} + \frac{\sum (y_i - \hat{y})^2}{\sum (y_i - \bar{y})^2}$$

1 = Anteil der erklärten Streuung + Anteil der Reststreuung

Die Gesamtstreuung, die gleich 1 bzw. 100 Prozent gesetzt wird, wird auf den Anteil aufgeteilt, der auf den Einfluss von x zurückzuführen ist, und den Anteil, der nicht durch die Regressionsfunktion erklärt werden kann. Da die Summe beider Anteilswerte gleich 1 ist, ist der Anteil der

Reststreuung umso kleiner, je größer der Anteil der erklärten Streuung ist und umgekehrt. Wenn also beispielsweise alle Punkte auf der Geraden liegen, gibt es keine Reststreuung. x erklärt perfekt, d.h. zu 100 Prozent, die Streuung von y.

Der Anteil der erklärten Streuung, das sogenannte Bestimmtheitsmaß, ist folglich Ausdruck für die Stärke der linearen Abhängigkeit des Merkmals y von x oder, wie man auch sagt, Maß für die Güte der Regressionsfunktion.

Das Bestimmtheitsmaß wird üblicherweise mit dem Symbol r^2 bezeichnet. Man kann zeigen, dass folgende Beziehung gilt:

$$r^2 = \frac{\sum(\hat{y}_i - \bar{y})^2}{\sum(y_i - \bar{y})^2} = \frac{s_{xy}^2}{s_x^2 s_y^2}$$

Das Bestimmtheitsmaß ist demnach der Quotient aus der quadrierten Kovarianz und dem Produkt der Varianzen von x und y. Damit ist das Bestimmtheitsmaß nichts anderes als der quadrierte Korrelationskoeffizient.

Da das Bestimmtheitsmaß der Anteil der durch die Regressionsgleichung erklärten Streuung von x ist, liegt der Wertebereich fest. Er reicht von 0 bis 1. Ist die Reststreuung maximal, das heißt, x hat keinen (linearen) Einfluss auf y, hat r^2 den Wert 0. Bei funktionaler Abhängigkeit hat r^2 den Wert 1. Im Normalfall ergeben sich Werte zwischen diesen Grenzen. Im Beispiel ist der Wert 0,98: x erklärt 98 Prozent der Streuung von y. Das ist ein sehr guter Wert, da nur noch zwei Prozent der Streuung auf andere Einflüsse zurückzuführen sind.

Abschließend sei noch einmal darauf hingewiesen, dass es hier stets nur darum ging, die Abhängigkeit des Merkmals y von x in linearer Beziehung zu erfassen. Dies ist nicht die «wahre» Beziehung, sondern nur eine Modellannahme. Ob sie vertretbar ist, kann nur im Einzelfall entschieden werden. Andere nichtlineare Beziehungen sind denkbar und können statistisch erfasst werden. Der methodische Aufwand ist jedoch größer. Auch sind die Ergebnisse meist instabiler, d.h. anfälliger gegenüber Datenänderungen. Demgegenüber sind lineare Beziehungen meist recht stabil. Auch in der Regressionsrechnung zeigt sich, dass einfache Verfahren häufig die besten Ergebnisse liefern.

13.4 Multiple Regression

In der Realität reicht es aber nur selten aus, für die Streuung eines (abhängigen) Merkmals ein einziges unabhängiges Merkmal verantwortlich zu machen. Das zeigt sich oft schon am Bestimmtheitsmaß. Wenn dies deutlich kleiner ist als 1, möglicherweise sogar kleiner als 0,5, so bedeutet das, dass es vermutlich andere wichtige Einflussfaktoren gibt, die in der Regressionsgleichung nicht berücksichtigt wurden. Dann gilt es, weitere unabhängige Merkmale in die Gleichung aufzunehmen, die dadurch die Gestalt erhält:

$$y = a + b_1x_1 + b_2x_2 + b_3x_3 + \ldots + v$$

Es bedeuten:

a = Niveaufaktor

$b_1, b_2, \ldots$ = (partielle) Regressionskoeffizienten

$x_1, x_2, \ldots$ = unabhängige Merkmale (Regressoren)

Die Ermittlung der Regressionskoeffizienten ist sehr rechenaufwendig, dies stellt heute bei Verwendung geeigneter Computerprogramme jedoch kein Problem mehr dar.

Es handelt sich bei den Koeffizienten um sogenannte partielle Größen, die den Einfluss des jeweiligen unabhängigen Merkmals auf y unter der Bedingung angeben, dass die übrigen Merkmale konstant bleiben. Das ist jedoch eine in der Realität meist nicht gegebene Voraussetzung. Die Korrelation zwischen den unabhängigen Merkmalen zeigt, dass diese sich meist gemeinsam verändern: Wenn sich x_1 ändert, ändert sich auch x_2. Dennoch ist die multiple Regression wohl das wichtigste statistische Analyseverfahren.

In Excel lassen sich der Niveaufaktor, der Steigungskoeffizient und das Bestimmtheitsmaß einer Regressionsgeraden mit den Funktionen *Achsenabschnitt*, *Steigung* und *Bestimmtheitsmaß* ermitteln.

Fragen

1. Welche Möglichkeiten bietet die Statistik, die Abhängigkeit eines Merkmals von anderen Merkmalen zu quantifizieren?
2. Was versteht man unter einer Einfachregression?
3. Schreiben Sie in allgemeiner Form die Regressionsfunktion auf, die die lineare Abhängigkeit eines Merkmals y von einem anderen Merkmal x angibt!
4. Kann man die Regressionsbeziehung auch umkehren? Ist eine solche Regressionsfunktion stets sachlich sinnvoll zu interpretieren?
5. Was versteht man unter funktionaler Abhängigkeit?
6. Wie wirken sich alle übrigen, nicht ausdrücklich in der Regressionsgleichung berücksichtigten Einflussfaktoren aus?
7. Kann man anhand der Regressionsgleichung die tatsächlichen y-Werte «reproduzieren»?
8. Was für Werte lassen sich anhand der Regressionsgleichung berechnen?
9. Mit welcher Methode werden die Werte der Regressionskoeffizienten ermittelt?
10. Inwieweit ist die Regressionsgleichung geeignet, y-Werte zu prognostizieren?
11. Welche inhaltliche Bedeutung haben die Regressionskoeffizienten a und b?
12. Kann man den Koeffizienten b als Ausdruck für die Stärke des Einflusses ansehen, den x auf y ausübt?
13. Sind Fälle denkbar, dass für unterschiedliche Streuungsdiagramme gleiche Regressionsfunktionen berechnet werden?
14. Was ist gemeint, wenn man von der Güte einer Regressionsfunktion spricht?
15. Was besagt das Bestimmtheitsmaß?
16. Welches ist der Wertebereich des Bestimmtheitsmaßes?
17. Welche Beziehung besteht zwischen dem Anteil der erklärten und dem Anteil der nicht erklärten Streuung?
18. Welche Gemeinsamkeiten, welche Unterschiede bestehen zwischen dem Korrelationskoeffizienten und dem Bestimmtheitsmaß?

Aufgaben

1. a) Berechnen Sie die lineare Abhängigkeit des Absatzes von Flaschen Bier vom Absatz von Bratwürsten in Aufgabe 4, Kapitel 12.
   b) Zeichnen Sie das Streuungsdiagramm und die Regressionsgerade.
   c) Wie stark ist die Abhängigkeit?
   d) Ist es sinnvoll, auch die Abhängigkeit des Bratwurstverkaufs vom Bierabsatz zu berechnen?

2. Gegeben seien die Daten aus Aufgabe 3, Kapitel 12. Schätzen Sie für 2010 den Gewinn des Unternehmens, wenn mit einem Umsatz von 100 Millionen € gerechnet wird. Welche Voraussetzungen müssen erfüllt sein, damit diese Schätzung berechtigt ist?

3. Alter von Kraftfahrzeugen und jährliche Betriebskosten

Alter in Jahren	1	2	3	3	4	5	6	7	8	9
Kosten in 1000 €	1,5	1,2	2,0	1,8	3,0	2,5	1,8	3,0	4,0	2,0

   a) Berechnen Sie die Regressionsgleichung der Kosten in Abhängigkeit vom Alter.
   b) Was besagt der Koeffizient b der Regressionsgleichung?
   c) Schätzen Sie die Betriebskosten eines 7 Jahre alten Autos.
   d) Ist es sinnvoll, die Abhängigkeit des Alters von den Kosten zu ermitteln?

4. Es wird oft behauptet, dass die Inflationsrate durch die Höhe des Wirtschaftswachstums beeinflusst werde. Prüfen Sie diese Behauptung anhand der folgenden Daten für Deutschland für die Jahre 2000 bis 2008. Dabei wird das Wirtschaftswachstum durch die Veränderung des Bruttoinlandsprodukts, die Inflationsrate durch die Veränderung des Verbraucherpreisindex gemessen.

Jahr	Veränderung des BIP in %	Preisveränderung in %
2000	2,5	1,4
2001	2,5	1,9
2002	1,4	1,5
2003	1,0	1,0
2004	2,2	1,7
2005	1,5	1,5
2006	3,5	1,6
2007	4,4	2,3
2008	2,8	2,6

Quelle: Statistisches Bundesamt 2009

14 Datenorganisation mit Excel 2007

14.1 Einordnung von Excel

Eine Tabellenkalkulation verwendet man für die Organisation von Daten, die in Form einer Tabelle dargestellt werden können. Auf dem Markt sind dazu verschiedene Programme. Die bekannteste Software ist sicherlich Microsoft Excel. Eine kostenlose Tabellenkalkulation steht unter OpenOffice zur Verfügung.

Dabei ist es möglich – abhängig von der Ausstattung des Computers –, relativ große Tabellen, bestehend aus mehreren tausend Zeilen oder Spalten, zu verarbeiten. Die Leistungsfähigkeit derartiger Software geht also weit über die Rechenbeispiele hinaus, die in diesem Buch behandelt wurden.

Für noch größere Datenmengen eignet sich zum einen statistische Spezialsoftware wie die kostenpflichtigen Programmpakete SPSS, SAS oder die freie Software R. Zum anderen kann eine Datenbank wie Microsoft Access eingesetzt werden, die allerdings nur eine sehr eingeschränkte statistische Analyse unterstützt. Daher ergänzen sich in der Praxis häufig die genannten Programme. So werden sehr große Datenbestände in einer Datenbank verwaltet und bei Bedarf kleinere Auszüge in eine Tabellenkalkulation zur Auswertung exportiert. Dort lassen sie sich weiter aufbereiten und zur Lösung anspruchsvoller statistischer Berechnungen in eine Spezialsoftware importieren.

Die Anweisungen und Beschreibungen (Befehlsketten) können nicht für ältere Versionen von Excel verwendet werden.

14.2 Dateneingabe

Wie kommen nun Ihre Daten in eine Excel-Tabelle? Klicken Sie dazu nach dem Einschalten Ihres PC die Schaltfläche *Start* und wählen Sie im Menü *Programme* den Eintrag *Microsoft Excel* aus. Auf Ihrem Bildschirm erscheint das Excel-Startfenster.

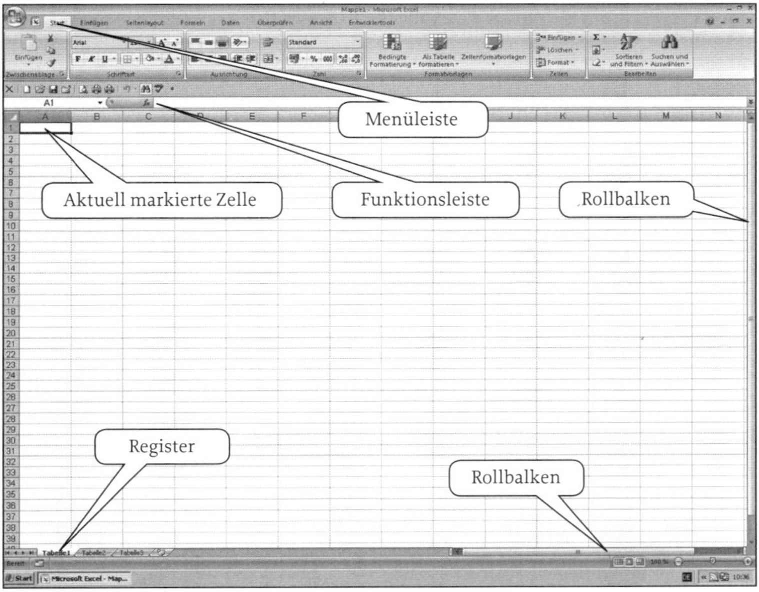

Abb. 14.1: Basisansicht von Excel 2007

Im mittleren Teil befindet sich die Arbeitstabelle, in die alle Daten eingegeben werden können. Die Zeilen der Tabelle sind mit den Zahlen 1, 2, 3 usw. von oben nach unten nummeriert und die ersten 26 Spalten mit den Buchstaben A, B, C, ..., Z. Falls man mit dem Rollbalken die Tabelle verschiebt, erkennt man, dass ab der 27. Spalte die Buchstabenkombinationen AA, AB, AC, ... und weiter BA, BB, BC, ... verwendet werden. Für die meisten Anwendungen stehen so genügend viele Spalten zur Verfügung. Man kann übrigens auch die Spalten mit Zahlen nummerieren lassen, wenn man in der Menüleiste links oben im Eck die Microsoft-Office-Schaltfläche wählt, rechts unten den Schalter *Excel-Optionen* anklickt, dann links *Formeln* auswählt und das Kästchen *Z1S1-Bezugsart* anhakt. Das ist insbesondere dann hilfreich, wenn der fortgeschrittene Nutzer mit Makros arbeitet, um Arbeitsabläufe zu automatisieren.

In Excel ist nicht festgelegt, wie man die einzelnen Bestandteile einer Tabelle anordnet, da sich jede Zelle gleichermaßen für Beschriftungen und Zahlen eignet. Es empfiehlt sich, zunächst die Daten im Rohformat einzugeben und erst bei Bedarf Feinheiten der Formatierung wie Linien und Abstände hinzuzufügen. Für einen solchen Rohentwurf der Tabelle genügt es, mit der Maus die einzelnen Zellen der Tabelle anzuwählen und dann mit der Tastatur den Zelleninhalt einzutippen. Dabei wird jede Eingabe dadurch beendet, dass man die nächste Zelle mit der Maus (oder den Pfeiltasten) wählt.

Beispiel 1

Zur Demonstration werden die Daten zu den Kindern, die bereits im ersten Lebensjahr gestorben sind, von Beispiel 1 aus Kapitel 4.1 eingegeben. In den Zellen sind Beschriftungen standardmäßig linksbündig und Zahlen rechtsbündig formatiert.

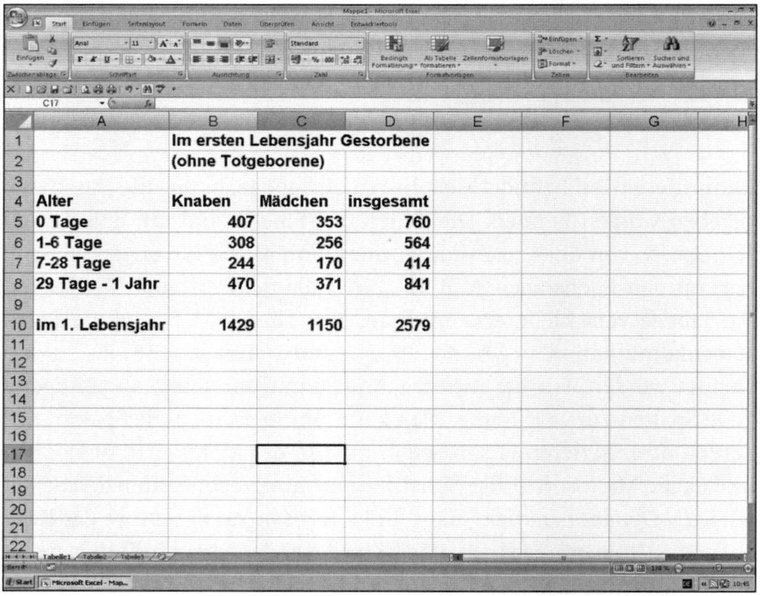

	A	B	C	D
1		Im ersten Lebensjahr Gestorbene		
2		(ohne Totgeborene)		
3				
4	Alter	Knaben	Mädchen	insgesamt
5	0 Tage	407	353	760
6	1-6 Tage	308	256	564
7	7-28 Tage	244	170	414
8	29 Tage - 1 Jahr	470	371	841
9				
10	im 1. Lebensjahr	1429	1150	2579

Abb. 14.2: Dateneingabe

Excel besitzt viele Funktionen, die das Eingeben großer Datenmengen erleichtern sollen. Diese können jedoch Anfänger etwas verwirren. Insbesondere ergänzt Excel automatisch den Anfang eines eingegebenen Textes, wenn es in einer der darüberliegenden Zellen Text mit demselben Anfang findet. Auch versucht Excel, bestimmt Zellinhalte wie eine Datumsangabe automatisch zu erkennen und einheitlich zu formatieren. So wird etwa – in der Excel-Voreinstellung – die Eingabe von *1.1.09* nach Verlassen der Zelle in *01.01.2009* umgewandelt. Falls man nun aber Excel zwingen will, eine bestimmt Zeichenkette unverändert darzustellen, so kann man ein einfaches Anführungszeichen (') voranstellen. Dann wird die Eingabe stets als reiner Text behandelt und auch linksbündig formatiert.

14.3 Einfache Berechnungen

Excel lässt sich wie ein Taschenrechner benutzen. Dazu wählt man eine beliebige Zelle (also etwa die Zelle *A1*, die sich ganz oben links befindet) und gibt in diese ein Gleichheitszeichen, gefolgt von einer Formel, ein, also beispielsweise *=3*4*. Nach Abschluss der Eingabe verschwindet die Formel, und man sieht stattdessen das Rechenergebnis; hier also *12*. Auch kompliziertere Formeln, die Klammern enthalten, lassen sich so berechnen. So liefert etwa *=(5+7)*2* das Ergebnis *24*, und *=1/(4-2)* ergibt *0,5*. Dabei wird nicht wirklich die Formel durch das Rechenergebnis ersetzt, sondern die Formel bleibt unsichtbar erhalten. Man kann dies überprüfen, wenn man die Zelle erneut auswählt und doppelt klickt. Dann können auch Tippfehler ausgebessert oder die Formel verändert werden. Eine weitere Möglichkeit ist die Bearbeitung in der Funktionsleiste.

In Formeln lassen sich auch die Werte anderer Zellen einsetzen, ohne sie abtippen zu müssen. Dazu verwendet man die Bezeichnung der gewünschten Zelle in der Form *A1*, *D18*, *X5* usw. Im Beispiel der Tabelle *Im ersten Lebensjahr Gestorbene* kann die Summe der mit *0 Tagen* Gestorbenen aus Zelle *D5* nachgerechnet werden, indem man diese Zelle mit *=B5+C5* überschreibt. Das Ergebnis ändert sich hier zwar nicht, aber in der Zelle steht nun eine Formel anstatt des ursprünglichen Werts.

Dadurch wird bei einer Änderung der Ausgangsdaten automatisch der Ergebniswert korrigiert.

Auch die Werte in den darunterliegenden Zellen lassen sich durch die entsprechende Formel ersetzen. Dazu muss aber nicht jedes Mal eine neue Formel mit geänderten Zellbezügen eingegeben werden, sondern man kann die erste Formel wie folgt übertragen: Klicken Sie auf das kleine Kästchen an der rechten unteren Ecke der Zelle, halten Sie die Maustaste gedrückt und ziehen Sie den Mauszeiger nach unten. Excel hat nun die Formel kopiert und dabei passend verändert, sodass nun beispielsweise die Anzahl der im Alter *29 Tage – 1 Jahr* Gestorbenen in Zelle *D8* korrekt als *=B8+C8* berechnet wird.

Entsprechend könnte auch die Gesamtsumme aller gestorbenen Knaben überprüft werden, indem man in Zelle *B10* die Formel *=B5+B6+B7+B8* eingibt. Einfacher geht es jedoch durch den Ausdruck *=SUMME(B5:B8)*, der dasselbe bewirkt. Statt den Ausdruck direkt einzutippen, kann man auch nur *=SUMME(* eingeben und dann mit der Maus alle Zellen markieren, die summiert werden sollen. Dadurch wird automatisch der entsprechende Zellbereich der Formel hinzugefügt. Jeder Zellbereich wird stets durch seine erste und letzte Zelle, getrennt durch einen Doppelpunkt, gekennzeichnet. Eine schließende Klammer beendet die Eingabe.

14.4 Arbeitstabellen in Excel

Bezüge auf Zellen ermöglichen es, effizient Arbeitstabellen aufzustellen. Nützlich dafür ist insbesondere die Möglichkeit, sowohl relative als auch absolute Bezüge zu verwenden. Wie oben erläutert, wird beispielsweise der Bezug *C5* beim Kopieren automatisch abgeändert. Man nennt den Bezug daher einen *relativen* Bezug, da beim Kopieren nur die Anzahl der Spalten und Zeilen zwischen der kopierten Formel und der jeweils bezogenen Zelle entscheidend ist. In manchen Situationen ist dies jedoch unerwünscht, und die bezogene Formel soll in allen Kopien die gleiche sein. Einen solchen *absoluten* Bezug kennzeichnet man durch vorangestellte Dollarsymbole, man schreibt also *$C$5* statt *C5*. Zusätzlich sind Mischformen möglich: Mit *$C5* wird nur die Spalte absolut, aber die Zeile bleibt relativ; mit *C$5* ist die Spalte relativ, aber die Zeile absolut. Als Tippersparnis kann man in Excel zuerst einen Bezug in relativer Form eingeben (oder mit der Maus anwählen) und dann durch wiederholtes Drücken der *F4*-Taste die gewünschte Bezugsform einstellen.

Beispiel 2

In Beispiel 7 aus Kapitel 8.4 wurde mit «Taschenrechner und Bleistift» die Standardabweichung des Benzinverbrauchs eines Kleinwagens berechnet.

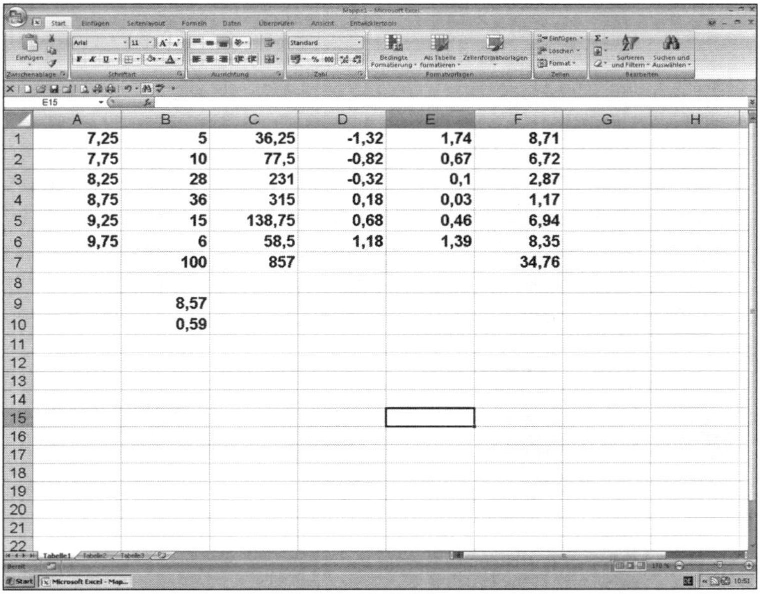

Abb. 14.3: Berechnung einer Arbeitstabelle

In Excel können Sie dazu wie folgt vorgehen:

1. Tragen Sie in die Zellen *A1* bis *A6* die Mittelwerte zum Benzinverbrauch und in die Zellen *B1* bis *B6* die jeweilige Anzahl der Fahrten ein.
2. Geben Sie in Zelle *C1* die Formel *=A1*B1* ein und kopieren Sie diese Zelle nach unten in die Zellen *C2* bis *C6*.
3. Tragen Sie in Zelle *B7* die Formel *=SUMME(B1:B6)* ein (Sie erhalten als Er-

gebnis 100) und kopieren Sie diese Formel nach *C7* (das ergibt 857,00). Den mittleren Benzinverbrauch erhalten Sie in Zelle *B9* durch die Formel *=C7/B7*.

4. In die Zellen *D1, E1* und *F1* geben Sie der Reihe nach folgende Formeln ein: *=A1-$B$9, =D1^2* und *=E1*B1*. (Nun ist die erste Zeile der Arbeitstabelle berechnet.)
5. Markieren Sie die Zellen *D1* bis *F1* und ziehen Sie mit der Maus das Ausfüllkästchen bis in die sechste Zeile. (Dadurch sind auch die restlichen Zeilen berechnet.)
6. In Zelle *F7* geben Sie die Formel *=SUMME(F1:F6)* ein (und bekommen so 34,76).
7. Die Standardabweichung des Benzinverbrauchs erhalten Sie nun durch die Formel *=(F7/B1)^0,5*. (In Zelle *B10* eingetragen ergibt das 0,59.)

Wenn Sie in einer Excel-Arbeitstabelle die Ausgangsdaten ändern, werden alle Zellen, die Formeln enthalten, automatisch neu berechnet. Bei sehr großen Tabellen kann dies einige Zeit benötigen. Die automatische Neuberechnung lässt sich unter dem Punkt *Excel-Optionen; Formeln* (Microsoft-Office-Schaltfläche) abstellen: Wählen Sie dazu *Manuell* unter der Teilüberschrift *Berechnungsoptionen*. Dann werden nur beim Drücken der *F9*-Taste oder beim Abspeichern alle Formeln aktualisiert.

In der Praxis trifft man häufig fertige Excel-Arbeitstabellen an, in welche man die aktuellen Zahlenwerte eintragen kann. Die automatische (oder manuelle) Neuberechnung liefert dann das gewünschte Ergebnis. Diese Vorgehensweise hat jedoch dort ihre Grenzen, wo sich nicht nur Zahlenwerte, sondern auch die Anzahl der Zeilen oder Spalten ändert. Hier sind Tabellenfunktionen vorgefertigten Arbeitstabellen überlegen.

14.5 Statistische Tabellenfunktionen

Eine Tabellenfunktion wurde schon erwähnt: die Summenbildung mittels der Funktion *SUMME*. Entsprechend können auch andere statistische Kennzahlen berechnet werden. Dazu muss statt der Bezeichnung *SUMME* nur der zugehörige Excel-Name der Kennzahl bzw. Funktion verwendet werden.

Beispiel 3

In Beispiel 7 aus Kapitel 7.4 war das Einkommen von 9 Personen in € gegeben: 800, 1150, 1500, 1510, 1740, 1920, 2200, 2890, 14190

Der Zentralwert heißt in Excel MEDIAN, und der arithmetische Mittelwert wird kurz als MITTELWERT bezeichnet. Gibt man obige Werte in die Zellen A1 bis I1 ein, so liefert *=MEDIAN(A1:I1)* das Ergebnis 1740 und *=MITTELWERT(A1:I1)* ergibt 3100.

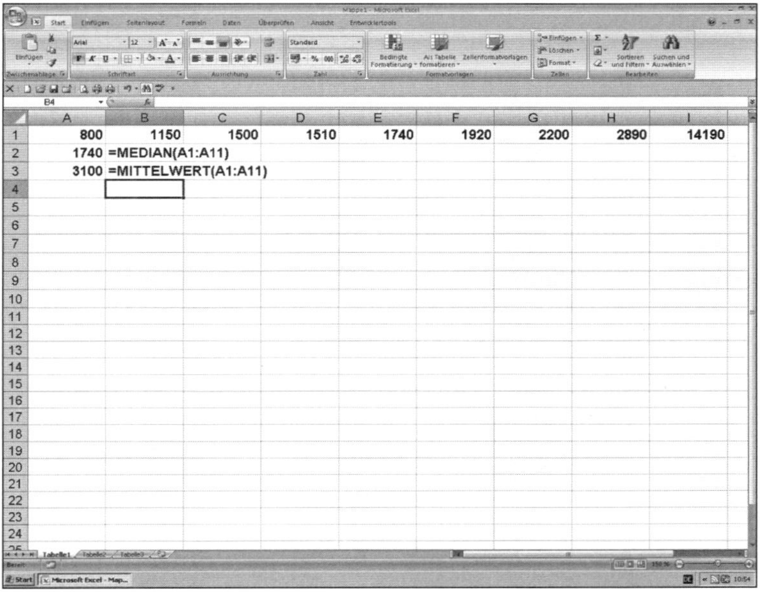

Abb. 14.4: Mittelwertfunktionen

Einige Tabellenfunktionen benötigen zwei Zahlenreihen, wie etwa die Funktion *PEARSON*, die den Korrelationskoeffizienten von Pearson/Bravais berechnet. Hier gibt man entsprechend zwei Bereiche an, die man durch ein Semikolon voneinander trennt. Die Bereiche können dabei entweder zeilenweise von links nach rechts oder spaltenweise von oben nach unten laufen. Entscheidend ist nur, dass alle Zahlen ohne Lücke aufeinander folgen.

Beispiel 4

In Beispiel 3 aus Kapitel 12.4 waren Erwerbstätige und Steuereinnahmen in den Ländern der früheren Bundesrepublik 2007 gegeben. Trägt man die Zahl der Erwerbstätigen 13, 11, ..., 16 von oben nach unten in die Zellen *A1* bis *A11* und die Steuereinnahmen 7, 5, ..., 14 entsprechend in die Zellen *B1* bis *B11* ein, so liefert =*PEARSON(A1:A11;B1:B11)* das Ergebnis 0,99.

Einen Überblick über alle in Excel verfügbaren Tabellenfunktionen erhält man am einfachsten über den Menüpunkt *Formeln*. Für die Anwendung markieren Sie eine leere Zelle und wählen aus den Themen (z. B. *Statistisch*) die gewünschte Formel (z. B. *Median*). Wenn Sie mit der Maus kurz über dem Formelnamen bleiben, erscheint eine kleine Hilfe und Beschreibung.

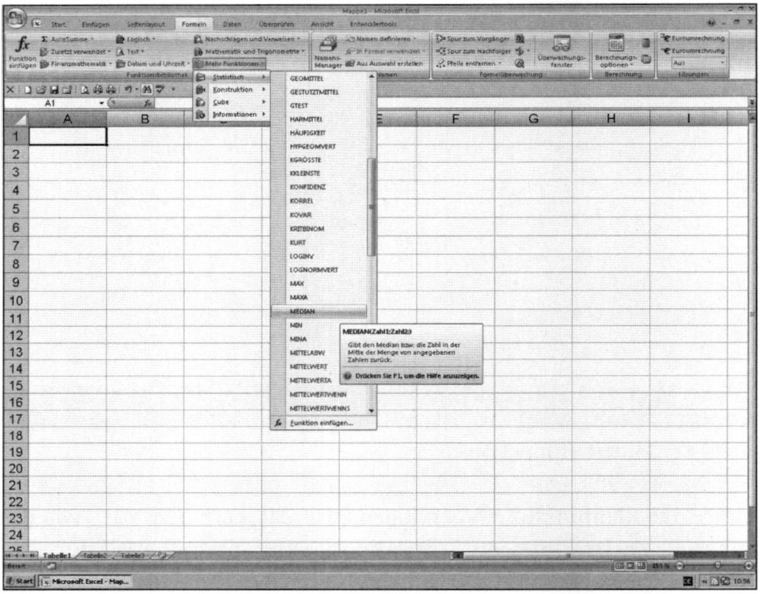

Abb. 14.5: Auswahl einer statistischen Funktion

Durch Klicken auf den Funktionsnamen erscheint das Fenster zur Dateneingabe. Dort können Sie nun die Daten direkt eingeben oder den Bereich der Daten mit der Maus markieren. Um die Funktion auszuführen, wählen Sie die Schaltfläche OK, ansonsten *Abbrechen.*

14.6 Grafische Darstellungen

Bereits eingegebene Daten lassen sich mit Excels Diagramm-Assistenten grafisch darstellen. Dazu kann man wie folgt vorgehen: Zunächst markiert man die Zellen, welche die Ausgangsdaten enthalten, und wählt dann man im Menü den Befehl *Einfügen.* Anschließend führen Sie folgende Schritte aus:

1. Im ersten Schritt ist der Typ der grafischen Darstellung zu wählen. Sollen etwa senkrechte Stäbe verwendet werden, so ist der Typ *Säule* geeignet, für waagrechte Stäbe muss man *Balken* verwenden. Für eine Kurve benötigt man den Typ *Punkt* oder *Linie.* Zu jedem Diagrammtyp gibt es mehrere Untertypen, die durch Klicken auf den kleinen Pfeil direkt unter dem Diagramm angezeigt werden. So lassen sich etwa Balken nebeneinander oder gestapelt darstellen. Oft sind Untertypen mit dreidimensionalen Effekten möglich, die eine räumliche Anordnung der Grafikelemente vermitteln sollen.

2. Nachdem man den passenden Diagrammtyp gewählt hat, wird sofort ein Diagramm im Basisformat erstellt. Zusätzlich erscheinen in der Menüleiste die Punkte *Entwurf, Layout* und *Format* zur Bearbeitung des Diagramms.

3. Der dritte Schritt dient dem Layout des Diagramms. Nun kann man das Diagramm nach seinen Vorstellungen formatieren. Dazu dienen etwa die Menüpunkte *Diagrammlayout* oder *Diagrammformatvorlagen.* Man kann auch den Diagrammtyp wieder ändern unter dem Menüpunkt *Typ.* Eine andere Möglichkeit zur Formatierung besteht in der Verwendung der rechten Maustaste, wenn man im Diagramm bestimmte Teile markiert, die rechte Maustaste drückt und den Punkt zur Formatierung wählt.

4. Außerdem kann man noch entscheiden, ob das Diagramm auf dem Datenblatt mit eingefügt werden soll oder als eigenes Blatt in der Arbeitsmappe dargestellt wird. Dazu benötigen Sie den Menüpunkt *Ort* bzw. die Schaltfläche *Diagramm verschieben.*

Der Phantasie und den Vorstellungen des Nutzers sind kaum Grenzen gesetzt bei den Möglichkeiten der grafischen Gestaltung. Wie genau was geändert werden kann, ist in einem der diversen Excel-Handbücher nachzulesen. Oft kommt man aber auch schon durch Probieren zum gewünschten Ergebnis.

Beispiel 5

In Beispiel 3 aus Kapitel 4.2 war die Bevölkerung der Bundesrepublik Deutschland nach dem Familienstand aufgegliedert. Die Angaben werden einschließlich passender Überschriften in den Zellbereich *A1* bis *B5* eingetragen und der Bereich *A2* bis *B5* markiert. Ausgewählt wurde der Diagrammtyp *Säule* und der erste Untertyp verwendet. Die Formatierung ist mittels der Diagramm-Menüpunkte *Entwurf, Layout* und *Format* sowie deren Unterkategorien durchzuführen.

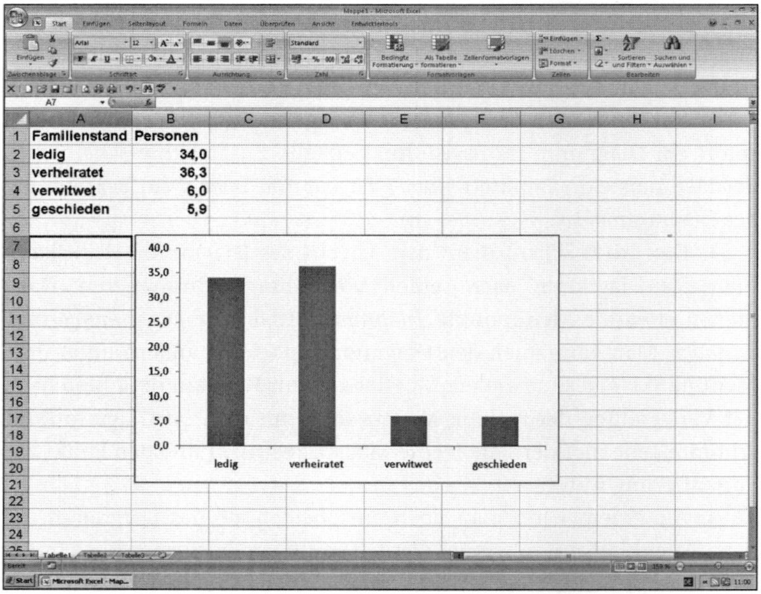

Abb.14.6: Erstellung eines Säulendiagramms

Übrigens werden bei einer Neuberechnung der Zellen nicht nur die Ergebniswerte aller Formeln aktualisiert, sondern auch sämtliche Diagramme angepasst. Grafische Darstellungen in Excel sind also stets aktuell.

Fragen

1. Was ist eine Tabellenkalkulation? Worin besteht der Unterschied zu statistischer Spezialsoftware und zu Datenbanken?
2. Wie kann man sicherstellen, dass ein Ausdruck genauso in einer Zelle erscheint, wie er eingegeben wurde?
3. Wie kann man in Excel die Zahlen *123* und *45* multiplizieren?
4. Wie benützt man bei der Formeleingabe in einer Zelle den Wert einer anderen Zelle?
5. Lässt sich die Formel *=D1+D2+D3+D4+D5+D6* auch kürzer schreiben?
6. Worin besteht der Unterschied zwischen einem relativen und einem absoluten Bezug?
7. Wie kann man die automatische Neuberechnung aller Formeln abschalten?
8. Mit welcher Tabellenfunktion kann man einen Median berechnen?
9. Wie installiert man in Excel zusätzliche Funktionen?
10. Unter welcher Kategorie findet man im Dialogfenster *Funktion einfügen* die zusätzlich installierten Funktionen?

Aufgaben

1. Stellen Sie die Arbeitstabelle zur relativen Medaillenkonzentration (Beispiel 2 aus Kapitel 9.3) in Excel auf und bestimmen Sie damit den Wert des Konzentrationsmaßes von Gini.

2. Ermitteln Sie die Koeffizienten der Regressionsfunktion für die Steuereinnahmen auf die Anzahl der Erwerbstätigen (Beispiel 3 aus Kapitel 12.4) sowie das zugehörige Bestimmtheitsmaß mit Hilfe der passenden Tabellenfunktionen.

3. Erstellen Sie die Summenkurve zum Intelligenzquotienten bei Kindern (Beispiel 4 aus Kapitel 7.3) in Excel.

4. Zeichnen Sie die zur 1. Aufgabe gehörige Lorenzkurve. (*Hinweis:* Erstellen Sie die Gleichheitsgerade durch eine zweite Datenreihe, die eine Kopie der relativen Häufigkeiten enthält.)

Anhang

Lösungen zu den Aufgaben

Kapitel 3

1. a) Werte von i und x_i

   Es gibt 20 Haushalte, folglich kann i die Werte 1, 2, 3 usw. bis 20 annehmen.

   Für x_i gilt $x_1 = 12$

   $x_2 = 9$

   $x_3 = 10$ usw. bis $x_{20} = 12$.

   Durch i wird der Haushalt in der angegebenen Reihenfolge bezeichnet. Entsprechend gibt x_i den Merkmalswert an, hier also den Waschmittelverbrauch des i-ten Haushalts. Z. B. ist $x_2 = 9$ der Verbrauch des zweiten Haushalts.

   b) $\sum_{i=1}^{n} x_i = x_1 + x_2 + ... + x_n$

   $= 12 + 9 + 10 + 11 + 9 + 10 + 7 + 11 + 10 + 15 + 10 + 11 + 11 + 3 + 5 + 19$
   $+ 12 + 6 + 12 + 12$

   $= 205$ (Pakete)

   205 ist der Totalwert, die Summe aller 20 Merkmalswerte, hier also der Gesamtverbrauch aller 20 Haushalte.

   c) n = Umfang der Gesamtheit

   = 20

   Es gibt in der Aufgabe insgesamt 20 Haushalte.

2. Berechnung von

   $\sum x_i a$ und $a \sum x_i$

   $a = 2$ €

   Beide Formeln führen zum gleichen Ergebnis:

Im ersten Fall multipliziert man jeden der 20 Verbrauchswerte mit 2 €, d. h. dem Preis eines Pakets. Man erhält also

$12 \cdot 2 + 9 \cdot 2 + 10 \cdot 2 + ... + 12 \cdot 2 = 24 + 18 + 20 + ... + 24 = 410$ €.

24, 18, 20 usw. sind die Ausgaben der Haushalte für Waschmittel. Die Summe der 20 Haushaltsausgaben ergibt die Gesamtausgaben.
Im zweiten Fall ermittelt man zunächst den Gesamtverbrauch: $\sum x_i =$ 205 Pakete. Multipliziert man diese Zahl mit dem Preis von 2 €, ergeben sich ebenfalls die Gesamtausgaben in Höhe von 410 €.

3. Berechnung von

$$\sum_{i=1}^{5}(x_i + a)$$

x_i = Bestand des i-ten Sparbuchs

a) a = 10 €

$$\begin{aligned}\sum(x_8 + 10) &= (23+10) + (47+10) + (18{,}50+10)\\ &\quad + (100+10) + (8+10)\\ &= 246{,}50\ €\end{aligned}$$

Nach der Schenkung des Onkels beträgt der Bestand aller 5 Sparbücher zusammen 246,50 €.

b) Andere Berechnungsmöglichkeiten

(1) Man addiert zunächst die Anfangsbestände und die Geschenke des Onkels und fasst anschließend diese beiden Summen zusammen. Also

$$\begin{aligned}\sum x_i + \sum a &= (23 + 47 + 18{,}50 + 100 + 8)\\ &\quad + (10 + 10 + 10 + 10 + 10)\\ &= 196{,}5 + 50 = 246{,}50\ €.\end{aligned}$$

(2) Man addiert zu den Ausgangsbeständen die Gesamtzahlung des Onkels, nämlich $5 \cdot 10$ €:

$$\sum x_i + 5 \cdot a = 196{,}50 + 50 = 246{,}50\ €.$$

Welche der drei Vorgehensweisen man zur Ermittlung des Gesamtwerts wählt, ist eine Ermessenssache.

4. Berechnung von

$\sum x_i f_i$ mit x_i = Anfangskapital
f_i = Veränderungsfaktor

Es ergibt sich:
$x_1f_1 + x_2f_2 + x_3f_3 = 500 \cdot 3 + 1200 \cdot 1 + 3000 \cdot 0{,}5 = 1500 + 1200 + 1500$
$= 4200$ €
Nach einem Jahr beträgt das Gesamtkapital der drei Freunde 4200 €.

5. a) Häufigkeitsverteilung
Merkmalsausprägungen sind die Noten 1–5. Es ergibt sich durch Auszählen die
(1) Verteilung mit absoluten Häufigkeiten

Note	Absolute Häufigkeit
1	4
2	13
3	10
4	8
5	5
insgesamt	40

(2) Die relativen Häufigkeiten werden berechnet gemäß der Vorschrift

$f_i = \frac{n_i}{n}$ n = 40

z. B.

$$f_1 = \frac{n_1}{n} = \frac{4}{40} = 0{,}1$$

$$f_2 = \frac{n_2}{n} = \frac{13}{40} = 0{,}325 \text{ usw.}$$

Die Verteilung mit relativen Häufigkeiten lautet also

Note	Relative Häufigkeit
1	0,1
2	0,325
3	0,25
4	0,2
5	0,125
insgesamt	1,000

Merke: Die Summe der relativen Häufigkeiten muss (abgesehen von Rundungsfehlern) stets 1 bzw. bei Prozentzahlen 100 % betragen.

b) Häufigkeitssummenverteilung

(1) mit absoluten Häufigkeiten

$N_i = n_1 + n_2 + ... + n_i$
also
$N_1 = n_1 = 4$
$N_2 = n_1 + n_2 = 4 + 13 = 17$
$N_3 = n_1 + n_2 + n_3 = 4 + 13 + 10 = 27$ usw.

(2) mit relativen Häufigkeiten

$F_i = f_1 + f_2 + ... + f_i$
also
$F_1 = f_1 = 0{,}1$
$F_2 = f_1 + f_2 = 0{,}1 + 0{,}325 = 0{,}425$
$F_3 = f_1 + f_2 + f_3 = 0{,}1 + 0{,}325 + 0{,}25 = 0{,}675$ usw.

In der Zusammenstellung ergibt sich

Note	N_i	F_i
1	4	0,1
2	17	0,425

Note	N_i	F_i
3	27	0,675
4	35	0,875
5	40	1,000

c) Wert der Summenfunktion für die Note 3:

$N_3 = 27$

27 Kinder haben keine schlechtere Note als eine 3 erzielt, d. h., sie haben entweder eine 1, eine 2 oder eine 3 geschrieben.

6. Nutzfläche von Bauernhöfen

a) Häufigkeitsverteilung für die klassierte Nutzfläche. Durch Auszählen erfährt man, wie groß die Häufigkeiten der einzelnen Klassen sind, d. h., wie viele Höfe jeweils in die einzelnen Größenklassen gehören.

Nutzfläche von ... bis unter ... ha	Anzahl Höfe
2–5	6
5–10	8
10–20	12
20–50	6
insgesamt	32

b) Häufigkeitssummenverteilung für die Klassengrenzen

Nutzfläche unter ... ha	Anzahl Höfe N_i
5	6
10	6 + 8 = 14
20	14 + 12 = 26
50	26 + 6 = 32

c) Wie viele Höfe haben weniger als 25 ha?

Durch Auszählen ergibt sich anhand der Einzelwerte die exakte Zahl: 27 Höfe.

Ist man dagegen auf die klassierten Werte angewiesen, rechnet man nach der Formel

$$N_x = N_{i-1} + \frac{n_i}{b_i}(x - x_{i-1})$$

Der vorgegebene Wert x = 25 liegt in der 4. Klasse, d. h., i = 4.
Folglich ist

$$N_{i-1} = N_{4-1} = N_3 = 26$$

$$n_i = n_4 = 6$$

$$b_i = b_4 = 30$$

Eingesetzt in die Formel ergibt sich:

$$N_x = 26 + \frac{6}{30}(25 - 20) = 26 + 0{,}2 \cdot 5 = 27$$

In diesem Fall stimmt das Ergebnis genau mit dem wahren Ergebnis überein.

d) Anzahl der Höfe mit Nutzfläche zwischen 10 und 25 ha?

Anzahl mit Nutzfläche unter 25 ha: 27 Höfe

Anzahl mit Nutzfläche unter 10 ha: 14 Höfe

Folglich: 27 – 14 = 13 Höfe mit einer Nutzfläche zwischen 10 und 25 ha.

7. Einkommen in einer Stadt

a) Häufigkeitsverteilung

Einkommen unter ... €	Werte der Summen-verteilung	
4 000	5,2	$= N_1$
12 000	5,2 + 4,1 = 9,3	$= N_2$
25 000	9,3 + 6,0 = 15,3	$= N_3$
50 000	15,3 + 11,9 = 27,2	$= N_4$
100 000	27,2 + 3,6 = 30,8	$= N_5$
250 000	30,8 + 0,6 = 31,4	$= N_6$
•	31,4 + 0,1 = 31,5	$= N_7$

b) Anzahl der Personen mit einem Einkommen unter 30 000 €.
Der Wert x = 30 000 fällt in die 4. Klasse. Folglich ist

$N_{i-1} = N_3 = 15{,}3$
$n_i = n_4 = 11{,}9$
$b_i = b_4 = 25\,000$
$x_{i-1} = x_3 = 25\,000$

Auszurechnen ist also

$$N_x = 15{,}3 + \frac{11{,}9}{25\,000}(30\,000 - 25\,000) = 15{,}3 + 2{,}38 = 17{,}68$$

17 680 000 Personen hatten ein Einkommen von weniger als 30 000 €.

Kapitel 4

1. Aufstellung einer Tabelle
   Gegeben sind 2 Merkmale:

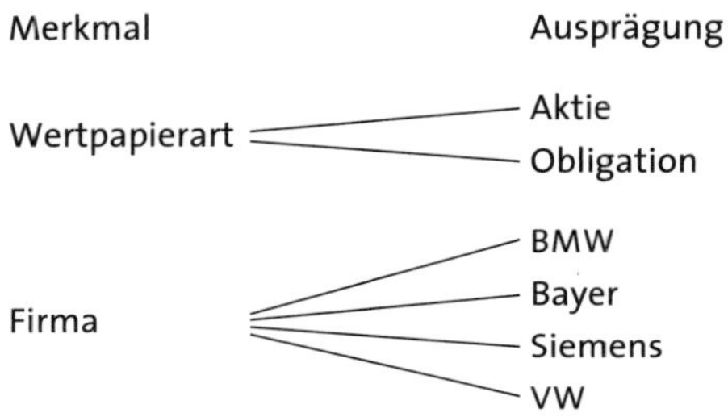

Eine Tabelle könnte folgendermaßen aussehen:

Wertpapierstand am 31. 12. 2008 des Unternehmens XY

Firma	Wertpapierart	
	Stück Aktien	Anleihen in €
BMW	15	–
Bayer	20	1000
Siemens	40	2000
VW	20	500
insgesamt	95	3500

Quelle: Geschäftsbericht des Unternehmens XY

2. Stabdiagramm: Ausgangsdaten

Land	Absolute Häufigkeiten	Relative Häufigkeiten
Griechenland	89	0,047
Italien	180	0,095
Kroatien	86	0,045
Türkei	494	0,260
Polen	88	0,046
Frankreich	69	0,036
sonst. Länder	895	0,471
insgesamt	1901	1,000*

* Aufgrund von (unvermeidbaren) Rundungsfehlern ergibt die Summe nicht 1,000.

(1) Stabdiagramm mit absoluten Häufigkeiten

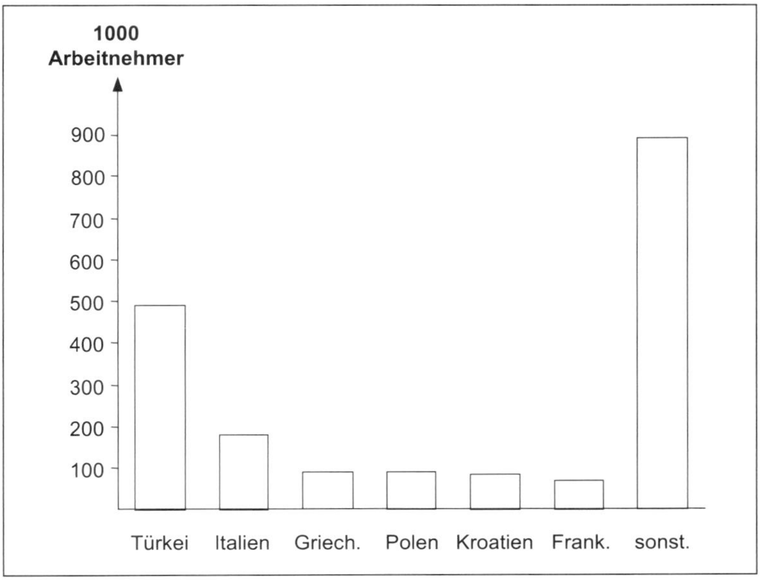

(2) Stabdiagramm mit relativen Häufigkeiten

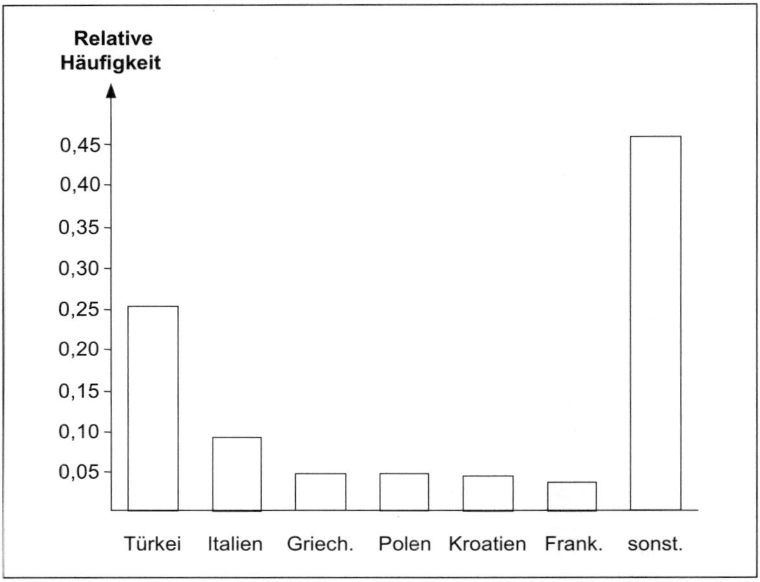

Merke: Stabdiagramme mit absoluten und relativen Häufigkeiten können stets so gezeichnet werden, dass sie – bis auf die Bezeichnung der Häufigkeitsachse – völlig übereinstimmen.

3. Beschäftigte in einem Unternehmen
Grafischer Vergleich durch Stabdiagramme. Zu vergleichen ist die Häufigkeitsverteilung eines Merkmals in zwei Gesamtheiten.

Gesamtheiten:	Männer – Frauen
Merkmal:	Status
Merkmalsausprägungen:	Arbeiter
	Angestellte

Ausgangsdaten: Häufigkeitsverteilungen

Ausprägungen	Männer		Frauen	
	Anzahl	%	Anzahl	%
Arbeiter	100	63	70	44
Angestellte	60	37	90	56
insgesamt	160	100	160	100

(1) Größenvergleich

Verglichen werden die absoluten Anzahlen. Die Gesamtlänge der Stäbe einer Gesamtheit entspricht ihrem Umfang (= Anzahl der Beschäftigten).

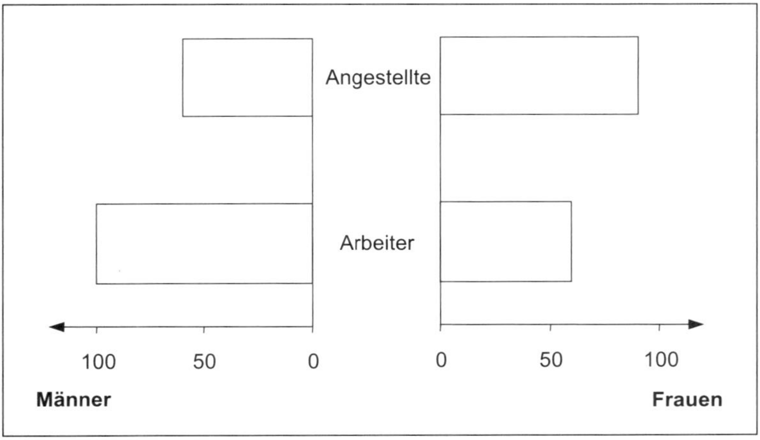

Das Diagramm zeigt, dass insgesamt ebenso viele Männer wie Frauen beschäftigt sind.

(2) Strukturvergleich

Verglichen wird – unabhängig von der Gesamtzahl – die Aufteilung von Männern und Frauen auf die Arbeiter und Angestellten.

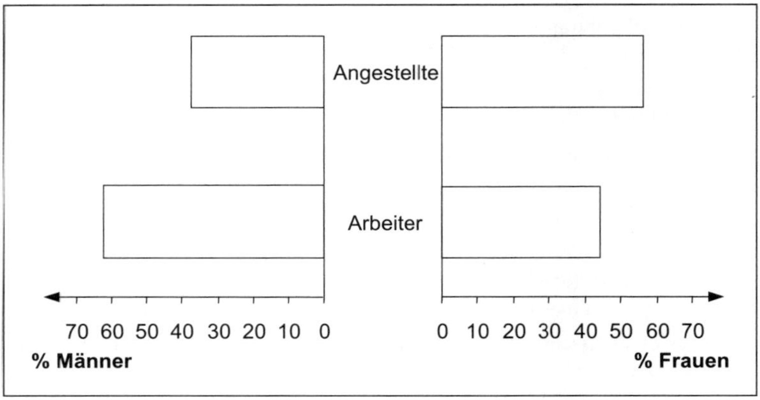

b) Vergleicht man die Häufigkeitsverteilungen für die beiden Statusarten, ist das untersuchte Merkmal das Geschlecht mit den Ausprägungen männlich und weiblich.

4. Histogramm für das Alter von Handelsschiffen

Da das Alter ein kontinuierliches Abstandsmerkmal ist, ist die Merkmalsachse lückenlos in aneinanderstoßende Abschnitte einzuteilen, die der Klassenbreite proportional sind. Wählt man z. B. als Maßeinheit für 1 Jahr 1 cm, so entspricht der Klasse 1 ein Abschnitt von 1 cm Breite, der Klasse 2 ein Abschnitt von 2 cm Breite usw.

Da die Klassen nicht alle gleich breit sind, muss die Höhe der zu zeichnenden Rechtecke, die sogenannte Häufigkeitsdichte, gesondert berechnet werden nach der Formel (für absolute Häufigkeiten)

$$n_i^* = \frac{n_i}{b_i}$$

Es ist also

$$n_1^* = \frac{n_1}{b_1} = \frac{60}{1} = 60$$

$$n_2^* = \frac{n_2}{b_2} = \frac{260}{2} = 130$$

$$n_3^* = \frac{n_3}{b_3} = \frac{280}{2} = 140$$

$$n_4^* = \frac{n_4}{b_4} = \frac{460}{2} = 92$$

Verwendet man statt der absoluten die relativen Häufigkeiten, werden die Häufigkeitsdichten berechnet nach der Formel

$$f_i^* = \frac{f_i}{b_i}$$

Das sich ergebende Histogramm hat bei entsprechender Einteilung der Häufigkeitsachse die gleiche Gestalt wie bei absoluten Häufigkeiten.

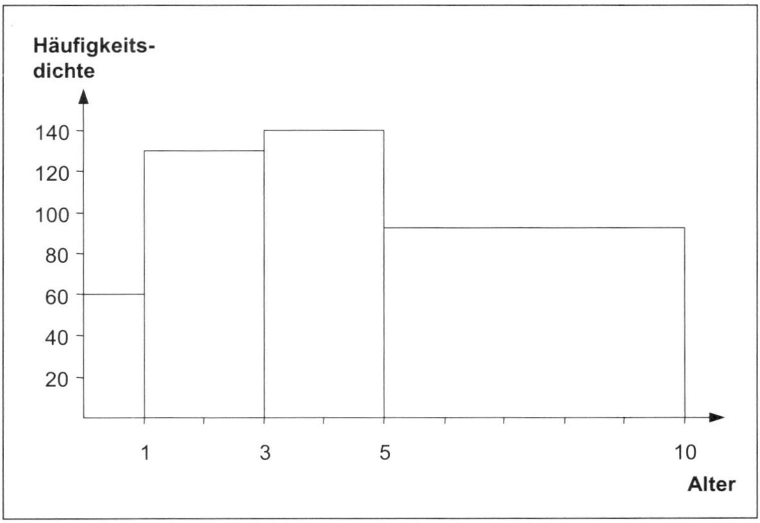

5. Histogramm für das Alter der Erwerbstätigen der Bundesrepublik

a) Histogramm für alle Erwerbstätigen (Männer und Frauen zusammen) Da die Klassen alle gleich breit (= 10 Jahre) sind, wird die Höhe der Rechtecke proportional zu den Häufigkeiten angesetzt.

b) Vergleich der Häufigkeitsverteilung des Alters männlicher und weiblicher Erwerbstätiger. Hier soll nur ein Größenvergleich durchgeführt werden, d. h., es werden die absoluten Häufigkeiten verwendet. Die schraffierte Fläche zeigt an, um wie viel mehr männliche Erwerbstätige es in den Altersklassen gibt als weibliche.

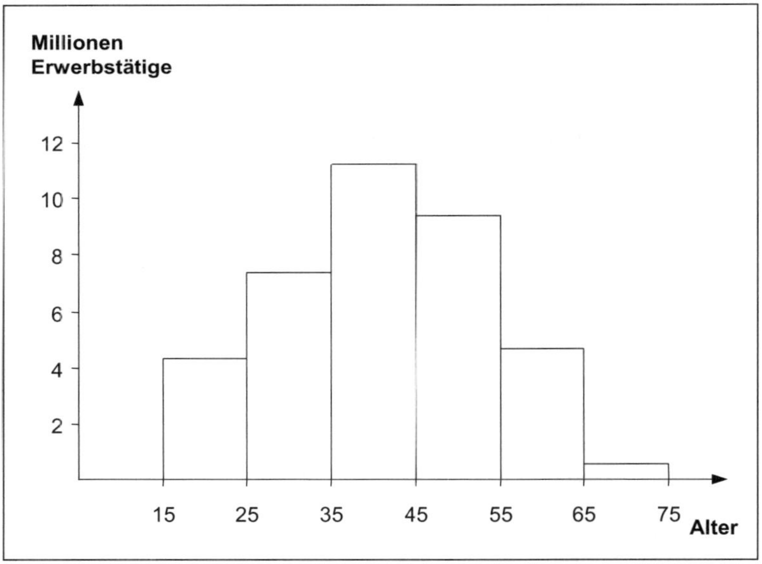

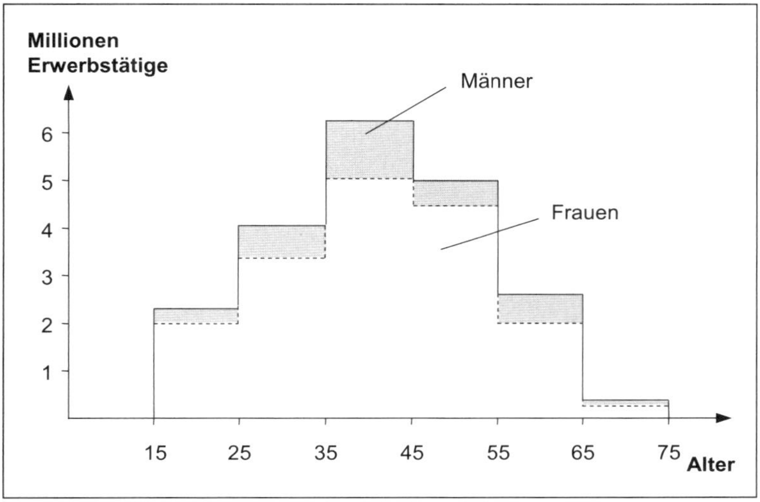

6. Um die Häufigkeitssummenfunktion zu zeichnen, müssen die Werte erst der Größe nach geordnet werden. Dabei werden gleiche Werte zweckmäßigerweise zusammengefasst, sodass eine Häufigkeitsverteilung entsteht.

Verbrauch	Absolute Häufigkeit	Werte d. Summenfunktion N_i
3	1	1
5	1	1 + 1 = 2
6	1	2 + 1 = 3
7	1	3 + 1 = 4
9	2	4 + 2 = 6
10	4	6 + 4 = 10
11	4	10 + 4 = 14
12	4	14 + 4 = 18
15	1	18 + 1 = 19
19	1	19 + 1 = 20
insgesamt	20	

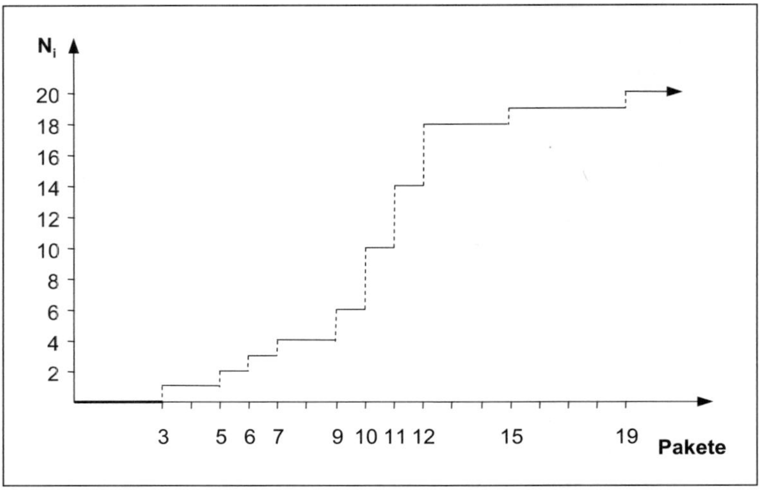

Zu beachten ist, dass die Sprunghöhe dem Zuwachs der Häufigkeitssummenverteilung entspricht. Das sind die Häufigkeiten der jeweiligen Klassenmerkmalswerte.

7. Häufigkeitssummenverteilung zu Aufgabe 4

	Werte der Summenverteilung	
Alter unter ... Jahre	Absolute Häufigkeit N_i	Relative Häufigkeit F_i %
1	60	6
3	60 + 260 = 320	6 + 25 = 31
5	320 + 280 = 600	31 + 26 = 57
10	600 + 460 = 1060	57 + 43 = 100

(1) Grafik der Häufigkeitssummenverteilung bei absoluten Häufigkeiten

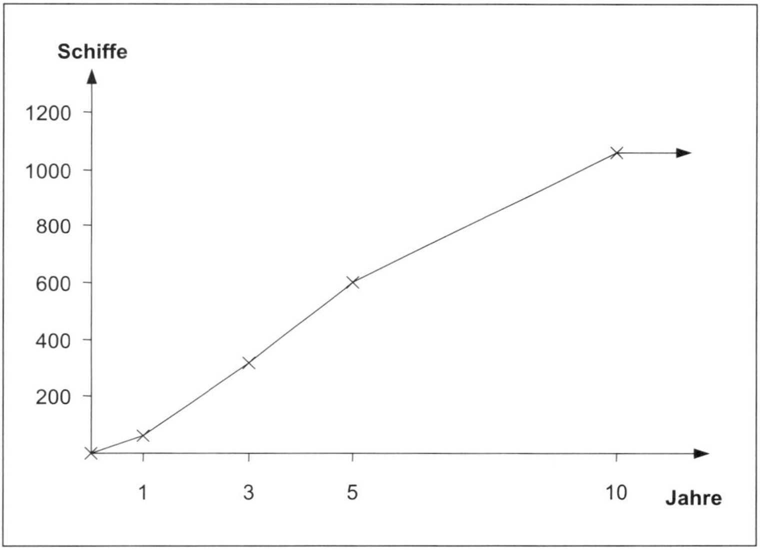

(2) Bei der Grafik der Häufigkeitssummenverteilung mit relativen Häufigkeiten ändert sich lediglich die Einteilung der Häufigkeitsachse. Die Zeichnung sei dem Leser überlassen.

Unter der Annahme, dass sich die 280 Schiffe der Altersklasse 3 bis unter 5 Jahre gleichmäßig auf diese Klasse verteilen, sind 460 Schiffe (= 60 + 260 + 140) höchstens 4 Jahre alt, folglich sind 1060 – 460 = 600 Schiffe älter als 4 Jahre.

8. Kurvendiagramm für die Zahl der Einwanderer und der Auswanderer in Deutschland

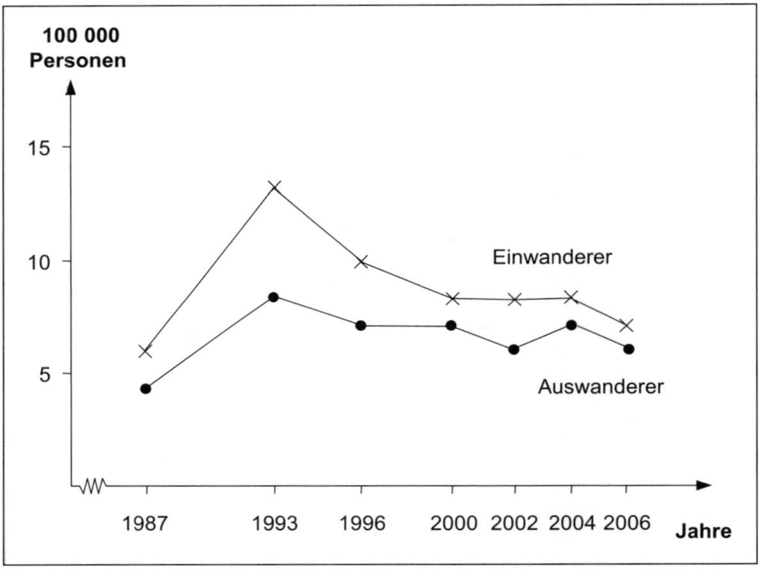

Da die Zahlen für das gesamte Jahr gelten sollen, werden sie über der Mitte der einzelnen Jahresabschnitte abgetragen. Dies sollen hier die Markierungen auf der Zeitachse sein.

9. Kurvendiagramm für die Einkommens- und Preisentwicklung

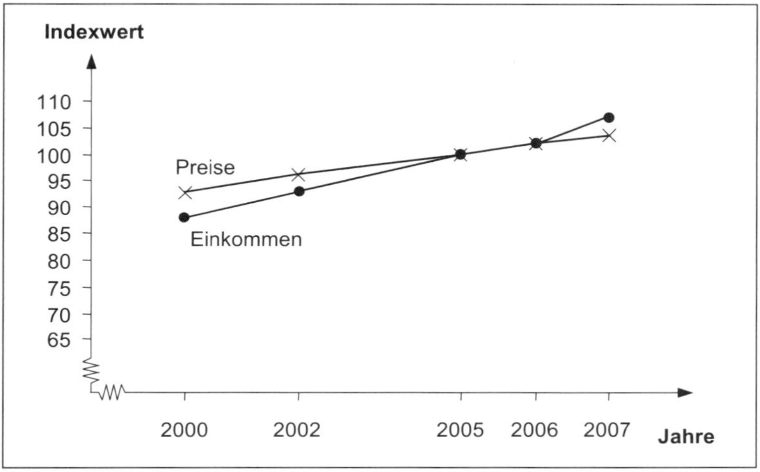

Der Abstand zwischen Einkommens- und Preisentwicklung zeigt die Verbesserung des Realeinkommens.

Kapitel 6

1. Berechnung von Verhältniszahlen

(1) $\frac{\text{Einwohner}}{\text{Ärzte}} = \frac{82\,000\,000}{315\,000} = 260 \text{ Einwohner/Arzt}$

Im Durchschnitt hat ein Arzt 260 Einwohner (nicht Patienten) zu versorgen.

Kehrt man diesen Quotienten um, berechnet also Ärzte/Einwohner, ergibt sich, wie viele Ärzte auf einen Einwohner (besser wäre auf 10 000 Einwohner, wieso?) kommen.

(2) $\frac{\text{Schüler und Studenten}}{\text{Einwohner}} = \frac{11\,000\,000}{82\,000\,000} = 0{,}134 = 13{,}4\,\%$

13,4 % der Bevölkerung sind Schüler oder Studenten.

(3) $\frac{\text{Bierverbrauch}}{\text{Einwohner}} = \frac{91\,000\,000}{82\,000\,000} = 1{,}11\,\text{hl/Einwohner}$

Die Bundesbürger tranken im Durchschnitt (Kinder eingerechnet) 111 l Bier.

(4) $\frac{\text{Steuereinnahmen}}{\text{Einwohner}} = \frac{593\,000\,\text{Mill.}}{82\,\text{Mill.}} = 7232\,\text{€/Einwohner}$

Von jedem Einwohner nahm der Staat im Durchschnitt 7232 € Steuern ein.

(5) $\frac{\text{Volkseinkommen}}{\text{Einwohner}} = \frac{1\,880\,000\,\text{Mill.}}{82\,\text{Mill.}} = 22\,927\,\text{€/Einwohner}$

Das Volkseinkommen je Kopf der Bevölkerung betrug 2008 22 927 €.

Bei den Verhältniszahlen (2)–(5) ist eine Vertauschung von Berichts- und Basisgröße wenig sinnvoll.

2. Berechnung von Gliederungszahlen erfolgt nach der Formel:

$$g_i = \frac{x_i}{\sum x_i}$$

Folglich ergeben sich:

$$g_1 = \frac{x_1}{\sum x_i} = \frac{56}{752} = 0{,}074 = 7{,}4\,\%$$

$$g_2 = \frac{x_2}{\sum x_i} = \frac{74}{752} = 0{,}098 = 9{,}8\,\%$$

$$g_3 = \frac{x_3}{\sum x_i} = \frac{622}{752} = 0{,}827 = 82{,}7\,\%$$

7,4 % der Verurteilten waren Jugendliche, 9,8 % Heranwachsende, 82,7 % Erwachsene.

Anmerkung: Um die unterschiedliche Straffälligkeit dieser drei Altersgruppen beurteilen zu können, müsste man anstelle von Gliederungszahlen Beziehungszahlen berechnen, indem man die Verurteilten durch die Zahl der Personen der jeweiligen Altersklassen teilt.
Dabei ergibt sich, dass 2007 auf 1000 Personen der betreffenden Altersklasse bei den Jugendlichen 15, bei den Heranwachsenden 26 und bei den Erwachsenen 10 Verurteilte kamen. Die Straffälligkeit ist folglich bei den Heranwachsenden mit Abstand am höchsten.

3. Da Gliederungszahlen berechnet werden nach der Formel

$$g_i = \frac{x_i}{\sum x_i}$$

erhält man durch Umformung

$$x_i = g_i \sum x_i$$

d. h., es ergeben sich die absoluten Stimmenzahlen der einzelnen Parteien (die x_i-Werte), indem man den Totalwert mit den Gliederungszahlen multipliziert.

$x_1 = g_1 \sum x_i = 0{,}338 \cdot 43{,}4$ Mill. = 14,7 Mill.
$x_2 = g_2 \sum x_i = 0{,}230 \cdot 43{,}4$ Mill. = 10,0 Mill.
$x_3 = g_3 \sum x_i = 0{,}146 \cdot 43{,}4$ Mill. = 6,3 Mill.
$x_4 = g_4 \sum x_i = 0{,}119 \cdot 43{,}4$ Mill. = 5,2 Mill.
$x_5 = g_5 \sum x_i = 0{,}107 \cdot 43{,}4$ Mill. = 4,6 Mill.

Die CDU/CSU erhielt 14,7 Mill., die SPD 10,0 Mill. Stimmen usw.

4. a) Berechnung einer örtlichen Messzahl

$$\frac{\text{Produktion GB}}{\text{Produktion BRD}} = \frac{19}{24} = 0{,}792 = 79{,}2\,\%$$

Die Produktion Großbritanniens betrug 2006 79% der Produktion Deutschlands, folglich lag die Produktion Großbritanniens um 21% unter der von Deutschland.

b) Hier ist die Produktion Großbritanniens Basisgröße.

$$\frac{\text{Produktion BRD}}{\text{Produktion GB}} = \frac{24}{19} = 1{,}263 = 126{,}3\,\%$$

Die Produktion von Deutschland betrug 126,3 % der Produktion Großbritanniens, lag also um 26,3 % höher.

c) Vergleich zweier zeitlicher Messzahlen

$$\text{GB: } \frac{\text{Produktion 2006}}{\text{Produktion 1998}} = \frac{19}{40} = 0{,}475 = 47{,}5\,\%$$

$$\text{BRD: } \frac{\text{Produktion 2006}}{\text{Produktion 1998}} = \frac{24}{45} = 0{,}533 = 53{,}3\,\%$$

In Großbritannien ging die Produktion um 52,5 % zurück, in Deutschland um 46,7 %.

5. Zeitliche Messzahlen nach der Formel

a) $m_{0,t} = \frac{x^{(t)}}{x^{(0)}}$

z. B.

$$m_{Mo,Mo} = \frac{x^{Mo}}{x^{Mo}} = \frac{200}{200} = 1 = 100\,\%$$

$$m_{Mo,Di} = \frac{x^{Di}}{x^{Mo}} = \frac{150}{200} = 0{,}75 = 75\,\% \text{ usw.}$$

Arbeitstabelle

Tag	x	m	$m_{Sa,t}$
Mo	200	1	0,67
Di	150	0,75	0,5
Mi	140	0,7	0,47
Do	160	0,8	0,53
Fr	160	0,8	0,53
Sa	300	1,5	1,00
So	250	1,25	0,83

b) Umbasieren: $m_{Sa,t} = \frac{m_{0,t}}{m_{0,Sa}}$

z. B. $m_{Sa,Mo} = \frac{m_{Mo,Mo}}{m_{Mo,Sa}} = \frac{1}{1,5} = 0,67$ usw.

c) $m_{Mi,Do} = \frac{m_{Mo,Do}}{m_{Mo,Mi}} = \frac{x^{Do}}{x^{Mi}} = 1,14$ *

Die Einnahmen sind um 14 % gestiegen.

6. Grundsätzlich kann man folgende Beziehungszahlen für die Geburtenhäufigkeit berechnen. Sie werden der besseren Anschaulichkeit halber mit 10 000 multipliziert.

$$\frac{\text{Lebendgeborene}}{\text{Einwohner}} \cdot 10\,000 = \frac{683\,000}{82\,000\,000} \cdot 10\,000$$

= 83 Lebendgeborene/10 000 Einwohner

Auf 10 000 Einwohner kamen 83 Lebendgeborene.

* Falls mit den (gerundeten) Messzahlen 0,53 und 0,47 gerechnet wird, hat das Ergebnis einen deutlichen Rundungsfehler. Es sollte daher grundsätzlich nur am Schluss das Endergebnis gerundet werden.

$$\frac{\text{Lebendgeborene}}{\text{Frauen}} \cdot 10\,000 = \frac{683\,000}{42\,000\,000} \cdot 10\,000$$

= 163 Lebendgeborene/10 000 Frauen

Auf 10 000 Frauen kamen 163 Lebendgeborene.

$$\frac{\text{Lebendgeborene}}{\text{Frauen im Alter v. } 15-45} \cdot 10\,000 = \frac{683\,000}{16\,300\,000} \cdot 10\,000$$

= 419 Lebendgeborene/10 000 Frauen im Alter von 15 – 45.

Auf 10 000 Frauen im Alter von 15 – 45 Jahren kamen 419 Lebendgeborene.

Am aussagefähigsten ist die dritte Beziehungszahl, die sogenannte Fruchtbarkeitsziffer. Als Basisgröße wird nur der Personenkreis genommen, der grundsätzlich für Geburten in Frage kommt.

Die Zahl der Eheschließungen ist zwar wichtig für die – spätere – Geburtenzahl. Dennoch ist es nicht sinnvoll, die Geburten eines Jahres auf die Zahl der Eheschließungen zu beziehen. Wieso?

7. Pkw-Dichte = Beziehungszahl

Da die Länder unterschiedlich groß sind, kann man nicht einfach die absoluten Zahlen der Pkw miteinander vergleichen. Man berechnet daher (multipliziert mit 1000):

$$\text{BRD} = \frac{\text{Pkw}}{\text{Einwohner}} \cdot 1000 = \frac{46\text{ Mill.}}{82\text{ Mill.}} \cdot 1000$$

= 561 Pkw/1000 Einwohner

$$\text{Russland} = \frac{25\text{ Mill.}}{142\text{ Mill.}} \cdot 1000$$

= 176 Pkw/1000 Einwohner

$$\text{USA} = \frac{137\ \text{Mill.}}{303\ \text{Mill.}} \cdot 1000$$

= 452 Pkw/1000 Einwohner

In Deutschland kommen auf 1000 Einwohner 561, in den USA 452 und in Russland 176 Pkw.

Die Fläche der Staaten ist als Basisgröße nicht geeignet.

Kapitel 7

1. Der häufigste Wert ist die Merkmalsausprägung mit der größten Häufigkeit.
   Merkmalsausprägungen sind die verschiedenen Haustierarten, Häufigkeiten sind die Zahlen dazu. Folglich ist der häufigste Wert die Ausprägung: weiße Mäuse.

2. Zentralwert aus Schulnoten
   Zunächst sind die einzelnen Noten in aufsteigender Folge zu ordnen.

   1, 1, 1, 1
   2, 2, 2, 2, 2, 2, 2, 2, 2, 2, 2, 2, 2
   3, 3, 3, 3, 3, 3, 3, 3, 3, 3
   4, 4, 4, 4, 4, 4, 4, 4
   5, 5, 5, 5, 5

   Der Zentralwert ist der Merkmalswert, der die Gesamtheit in Hälften einteilt. Da es sich hier um eine gerade Anzahl von Werten handelt, setzt man als Zentralwert den Wert an, der genau in der Mitte zwischen den beiden mittleren Werten, hier also dem 20. und 21. Wert, liegt.
   Da der 20. und der 21. Wert jeweils die Note 3 ist, ist auch der Zentralwert die Note 3.

3. Zentralwert des Einkommens

Das Einkommen ist zwar ein Abstandsmerkmal, der Zentralwert kann jedoch auch für Abstandsmerkmale verwendet werden.

a) Rechnerische Bestimmung

Bei klassierten Daten wird der Zentralwert berechnet nach der Formel

$$\tilde{x} = x_{i-1} + \frac{b_i}{n_i}\left(\frac{n}{2} - N_{i-1}\right)$$

Zunächst wird die Summenverteilung benötigt.

Einkommen unter ...	i	N_i
4000	1	5,2
12 000	2	9,3
25 000	3	15,3
50 000	4	27,2
100 000	5	30,8
250 000	6	31,4
•	7	31,5

Die Klasse, in der der Zentralwert liegt, richtet sich nach $\frac{n}{2}$ = 31,5/2 = 15,75.

Der 15,75. Wert (in Wirklichkeit ist dies der 15 750. Wert) fällt in die Klasse 4. An der Obergrenze der 3. Klasse (= 25 000 €) hat die Summenverteilung nämlich nur den Wert 15,3, d. h., 15 300 Personen verdienen weniger als 25 000 €.

An der Obergrenze der 4. Klasse (= 50 000 €) hat die Summenverteilung dagegen den Wert 27,2, d. h., 27 200 Personen haben ein Einkommen von weniger als 50 000 €.

Der Zentralwert ist aber das Einkommen der 15,75. (15 750.) Person. Folglich liegt der Zentralwert zwischen 25 000 und 50 000 €, also in Klasse 4.

Alle weiteren benötigten Werte lassen sich aus der Ausgangstabelle bzw. aus der Summenverteilung entnehmen.

Es sind

$x_{i-1} = x_{4-1} = x_3 = 25\,000$

$b_i = b_4 = 50\,000 - 25\,000 = 25\,000$

$n_i = n_4 = 11{,}9$

$n_{i-1} = N_3 = 15{,}3$

Eingesetzt in die Formel ergibt sich

$$\tilde{x} = 25\,000 + \frac{25\,000}{11{,}9}(15{,}75 - 15{,}3) = 25\,000 + 945 = 25\,945$$

Der Zentralwert beträgt 25 945 €. Vereinfacht lässt sich sagen, dass 50 % der Einkommensempfänger mehr verdienen als 25 945 €.

b) Grafische Bestimmung
Grafisch lässt sich der Zentralwert bestimmen aus der Grafik der Summenfunktion.

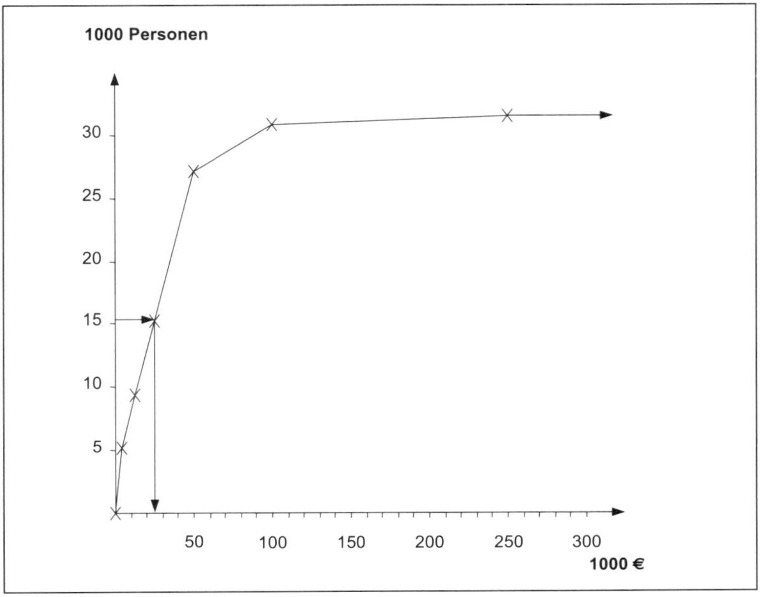

Bei genauer Zeichnung kann man dort, wo der senkrechte Pfeil auf die Merkmalsachse trifft, den Zentralwert ablesen.

4. Arithmetischer Mittelwert aus Einzelwerten

$$\overline{x} = \frac{1}{n}\sum x_i$$

n = 20 (Anzahl der Haushalte)

$\sum x_i$ = 12 + 9 + 10 + ... + 12

= 205 (Totalwert)

$$\overline{x} = \frac{1}{20} \cdot 205 = 10{,}25$$

Der Durchschnittsverbrauch je Haushalt beträgt 10,25 Pakete.

5. Arithmetischer Mittelwert
a) aus Einzelwerten

$$\overline{x} = \frac{1}{n}\sum x_i$$

n = 32 (Anzahl der Bauernhöfe)

$\sum x_i$ = 2,4 + 2,8 + 3,1 + ... + 44,0 + 46,9 = 482,3 (ha) (= Totalwert)

$$\overline{x} = \frac{1}{32} \cdot 482{,}3 = 15{,}1 \text{ (ha/Hof)}$$

Die durchschnittliche Nutzfläche beträgt 15,1 ha.

b) aus klassierten Werten

$$\overline{x} = \frac{1}{n}\sum_{i=1}^{k} x_i' n_i$$

$n = 32$

$k = 4$ (Anzahl der Klassen)

$\sum x_i' n_i$ = Summe der Klassenmitten multipliziert mit den zugehörigen Häufigkeiten (= näherungsweise Totalwert)

Arbeitstabelle

Klasse	x_i'	n_i	$x_i'n$
2–5	3,5	6	21
5–10	7,5	8	60
10–20	15	12	180
20–50	35	6	210
		32	471

$$\bar{x} = \frac{471}{32} = 14{,}7 \text{ (ha)}$$

Als durchschnittliche Nutzfläche ergibt sich aufgrund klassierter Werte 14,7 ha.

Der Unterschied zum Ergebnis aus Einzelwerten ist darauf zurückzuführen, dass nicht mehr die tatsächlichen Werte, sondern hilfsweise nur die Klassenmitten für die Berechnung verwendet wurden. Durch diesen Informationsverlust wird das Ergebnis ungenauer.

6. Arithmetischer Mittelwert aus klassierten Werten
   a) mit absoluten Häufigkeiten

$$\bar{x} = \frac{1}{n} \sum x_i' n_i$$

   b) mit relativen Häufigkeiten

$$\bar{x} = \sum x_i' f_i$$

$$f_i = \frac{n_i}{n}$$

also z. B.

$$f_1 = \frac{n_1}{n} = \frac{60}{500} = 0{,}12$$

$$f_2 = \frac{n_2}{n} = \frac{200}{500} = 0{,}4 \text{ usw.}$$

Arbeitstabelle

Klasse	x_i'	n_i	$x_i' n_i$	f_i	$x_i' f_i$
100–200	150	60	9000	0,12	18
200–300	250	200	50 000	0,40	100
300–400	350	120	42 000	0,24	84
400–500	450	80	36 000	0,16	72
500–600	550	40	22 000	0,08	44
		500	159 000	1,00	318

a) mit absoluten Häufigkeiten

$$\overline{x} = \frac{159\,000}{500} = 318$$

b) mit relativen Häufigkeiten

$\overline{x} = 318$

Die durchschnittliche Brenndauer beträgt 318 Stunden.

Merke: Bis auf eventuelle Rundungsfehler muss sich bei beiden Verfahrensweisen der gleiche Mittelwert ergeben.

7. Arithmetischer Mittelwert aus klassierten Werten

$$\overline{x} = \frac{1}{n} \sum x_i' f_i$$

Arbeitstabelle

Alter von ... bis unter ... Jahren	Klassen-mitte	Männer		Frauen	
	x_i'	n_i	$x_i' n_i$	n_i	$x_i n_i$
15–25	20	2,3	46	2,0	40
25–35	30	4,0	120	3,3	99
35–45	40	6,2	248	5,0	200
45–55	50	5,0	250	4,4	220
55–65	60	2,6	156	2,0	120
65–75	70	0,3	21	0,2	14
		20,5	841	16,9	693

Männer: $\overline{x} = \frac{841}{20{,}5} = 41{,}02$ (Jahre)

Frauen: $\overline{x} = \frac{693}{16{,}9} = 41{,}01$ (Jahre)

Das durchschnittliche Alter der männlichen Erwerbstätigen beträgt 41,0 Jahre, ebenso wie das der weiblichen Erwerbstätigen.
Da der arithmetische Mittelwert sich ergibt, wenn man den Totalwert durch die Zahl der Einheiten dividiert, hat man zur Berechnung des Durchschnittsalters für alle Erwerbstätigen mehrere Möglichkeiten.

Die beiden einfachsten sind

(1) $\overline{x} = \frac{841 + 693}{20{,}5 + 16{,}9} = 41$

(2) $\overline{x} = \frac{\left(\overline{x}_{\text{Männer}} \cdot n_{\text{Männer}} + \overline{x}_{\text{Frauen}} + n_{\text{Frauen}}\right)}{n_{\text{Männer}} + n_{\text{Frauen}}}$

$$\overline{x} = \frac{841 + 693}{20{,}5 + 16{,}9} = 41$$

Das Durchschnittsalter aller Erwerbstätigen beträgt 41 Jahre.

8. Berechnung eines geeigneten Mittelwerts

   1) Arithmetischer Mittelwert

$$\overline{x} = \frac{1}{n} \sum x_i' n_i$$

Arbeitstabelle

Umsatz	x_i'	n_i	$x_i' n_i$
unter 2	1	90	90
2–4	3	50	150
4–10	7	30	210
10–20	15	16	240
20–50	35	6	210
50–100	75	4	300
100–300	200	2	400
300–500	400	2	800
insgesamt		200	2400

$$\overline{x} = \frac{2400}{200} = 12$$

Der durchschnittliche Umsatz beträgt 12 Mill. €.
Dieser Mittelwert ist nicht sehr repräsentativ für die gesamte Verteilung, denn mindestens 85 % der Unternehmen sind kleiner als der Mittelwert. Bei solch schiefer Häufigkeitsverteilung (die Masse der Ein-

heiten konzentriert sich auf einer Seite) ist der Zentralwert normalerweise besser geeignet.

2) Zentralwert

$$\tilde{x} = x_{i-1} + \frac{b_i}{n_i}\left(\frac{n}{2} - N_{i-1}\right)$$

Arbeitstabelle

x_i	i	n_i	N_i
2	1	90	90
4	2	50	140
10	3	30	170
20	4	16	186
50	5	6	192
100	6	4	196
300	7	2	198
500	8	2	200

$\frac{n}{2} = \frac{200}{2} = 100$, d. h., der Zentralwert liegt in der zweiten Klasse (zwischen 2 und 4 Mill. € Umsatz).

$$\tilde{x} = 2 + \frac{2}{50}(100 - 90) = 2 + 0{,}4 = 2{,}4$$

Der Zentralwert beträgt 2,4 Mill. €. Man kann sagen, dass 50 % der Unternehmen weniger und 50 % mehr Umsatz haben.
Der Zentralwert ist in diesem Fall also wesentlich repräsentativer als der arithmetische Mittelwert.

Kapitel 8

1. Spannweite der Nutzfläche von 32 Bauernhöfen

   Spannweite = größter Wert – kleinster Wert
   = 46,9 – 2,4 = 44,5
   Die Spannweite beträgt 44,5 ha.

2. Durchschnittliche Abweichung vom Zentralwert aus Einzelwerten

   $$d = \frac{\sum |x_i - \tilde{x}|}{n}$$

   Da die Zahl der Merkmalswerte 12 beträgt (= gerade Zahl), liegt der Zentralwert zwischen der Temperatur des 6. und 7. Monats, wenn man die Monate nach der Höhe der Temperatur ordnet:

	°C
Januar	1,3
Februar	1,8
Dezember	2,7
März	5,0
November	5,8
April	9,0
Oktober	9,8
Mai	13,3
September	14,4
Juni	16,3
August	17,4
Juli	17,7

$$\tilde{x} = \frac{1}{2}(9{,}0 + 9{,}8) = 9{,}4$$

Der Zentralwert beträgt 9,4 °C.

Arbeitstabelle

Monat	x_i	$\lvert x_i - \tilde{x} \rvert$*
Januar	1,3	8,1
Februar	1,8	7,6
März	5,0	4,4
April	9,0	0,4
Mai	13,3	3,9
Juni	16,3	6,9
Juli	17,7	8,3
August	17,4	8,0
September	14,4	5,0
Oktober	9,8	0,4
November	5,8	3,6
Dezember	2,7	6,7
		63,3

$$d = \frac{63{,}3}{12} = 5{,}3$$

Die durchschnittliche Abweichung beträgt 5,3 °C. Im Durchschnitt weicht die Temperatur der einzelnen Monate um 5,3 °C von der mittleren Temperatur ab.

3. Durchschnittliche Abweichung aus klassierten Werten

   a) mit Hilfe absoluter Häufigkeiten

$$d = \frac{\sum \lvert x_i' - \tilde{x} \rvert n_i}{n}$$

* Es sei noch einmal daran erinnert, dass die beiden senkrechten Striche, die sogenannten Absolutstriche, bedeuten, dass man bei der Differenz zwischen Merkmals- und Zentralwert das (negative) Vorzeichen fortlässt.

Zunächst Berechnung des Zentralwertes nach der Formel

$$\tilde{x} = x_{i-1} + \frac{b_i}{n_i}\left(\frac{n}{2} - N_{i-1}\right)$$

Arbeitstabelle 1

x_i	i	n_i	N_i
34	1	100	100
36	2	500	600
38	3	500	1100
40	4	500	1600
42	5	400	2000
44	6	300	2300
46	7	200	2500

$$\frac{n}{2} = \frac{2500}{2} = 1250$$

Der Zentralwert liegt folglich in der 4. Klasse, also zwischen den Grenzen 38 und 40 mm.

Folglich ergibt sich

$$\tilde{x} = x_{4-1} + \frac{b_4}{n_4}(1250 - N_{4-1})$$

$$= 38 + \frac{2}{500}(1250 - 1100) = 38 + 0{,}6 = 38{,}6 \text{ (mm)}$$

Der Zentralwert beträgt 38,6 mm.

Arbeitstabelle 2

x_i'	$\lvert x_i - \tilde{x} \rvert$	n_i	$\lvert x_i - \tilde{x} \rvert n_i$	f_i	$\lvert x_i - \tilde{x} \rvert f_i$
33	5,6	100	560	0,04	0,224
35	3,6	500	1800	0,2	0,72
37	1,6	500	800	0,2	0,32
39	0,4	500	200	0,2	0,08
41	2,4	400	960	0,16	0,384
43	4,4	300	1320	0,12	0,528
45	6,4	200	1280	0,08	0,512
		2500	6920	1,00	2,768

$$d = \frac{6920}{2500} = 2{,}8 \text{ (mm)}$$

Die durchschnittliche Abweichung beträgt 2,8 mm.

b) mit Hilfe relativer Häufigkeiten

$$d = \sum \left| x_i' - \tilde{x} \right| f_i$$

Die Zwischenrechnung erfolgt in Arbeitstabelle 2.

d = 2,8 (mm)

Ergebnis: Die durchschnittliche Abweichung ist unabhängig davon, ob mit absoluten oder relativen Häufigkeiten gerechnet wird.

4. Standardabweichung aus Einzelwerten

$$s = \sqrt{\frac{\sum (x_i - \bar{x})^2}{n}}$$

Zur Erinnerung: Das sogenannte Wurzelzeichen $\sqrt{\ }$ besagt, dass zu dem darunterstehenden Ausdruck eine Zahl bestimmt werden soll, die mit sich selbst multipliziert genau den Wert dieses Ausdrucks ergibt. Wurzelziehen ist also der umgekehrte Vorgang zum Quadrieren.

Berechnung von $\overline{x}$ nach der Formel

$$\overline{x} = \frac{1}{n} \sum x_i$$

Arbeitstabelle

x_i'	$x_i - \overline{x}$	$(x_i - \overline{x})^2$
5	–1	1
6	2	4
10	6	36
1	–3	9
2	–2	4
2	–2	4
4	0	0
5	1	1
5	1	1
4	0	0
8	4	16
5	1	1
2	–2	4
3	–1	1
3	–1	1
2	–2	4
5	1	1
2	–2	4
1	3	9
5	1	1
80		102

$$\overline{x} = \frac{80}{20} = 4$$

$$s = \sqrt{\frac{102}{20}} = \sqrt{5{,}1} = 2{,}26$$

Die Standardabweichung beträgt 2,26 €.

5. Standardabweichung aus klassierten Werten

$$s = \sqrt{\frac{\sum \left(x_i' - \overline{x}\right)^2 n_i}{n}}$$

$$\overline{x} = \frac{1}{n} \sum x_i' n_i$$

Arbeitstabelle

x_i'	n_i	$x_i' n_i$	$x_i' - \overline{x}$	$(x_i' - \overline{x})^2$	$(x_i' - \overline{x})^2 n_i$
7,0	5	35,0	–1,3	1,69	8,45
7,5	10	75,0	–0,8	0,64	6,40
8,0	28	224,0	–0,3	0,09	2,52
8,5	36	306,0	0,2	0,04	1,44
9,0	15	135,0	0,7	0,49	7,35
9,5	6	57,0	1,2	1,44	8,64
	100	832			34,80

$$\overline{x} = \frac{832}{100} = 8{,}3$$

$$s = \sqrt{\frac{34{,}80}{100}} = \sqrt{0{,}348} = 0{,}6$$

Die Standardabweichung der Verbrauchsmengen beträgt 0,6 Liter.

6. a) Standardabweichung aus klassierten Werten

$$s = \sqrt{\frac{\sum (x_i' - \bar{x})^2 n_i}{n}}$$

$$\bar{x} = \frac{1}{n} \sum x_i' n_i$$

Arbeitstabelle

x_i'	n_i	$x_i' n_i$	$x_i' - \bar{x}$	$(x_i' - \bar{x})^2$	$(x_i' - \bar{x})^2 n_i$
13	6	78	–1,5	2,25	13,5
14	8	112	–0,5	0,25	2,0
15	10	150	0,5	0,25	2,5
16	6	96	1,5	2,25	13,5
	30	436			31,5

$$\bar{x} = \frac{436}{30} = 14{,}5$$

$$s = \sqrt{\frac{31{,}5}{30}} = \sqrt{1{,}05} = 1{,}0$$

Die Standardabweichung beträgt 1,0 Liter.

b) Da die Streuung normalerweise umso größer ist, je größer die Merkmalswerte sind, muss man für einen Vergleich diesen Größeneinfluss ausschalten. Das geschieht durch die Berechnung eines relativen Streuungsmaßes, des Variationskoeffizienten.

$$V = \frac{s}{\bar{x}}$$

Es ergibt sich für

Kleinwagen: $V_K = \frac{0{,}6}{8{,}3} = 0{,}07$

Luxuslimousinen: $V_L = \frac{1}{14{,}5} = 0{,}07$

Bei Kleinwagen beträgt der Variationskoeffizient ebenso wie bei den großen Wagen 0,07, d.h., die Streuung beträgt 7% vom Mittelwert. Beide Wagentypen weisen also die gleichen relativen Verbrauchsschwankungen auf.

7. Variationskoeffizienten

$$V = \frac{s}{\overline{x}}$$

Es ergeben sich für

Händler A: $V_A = \frac{5}{100} = 0{,}05$

Händler B: $V_B = \frac{10}{250} = 0{,}04$

Da der Variationskoeffizient bei B kleiner ist, verkauft B die Apfelsinen mit dem gleichmäßigeren Gewicht.

Kapitel 9

1. Kurve der absoluten Konzentration

Zunächst Umwandlung der Ausfuhrbeträge in Gliederungszahlen.

$$g_i = \frac{x_i}{\sum x_i}$$

z. B.

$$g_1 = \frac{x_1}{\sum x_i} = \frac{94}{628} = 0{,}15 = 15\,\%$$

$$g_2 = \frac{x_2}{\sum x_i} = \frac{71}{628} = 0{,}11 = 11\,\%$$

Anschließend Kumulieren der Gliederungszahlen:

$G_i = g_1 + g_2 + \ldots + g_i$

z. B.

$G_1 = g_1 = 15\,\%$
$G_2 = g_1 + g_2 = 15\,\% + 11\,\% = 26\,\%$ usw.

Arbeitstabelle

Land	x_i	g_i %	g_i % kumuliert
Frankreich	94	15	15
Großbritannien	71	11	15 + 11 = 26
Italien	65	10	26 + 10 = 36
Niederlande	62	10	36 + 10 = 46
Belgien	51	8	46 + 8 = 54
Sonstige (21)	285	45	54 + 46 = 100*
	628	100	

* Rundungsfehler

2. Konzentrationsverhältnis

a) Konzentrationsverhältnis der zwei größten Abnehmerländer = Anteil der Länder am Gesamtexport = 26 %

b) Konzentrationsverhältnis der vier größten Abnehmerländer = 46 %

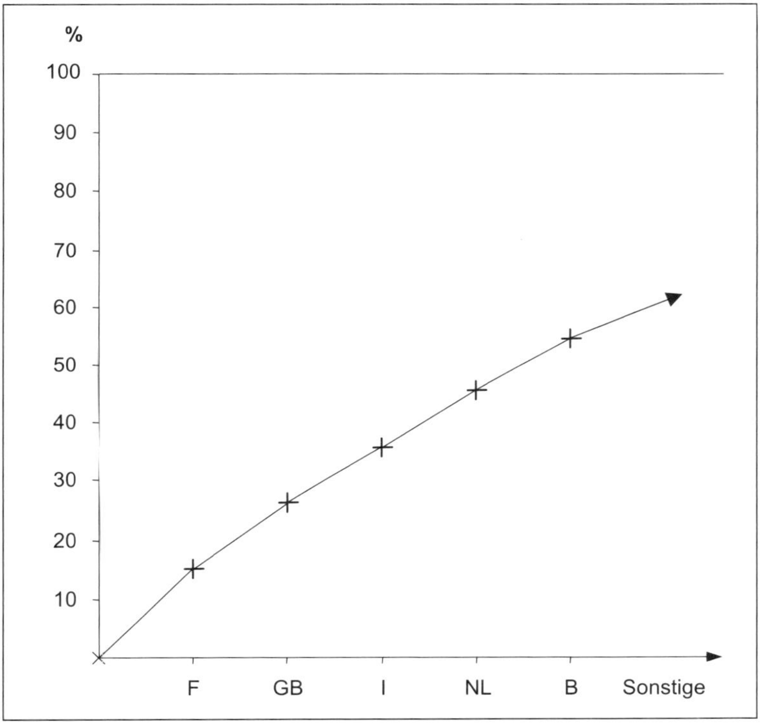

3. a) Kurve der absoluten Konzentration
   Zunächst Berechnung der Gliederungszahlen g und der kumulierten Gliederungszahlen G (vgl. Aufgabe 1).

   b) Konzentrationsverhältnisse
   (1) für die drei größten Universitäten
   1999/2000: 51
   2007/2008: 50
   Die drei größten Universitäten verringerten ihren Anteil an den Studierenden geringfügig von 51 auf 50 %.

Arbeitstabelle

1999/2000				2007/2008			
Universität	x_i	g_i%	g_i% kum.	Universität	x_i	g_i%	g_i% kum.
Heidelberg	22	19	19	Heidelberg	25	19	19
Tübingen	19	17	36	Tübingen	22	16	35
Freiburg	17	15	51	Freiburg	20	15	50
Stuttgart	15	13	64	Stuttgart	18	13	63
Karlsruhe	14	12	76	Karlsruhe	18	13	76
Mannheim	10	9	85	Mannheim	10	7	83
Konstanz	7	6	91	Konstanz	9	7	90
Ulm	5	4	95	Ulm	7	5	95
Hohenheim	4	4	100*	Hohenheim	6	4	100*
zus.	113	100			135	100	

* Rundungsfehler

(2) für die fünf größten Universitäten
1999/2000: 76 %
2007/2008: 76 %
Hier ergibt sich keine Verringerung des Anteils.

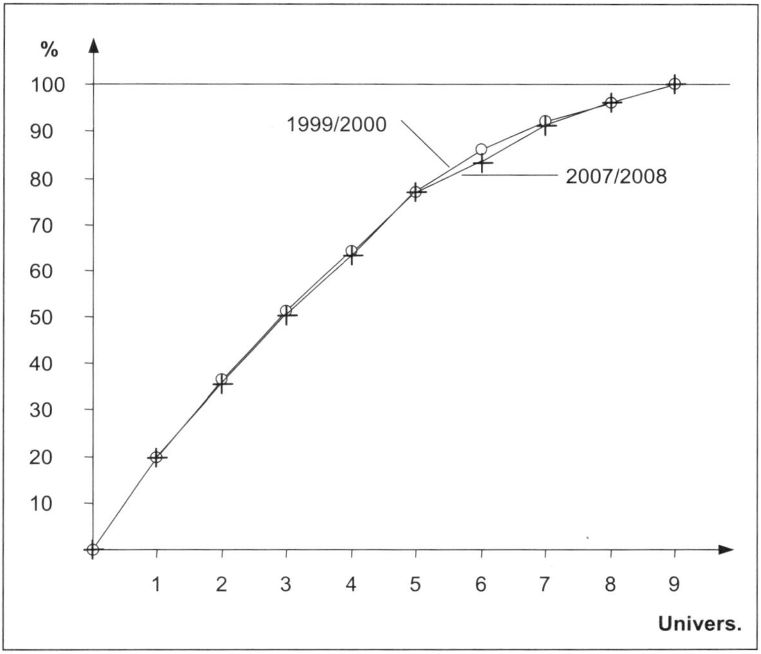

Beide Konzentrationskurven sind nahezu deckungsgleich. Die absolute Konzentration hat sich also praktisch nicht verändert.

4. Relative Konzentration der Einkommen

Die grafische Darstellung erfolgt durch die Lorenzkurve, die rechnerische durch das Konzentrationsmaß von Gini.
Zunächst sind die relativen Häufigkeiten und die Gliederungszahlen des Konzentrationsmerkmals zu berechnen.

$$F_i = f_1 + f_2 + \ldots + f_i$$

$$G_i = g_1 + g_2 + \ldots + g_i$$

Arbeitstabelle

i	n_i	f_i	x_i	g_i	F_i	G_i
1	4000	0,4	16	0,16	0,4	0,16
2	3000	0,3	24	0,24	0,7	0,40
3	2000	0,2	32	0,32	0,9	0,72
4	1000	0,1	28	0,28	1,0	1,00
	10000	1,0	100	1,00		

Konzentrationsmaß von Gini

$$K = 1 - \sum f_i \left[G_{i-1} + G_i \right]$$

Setzt man die entsprechenden Werte aus der Arbeitstabelle für alle Werte von i (i = 1, 2, 3, 4) ein, ergibt sich

$$\begin{aligned} K &= 1 - [0{,}4\,(0 + 0{,}16) + 0{,}3\,(0{,}16 + 0{,}40) + 0{,}2\,(0{,}40 + 0{,}72) \\ &\quad + 0{,}1\,(0{,}72 + 1{,}00)] \\ &= 1 - [0{,}064 + 0{,}168 + 0{,}224 + 0{,}172] \\ &= 1 - 0{,}628 = 0{,}372 \end{aligned}$$

Die Einkommenskonzentration beträgt 0,372 (d.h. 37,2 % des größtmöglichen Werts).

Grafische Darstellung: Lorenzkurve zu Aufgabe 4

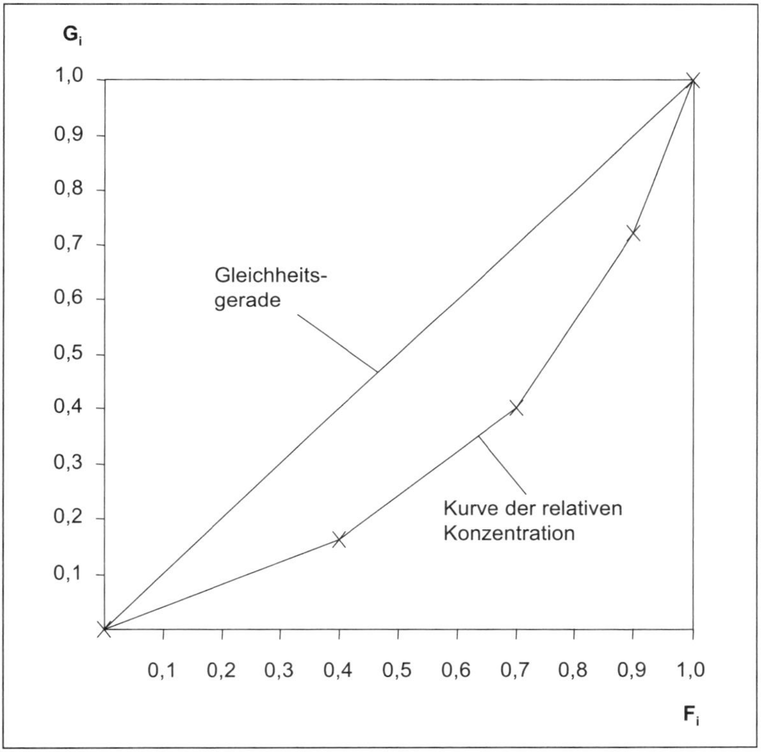

5. Relative Konzentration der monatlichen Haushaltsnettoeinkommen

   1) Berechnung von relativen Häufigkeiten:

   $$f_i = \frac{n_i}{n}$$

   Gliederungszahlen des Konzentrationsmerkmals:

   $$g_i = \frac{x_i}{\sum x_i}$$

   2) Berechnung von kumulierten relativen Häufigkeiten:

   $F_i = f_1 + f_2 + ... + f_i$

und von kumulierten Gliederungszahlen:

$G_i = g_1 + g_2 + ... + g_i$

i	n_i	f_i	x'_i	$x'_i n_i$	g_i	F_i	G_i
1	5,4	0,15	450	2430	0,03	0,15	0,03
2	6,5	0,18	1100	7150	0,09	0,33	0,12
3	3,2	0,09	1400	4480	0,06	0,42	0,18
4	6,5	0,18	1750	11 375	0,14	0,60	0,32
5	5,8	0,16	2300	13 340	0,17	0,76	0,49
6	7,5	0,20	3550	26 625	0,34	0,96	0,83
7	2,2	0,06	6000	13 200	0,17	1,00[1]	1,00
ins-ges.	37,1	1,00*		78 600	1,00		

* Rundungsfehler

Rechnerische Ermittlung: Konzentrationsmaß von Gini

$$K = 1 - \sum f_i (G_{i-1} + G_i)$$

Setzt man die entsprechenden Werte aus der Arbeitstabelle in diese Formel ein, ergibt sich

$$\begin{aligned} K &= 1 - [0{,}15\,(0 + 0{,}03) + 0{,}18\,(0{,}03 + 0{,}12) + 0{,}09\,(0{,}12 + 0{,}18) + \\ &\quad 0{,}18\,(0{,}18 + 0{,}32) + 0{,}16\,(0{,}32 + 0{,}49) + 0{,}20\,(0{,}49 + 0{,}83) + \\ &\quad 0{,}06\,(0{,}83 + 1{,}00)] \\ &= 1 - 0{,}6519 = 0{,}3481 \end{aligned}$$

Die relative Konzentration der Sparguthaben beträgt 0,35, ist also nicht besonders groß (Höchstwert 1).

Anmerkung: Haushaltsnettoeinkommen ist nicht identisch mit Verdienst.

Lorenzkurve

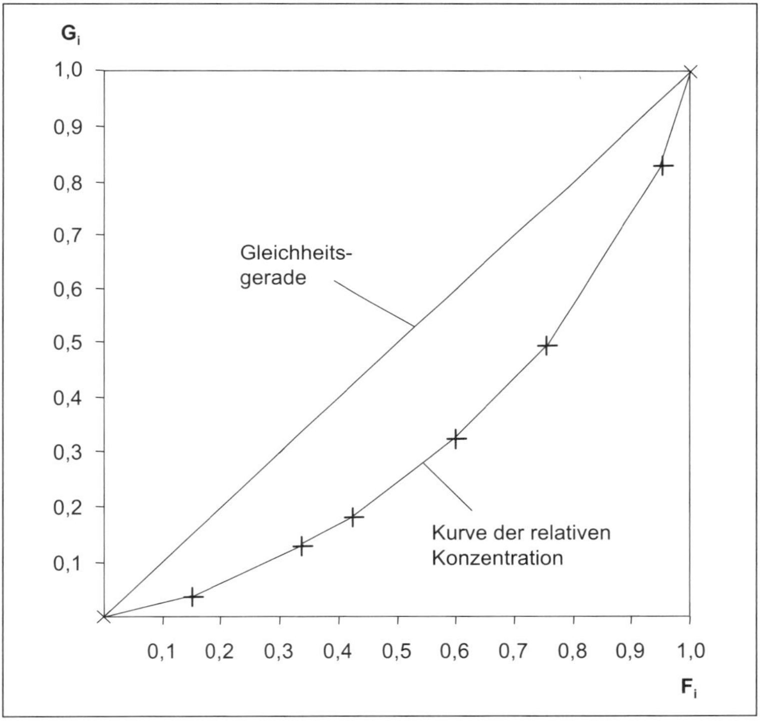

Kapitel 10

1. Verschiedene Indizes
   a) Wertindex

   Formel: $I^{w} = \frac{\sum p_i^{(t)} q_i^{(t)}}{\sum p_i^{(o)} q_i^{(0)}} \cdot 100$

   0 = 2003

   t = 2003, 2008

b) Preisindex nach Laspeyres

$$\text{Formel:}\quad I_{La}^{p} = \frac{\sum p_i^{(t)} q_i^{(0)}}{\sum p_i^{(0)} q_i^{(0)}} \cdot 100$$

c) Preisindex nach Paasche

$$\text{Formel:}\quad I_{Pa}^{p} = \frac{\sum p_i^{(t)} q_i^{(t)}}{\sum p_i^{(0)} q_i^{(t)}} \cdot 100$$

d) Mengenindex nach Laspeyres

$$\text{Formel:}\quad I_{La}^{m} = \frac{\sum p_i^{(0)} q_i^{(t)}}{\sum p_i^{(0)} q_i^{(0)}} \cdot 100$$

e) Mengenindex nach Paasche

$$\text{Formel:}\quad I_{Pa}^{m} = \frac{\sum p_i^{(t)} q_i^{(t)}}{\sum p_i^{(t)} q_i^{(0)}} \cdot 100$$

Arbeitstabelle

$p_i^{(03)}$	$q_i^{(03)}$	$p_i^{(08)}$	$p_i^{(08)}$
289	100	295	50
210	50	226	40
206	200	230	400

$p_i^{(03)} \cdot q_i^{(03)}$	$p_i^{(08)} \cdot q_i^{(08)}$	$p_i^{(08)} \cdot q_i^{(03)}$	$p_i^{(03)} \cdot q_i^{(08)}$
28 900	14 750	29 500	14 450
10 500	9040	11 300	8400
41 200	92 000	46 000	82 400
80 600	115 790	86 800	105 250

a) Wertindex

$$I^w = \frac{115\,790}{80\,600} \cdot 100 = 143{,}7$$

Der Verbrauch an Brennstoffen ist wertmäßig von 100 auf 143,7, also um 43,7 %, gestiegen. Dies ist Folge des verdoppelten Heizölverbrauchs.

b) Preisindex nach Laspeyres

$$I^p = \frac{86\,800}{80\,600} \cdot 100 = 107{,}7$$

Die Preise sind unter Zugrundelegung der Verbrauchsmengen von 2003 (= Index nach Laspeyres) um 7,7 % gestiegen.

c) Preisindex nach Paasche

$$I^p = \frac{115\,790}{105\,250} \cdot 100 = 110{,}0$$

Die Preise sind unter Zugrundelegung der Verbrauchsmengen von 2008 (= Index nach Paasche) um 10 % gestiegen.

Anmerkung: Der Unterschied zum Wert des Preisindex nach Laspeyres ist darauf zurückzuführen, dass das Unternehmen sich 2008 weitgehend auf Heizöl umgestellt hat, dessen Preis am stärksten gestiegen ist. Ob diese Umstellung betriebswirtschaftlich sinnvoll war, hängt nicht allein von den Einstandspreisen ab.

d) Mengenindex nach Laspeyres

$$I^m = \frac{105\,250}{80\,600} \cdot 100 = 130{,}6$$

Der mengenmäßige Verbrauch ist von 2003 bis 2008 um 30,6 % gestiegen (unter Verwendung der Preise von 2003 = Index nach Laspeyres).

e) Mengenindex nach Paasche

$$I^m = \frac{115\,790}{86\,800} \cdot 100 = 133{,}4$$

Der mengenmäßige Verbrauch ist von 2003 bis 2008 um 33,4 % gestiegen (unter Verwendung der Preise von 2008 = Index nach Paasche).

Anmerkung: Bei Verwendung der Preise von 2008 fällt die Verdoppelung des Heizölverbrauchs besonders ins Gewicht. Das erklärt den stärkeren Anstieg des Mengenindex von Paasche.

2. a) Umsatzindex

Formel: $$I^w = \frac{\sum p_i^{(08)} q_i^{(08)}}{\sum p_i^{(03)} q_i^{(03)}} \cdot 100$$

Arbeitstabelle 1

Getreide	$p_i^{(03)}$	$q_i^{(03)}$	$p_i^{(08)}$	$p_i^{(08)}$
Roggen	469	35	367	20
Weizen	509	50	394	50
Gerste	462	25	359	30
Hafer	440	20	351	50

$p_i^{(03)} \cdot q_i^{(03)}$	$p_i^{(08)} \cdot q_i^{(08)}$
16415	7340
25450	19700
11550	10770
8800	17550
62215	55360

$$I^W = \frac{55\,360}{62\,215} \cdot 100 = 89{,}0$$

Der Umsatz des Bauern ist um 11 % gesunken.

b) Preisindex

Da nicht angegeben ist, welcher Preisindex berechnet werden soll, wollen wir hier nur den Preisindex nach Laspeyres berechnen.

Formel: $$I^P = \frac{\sum p_i^{(08)} q_i^{(03)}}{\sum p_i^{(03)} q_i^{(03)}} \cdot 100$$

Aus der Arbeitstabelle 1 und 2 lässt sich entnehmen:

$$I^P = \frac{48\,540}{62\,215} \cdot 100 = 78{,}0$$

Die Preise sind um 22 % gesunken.

Arbeitstabelle 2

Getreide	$p_i^{(03)}$	$q_i^{(03)}$	$p_i^{(08)}$	$q_i^{(08)}$	$p_i^{(08)} \cdot q_i^{(03)}$	$p_i^{(03)} \cdot q_i^{(03)}$
Roggen	469	35	367	20	12 845	16 415
Weizen	509	50	394	50	19 700	25 450
Summe					32 545	41 865
Gerste	462	25	359	30	8975	11 550
Hafer	440	20	351	50	7020	8800
Summe					15 995	20 350

c) Preisindizes als Subindizes nach Laspeyres berechnet, und zwar für Brotgetreide

$$I^P = \frac{\sum p_i^{(08)} q_i^{(03)}}{\sum p_i^{(03)} q_i^{(03)}} \cdot 100$$

Aus Tabelle 2 lässt sich ablesen

$$I^P = \frac{32\,545}{41\,865} \cdot 100 = 77{,}7$$

Die Preise für Brotgetreide sind um 22,3 % gesunken.

Für Futtergetreide

$$I^P = \frac{\sum p_i^{(08)} q_i^{(03)}}{\sum p_i^{(03)} q_i^{(03)}} \cdot 100$$

Aus Tabelle 2 lässt sich ablesen

$$I^P = \frac{15\,995}{20\,350} \cdot 100 = 78{,}6$$

Die Preise für Futtergetreide sind um 21,4 % gesunken.

Fasst man diese beiden Indizes zu einem Gesamtindex für Getreidepreise zusammen, bezeichnet man die beiden Indizes auch als Subindizes.
Die Gewichtung erfolgt bei Laspeyres-Indizes mit den Anteilen der Werte an den Gesamtwerten des Basisjahrs.

Gewicht Brotgetreide

$$g_B = \frac{41\,865}{41\,865 + 20\,350} = 0{,}673$$

Gewicht Futtergetreide

$$g_F = \frac{20\,350}{41\,865 + 20\,350} = 0{,}327$$

Insgesamt erzielte der Bauer im Basisjahr 2003 62 215 € für Getreide; davon entfielen auf Brotgetreide 67,3 %, auf Futtergetreide 32,7 %.

Als Gesamtindex ergibt sich demnach

$I^P = 77{,}7 \cdot 0{,}673 + 78{,}6 \cdot 0{,}327 = 78{,}00$

Das ist genau der Wert, der unter b) berechnet wurde.

3. Verbraucherpreisindex
   a) Preissteigerungen von 2005 bis 2007
   Da Indizes stets die Veränderung gegenüber dem Basisjahr angeben, gibt der Wert des Preisindex für 2007 Antwort auf unsere Frage. Die Preise von 2007 betrugen 103,9, wenn man die Preise von 2005 gleich 100 setzt. Folglich ist die Preissteigerung 3,9 %.

   b) Preissteigerungen von 2007 bis 2008
   Der Indexwert gibt stets nur die prozentuale Veränderung gegenüber dem Basisjahr an. 2007 ist aber nicht das Basisjahr zu 2008. Will man daher die prozentuale Veränderung gegenüber 2007, muss man umbasieren. Das geschieht, indem man den Indexwert 2008 durch den von 2007 teilt.

$$I_{07,08} = \frac{I_{05,08}}{I_{05,07}} \cdot 100 = \frac{106{,}6}{103{,}9} \cdot 100 = 102{,}6$$

   Die Preissteigerung von 2007 bis 2008 beträgt 2,6 %.

   Anmerkung: Die Differenz zwischen den beiden Indexwerten 106,6 – 103,9 = 2,7 wird als Prozentpunkte bezeichnet. Das ist nicht die prozentuale Veränderung der Preise.

4. a) Mengenindex
   Gegeben sind Umsatzzahlen und ein Preisindex aus der Beziehung zwischen den verschiedenen Indexformen

$$I^w \cdot 100 = I^p_{La} \cdot I^m_{Pa} = I^p_{Pa} \cdot I^m_{La}$$

   ergibt sich durch Umformung

$$I^m = \frac{I^w}{I^p} \cdot 100$$

wobei zunächst nichts über die Art des verwendeten Preisindex gesagt ist.

Zu berechnen ist also zunächst ein Wertindex, indem die Umsätze der einzelnen Jahre durch den Umsatz des Basisjahrs, hier 2002, dividiert werden.

Arbeitstabelle 1

Jahr	Umsatz	$I^{w}_{02,t}$	$I^{p}_{02,t}$	$I^{m}_{02,t}$
2002	20	100	100	100
2004	28	140	101	139
2006	35	175	102	172
2008	40	200	107	187

Dividiert man die Werte des Wertindex durch die Werte des Preisindex, ergeben sich Werte eines Mengenindex.

Voraussetzung ist allerdings, dass Wert- und Preisindex das gleiche Basisjahr haben.

Das ist hier der Fall.

Es ergibt sich

$$2004 : I^{m}_{02,04} = \frac{I^{w}_{02,04}}{I^{p}_{02,02}} \cdot 100 = \frac{140}{101} = 139$$

Die übrigen Werte stehen in Tabelle 1.

Mengenmäßig, d.h. unter Ausschaltung der Preisseinflüsse, ist der Umsatz des Großhändlers von 2002 bis 2008 gestiegen, und zwar um insgesamt 87 %. Da der Umsatz wertmäßig insgesamt um 100 % gestiegen ist, hat der mengenmäßige Absatz den weitaus größten Teil des Umsatzzuwachses ausgemacht.

b) Wenn der Preisindex ein Index von Laspeyres ist, ergeben die Berechnungen einen Mengenindex von Paasche.

Kapitel 11

1. Kurvendiagramm

Kurvendiagramm

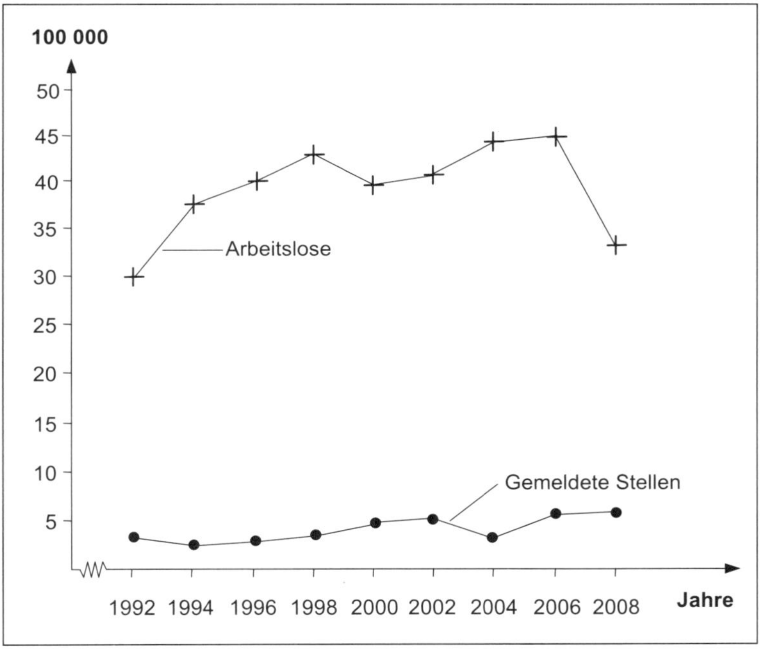

Die Zahlen der Arbeitslosen und der offenen Stellen sind als Jahresdurchschnittswerte für die einzelnen Jahre repräsentativ. Die Markierungen auf der Zeitachse sollen hier die Jahresmitten bezeichnen.

2. Gleitende Durchschnitte

a) 3-gliedrige Durchschnitte

$$\overline{x}_i = \frac{x_{i-1} + x_i + x_{i+1}}{3}$$

z. B. i = 2

$$\overline{x}_2 = \frac{x_1 + x_2 + x_3}{3} = \frac{188 + 192 + 191}{3} = 190{,}3$$

i = 3

$$\overline{x}_3 = \frac{x_2 + x_3 + x_4}{3} = \frac{192 + 191 + 194}{3} = 192{,}3 \text{ usw.}$$

Die übrigen Werte finden Sie in der Arbeitstabelle.

b) 4-gliedrige Durchschnitte

$$\overline{x}_i = \frac{\frac{1}{2}x_{i-2} + x_{i-1} + x_i + x_{i+1} + \frac{1}{2}x_{i-2}}{4}$$

Um zu erreichen. dass ein Jahr genau in der Mitte eines jeden Durchschnitts liegt, müssen jetzt insgesamt fünf Reihenwerte in jeden Durchschnitt aufgenommen werden. Davon werden der 1. und der 5. Wert jedoch nur jeweils zur Hälfte berücksichtigt, sodass die Summe der Gewichte (½ + 1 + 1 + 1 + ½) insgesamt 4 ist.

Z. B. ergibt sich für
i = 3

$$\overline{x}_3 = \frac{\frac{1}{2}x_1 + x_2 + x_3 + x_4 + \frac{1}{2}x_5}{4}$$

$$= \frac{\frac{1}{2} \cdot 188 + 192 + 191 + 194 + \frac{1}{2} \cdot 197}{4} = 192{,}4$$

i = 4

$$\overline{x}_4 = \frac{\frac{1}{2}x_2 + x_3 + x_4 + x_5 + \frac{1}{2}x_6}{4}$$

$$= \frac{\frac{1}{2} \cdot 192 + 191 + 194 + 197 + \frac{1}{2} \cdot 204}{4} = 195{,}0$$

Die übrigen Werte finden Sie in der Arbeitstabelle.

Arbeitstabelle

Jahr	i	x_i	3-gliedrig $\bar{x}_i$	4-gliedrig $\bar{x}_i$
97	1	188	.	.
98	2	192	190,3	.
99	3	191	192,3	192,4
00	4	194	194,0	195,0
01	5	197	198,3	199,4
02	6	204	205,0	204,8
03	7	214	210,7	207,5
04	8	214	210,0	206,9
05	9	202	202,3	.
06	10	191	.	.

Bei den 3-gliedrigen Durchschnitten lassen sich der erste und der letzte Wert der glatten Komponente nicht berechnen. Beim 4-gliedrigen Durchschnitt fehlen am Anfang und am Schluss sogar jeweils zwei Werte. Das ist besonders bei solch einer kurzen Zeitreihe unangenehm.

Da die Reihenwerte keine abrupten Schwankungen aufweisen, ist im Beispiel ein 3-gliedriger Durchschnitt zur Schätzung der Trendkomponente vorzuziehen.

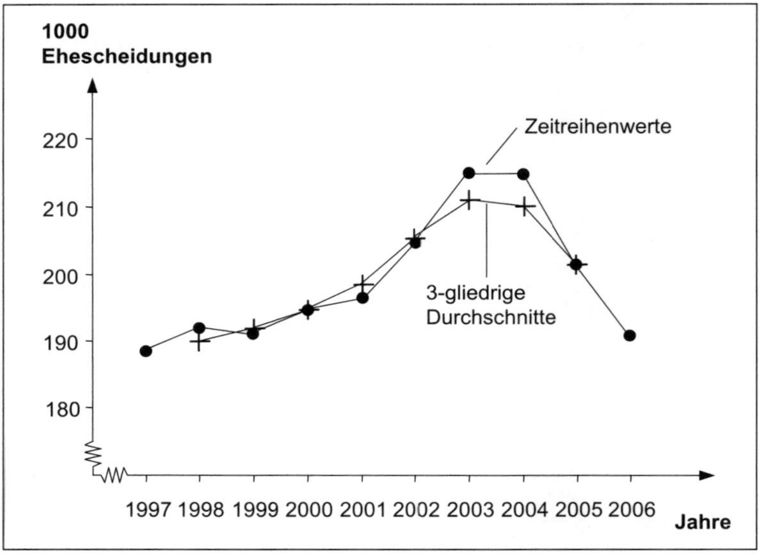

Aus Gründen der Übersichtlichkeit wurden neben den Ursprungswerten nur die 3-gliedrigen Durchschnittswerte eingezeichnet.

3. Gleitende Durchschnitte

Um insbesondere den Konjunktureinfluss der Jahre 2000 und 2002 nicht zu stark zu nivellieren, empfiehlt es sich, 3-gliedrige gleitende Durchschnitte zu berechnen.

$$\overline{x}_i = \frac{x_{i-1} + x_i + x_{i+1}}{3}$$

(1) Arbeitslose (x)

i = 2

$$\overline{x}_2 = \frac{x_1 + x_2 + x_3}{3} = \frac{2977 + 3698 + 3965}{3} = 3547$$

i = 3

$$\bar{x}_3 = \frac{x_2 + x_3 + x_4}{3} = \frac{3698 + 3965 + 4281}{3} = 3981 \text{ usw.}$$

Weitere Werte finden Sie in der Arbeitstabelle.

(2) Gemeldete offene Stellen (y)

i = 2

$$\bar{y}_2 = \frac{356 + 285 + 327}{3} = 323$$

i = 3

$$\bar{y}_3 = \frac{285 + 327 + 422}{3} = 345 \text{ usw.}$$

Arbeitstabelle

Jahr	i	x_i	$\bar{x}_i$	y_i	$\bar{y}_i$
1992	1	2977	.	356	.
1994	2	3698	3547	285	323
1996	3	3965	3981	327	345
1998	4	4281	4045	422	421
2000	5	3890	4077	515	463
2002	6	4061	4111	452	418
2004	7	4381	4310	286	434
2006	8	4487	4045	564	473
2008	9	3268	.	568	.

4. Gleitende Durchschnitte
   Um zu entscheiden, welche Gliederungszahl besonders geeignet erscheint, empfiehlt es sich, zunächst ein Kurvendiagramm zu zeichnen:

Kurvendiagramm

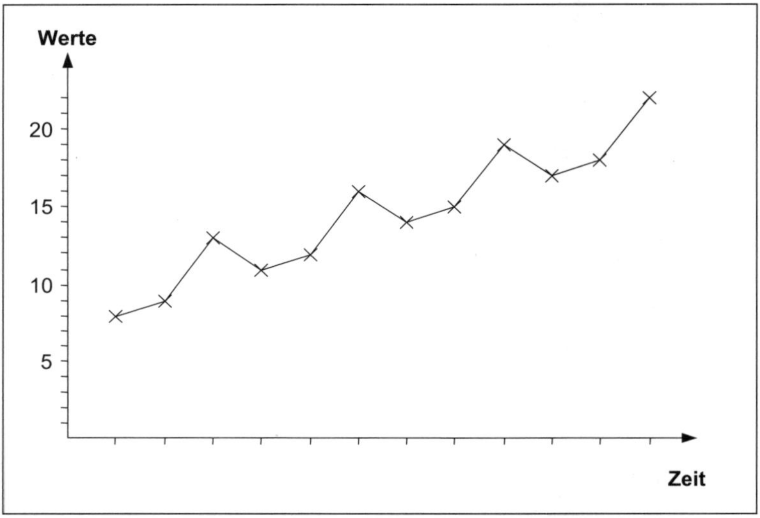

Da die Zeitreihe offensichtlich gleichbleibende Schwankungen aufweist, die sich alle drei Zeiteinheiten wiederholen, muss hier zur Ausschaltung der «Restschwankungen» ein gleitender 3-gliedriger Durchschnitt berechnet werden. Dadurch ist gewährleistet, dass in jedem Durchschnitt jeweils ein Wert mit einer bestimmten, wiederkehrenden «Restkomponente» enthalten ist. Die Begriffe Restschwankungen und Restkomponente wurden in Anführungszeichen gesetzt, um anzudeuten, dass es sich hierbei eigentlich nicht um irreguläre, also unregelmäßige Einflüsse handelt, sondern um gleichbleibende, also saisonale Schwankungen.

$$\overline{x}_i = \frac{x_{i-1} + x_i + x_{i+1}}{3}$$

i = 2

$$\overline{x}_2 = \frac{x_1 + x_2 + x_3}{3} = \frac{8+9+13}{3} = 10$$

i = 3

$$\bar{x}_3 = \frac{x_2 + x_3 + x_4}{3} = \frac{9+13+11}{3} = 11 \text{ usw.}$$

Arbeitstabelle

i	x_i	$\bar{x}_i$	$x_i - \bar{x}_i$
1	8	.	.
2	9	10	–1
3	13	11	2
4	11	12	–1
5	12	13	–1
6	16	14	2
7	14	15	–1
8	15	16	–1
9	19	17	2
10	17	18	–1
	18	19	–1
	22	.	.

Wie man auch ohne Zeichnung sofort erkennt, bilden die gleitenden Durchschnittswerte eine Gerade.
In diesem konstruierten Beispiel ist die Ausschaltung von «Restkomponenten» also in idealer Weise gelungen.

Berechnung der trendbereinigten Werte: Unter der Annahme, dass sich die Zeitreihenwerte additiv aus glatter und irregulärer Komponente zusammensetzen, kann man die trendbereinigten Werte, also die Restkomponente, berechnen, indem man von den Ursprungswerten die Durchschnittswerte abzieht.

Die entsprechenden Ergebnisse finden Sie in der Arbeitstabelle.

5. Gleitende Durchschnitte

a) Kurvendiagramm

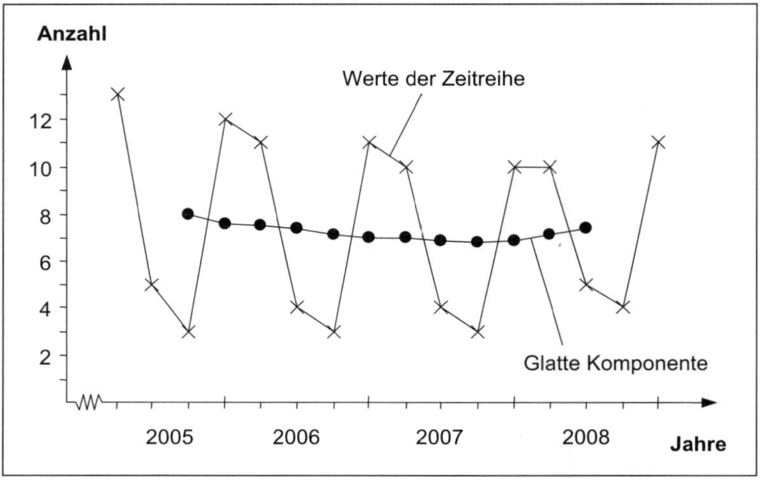

b) Bestimmung der glatten Komponente

Die Zeitreihe weist offensichtlich regelmäßig wiederkehrende Schwankungen auf, und zwar wiederholt sich das Kurvenbild etwa in jedem Jahr: Im 1. und 4. Quartal sind die Werte regelmäßig hoch, im 2. und 3. Quartal regelmäßig niedrig.
Um dies bei der Bestimmung der glatten Komponente zu berücksichtigen, müssen 4-gliedrige Durchschnitte berechnet werden. In jedem Durchschnitt ist dann insgesamt ein Wert aus dem 1., ein Wert aus dem 2., ein Wert aus dem 3. und ein Wert aus dem 4. Quartal.

$$\overline{x}_i = \frac{\frac{1}{2}x_{i-2} + x_{i-1} + x_i + x_{i+1} + \frac{1}{2}x_{i+2}}{4}$$

z. B. für i = 3

$$\overline{x}_3 = \frac{\frac{1}{2} \cdot x_1 + x_2 + x_3 + x_4 + \frac{1}{2} \cdot x_5}{4}$$

$$= \frac{\frac{1}{2} \cdot 13 + 5 + 3 + 12 + \frac{1}{2} \cdot 11}{4} = 8$$

Das 1. Quartal ist in diesem Durchschnitt mit zwei halben, die übrigen mit je einem ganzen Wert vertreten.

i = 4

$$\overline{x}_4 = \frac{\frac{1}{2} x_2 + x_3 + x_4 + x_5 + \frac{1}{2} \cdot x_6}{4}$$

$$= \frac{\frac{1}{2} \cdot 5 + 3 + 12 + 11 + \frac{1}{2} \cdot 4}{4} = 7{,}6$$

In diesem Durchschnitt stecken zwei halbe 2. Quartale.

i = 5

$$\overline{x}_5 = \frac{\frac{1}{2} x_3 + x_4 + x_5 + x_6 + \frac{1}{2} x_7}{4}$$

$$= \frac{\frac{1}{2} \cdot 3 + 12 + 11 + 4 + \frac{1}{2} \cdot 3}{4} = 7{,}5 \text{ usw.}$$

Weitere Werte finden Sie in der Arbeitstabelle.

Arbeitstabelle

Jahr	Quartal	i	x_i	$\bar{x}_i$
2005	I	1	13	.
	II	2	5	.
	III	3	3	8,0
	IV	4	12	7,6
2006	I	5	11	7,5
	II	6	4	7,4
	III	7	3	7,1
	IV	8	11	7,0
2007	I	9	10	7,0
	II	10	4	6,9
	III	11	3	6,8
	IV	12	10	6,9
2008	I	13	10	7,1
	II	14	5	7,4
	III	15	4	.
	IV	16	11	.

c) Zeichnung der glatten Komponente siehe Kurvendiagramm am Anfang.

Kapitel 12

1. Berechnung des Kontingenzkoeffizienten. Es handelt sich nämlich um zwei Unterschiedsmerkmale mit jeweils zwei Ausprägungen.

Merkmal	Ausprägungen
Geschlecht	männlich
	weiblich
Rauchgewohnheit	Raucher
	Nichtraucher

Formel für den Kontingenzkoeffizienten:

$$C = \sqrt{\frac{\sum\sum \frac{n_{ij}^2}{n_{i.}n_{.j}} - 1}{\min\{(k-1), (m-1)\}}}$$

Ausgangstabelle

	Rauchgewohnheit		
Geschlecht	Raucher	Nichtraucher	insgesamt
männlich	20	10	30
weiblich	5	15	20
insgesamt	25	25	50

Formal sieht die Tabelle wie folgt aus:

x \ y	y_1	y_2	$n_{i.}$
x_1	n_{11}	n_{12}	$n_{1.}$
x_2	n_{21}	n_{22}	$n_{2.}$
$n_{.j}$	$n_{.1}$	$n_{.2}$	n

Entsprechend der vorhin angegebenen Formel ist zu berechnen:

$$\frac{n_{11}^2}{n_{1.}n_{.1}} + \frac{n_{12}^2}{n_{1.}n_{.2}} + \frac{n_{21}^2}{n_{2.}n_{.1}} + \frac{n_{22}^2}{n_{2.}n_{.2}} - 1$$

$$= \frac{20^2}{30 \cdot 25} + \frac{10^2}{30 \cdot 25} + \frac{5^2}{20 \cdot 25} + \frac{15^2}{20 \cdot 25} - 1$$

$= 0{,}533 + 0{,}133 + 0{,}05 + 0{,}45 - 1$

$= 1{,}166 - 1 = 0{,}166$

$$C = \sqrt{\frac{0{,}166}{1}} = 0{,}41$$

Der Kontingenzkoeffizient hat den Wert 0,41. Es besteht also ein deutlicher Zusammenhang zwischen dem Geschlecht und den Rauchgewohnheiten.

Anmerkung: Der Wert des Kontingenzkoeffizienten sagt nichts darüber aus, ob Männer oder Frauen mehr rauchen. Um hierüber etwas sagen zu können, muss man die Ausgangsdaten hinzuziehen.

2. Berechnung des Rangkorrelationskoeffizienten, da die beiden Merkmale (tatsächlicher Tabellenstand und Tabellenstand laut Willys Spielstärke) Rangmerkmale sind.

$$r_s = 1 - \frac{6 \sum D_i^2}{n^3 - n}$$

Normalerweise müssen für die Berechnung der D_i, der Differenzen zwischen den Rangzahlen, die Merkmalswerte in Rangzahlen umgewandelt werden. Das ist hier nicht nötig, da die beiden Tabellenstände bereits Rangzahlen sind (ganze Zahlen von 1 bis 18).

Arbeitstabelle

Rang offizielle Tabelle	Rang «Willy»	D_i	D_i^2
1	1	0	0
2	3	–1	1
3	2	1	1
4	4	0	0
5	5	0	0
6	11	–5	25
7	6	1	1
8	7	1	1
9	12	–3	9
10	13	-3	9
11	10	1	1
12	14	-2	4
13	8	5	25
14	9	5	25
15	17	-2	4
16	16	0	0
17	15	2	4
18	18	0	0
			110

Eingesetzt in die Formel ergibt sich

$$r_s = 1 - \frac{6 \cdot 110}{18^3 - 18} = 1 - 0{,}114 = 0{,}886$$

Der Wert des Rangkorrelationskoeffizienten liegt mit 0,886 nahe bei der Obergrenze 1. Man kann also sagen, dass eine starke Übereinstimmung zwischen der Spielstärke von Willy und der tatsächlichen Tabelle besteht.

3. Berechnung der Korrelationskoeffizienten von Pearson/Bravais, da beide Merkmale Abstandsmerkmale sind.

$$r = \frac{n\sum x_i y_i - \sum x_i \sum y_i}{\sqrt{\left[n\sum x_i^2 - \left(\sum x_i\right)^2\right]\left[n\sum y_i^2 - \left(\sum y_i\right)^2\right]}}$$

Vorab sind jedoch zwei Punkte zu klären:

(1) Ist es sachlich sinnvoll, einen Zusammenhang anzunehmen? Diese Frage kann bejaht werden, denn je höher der Umsatz ist, desto größer wird normalerweise der Gewinn sein.

(2) Kann man einen linearen Zusammenhang annehmen? Zur Überprüfung dient ein Streuungsdiagramm.

Streuungsdiagramm

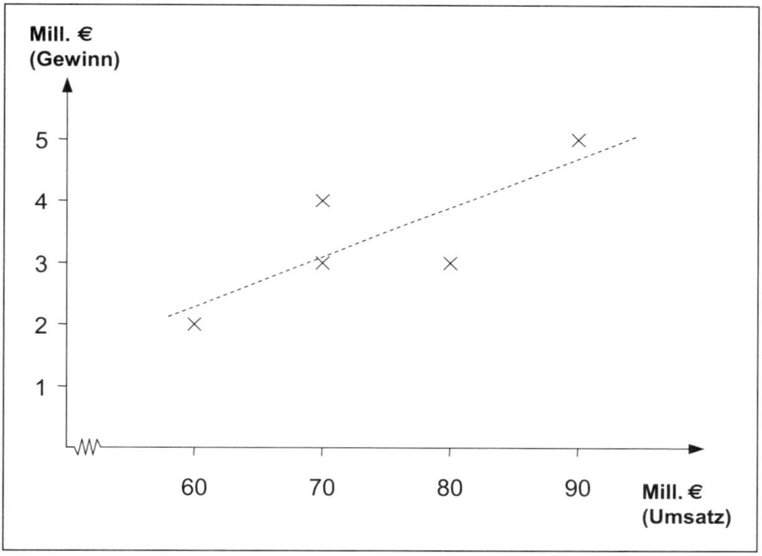

Da die fünf Punkte nicht allzu stark von einer (hier gestrichelt eingezeichneten) Geraden abweichen, kann man einen linearen Zusammenhang unterstellen.

x = Umsatz
y = Gewinn
n = 5

Arbeitstabelle

x_i	y_i	x_i^2	y_i^2	$x_i y_i$
60	2	3600	4	120
70	3	4900	9	210
70	4	4900	16	280
80	3	6400	9	240
90	5	8100	25	450
370	17	27 900	63	1300

$$r = \frac{5 \cdot 1300 - 370 \cdot 17}{\sqrt{[5 \cdot 27\,900 - 370^2][5 \cdot 63 - 17^2]}} = \frac{210}{\sqrt{67\,600}} = 0{,}81$$

Der Wert der Korrelationskoeffizienten beträgt 0,81. Es besteht also ein recht starker positiver Zusammenhang zwischen der Höhe der Umsätze und der Höhe des Gewinns.

4. Erfassung des Zusammenhangs zwischen zwei Abstandsmerkmalen, daher Berechnung der Korrelationskoeffizienten von Pearson/Bravais.

$$r = \frac{n\sum x_i y_i - \sum x_i \sum y_i}{\sqrt{\left[n\sum x_i^2 - \left(\sum x_i\right)^2\right]\left[n\sum y_i^2 - \left(\sum y_i\right)^2\right]}}$$

Vorab ist zu prüfen, ob

1. ein Zusammenhang sachlich sinnvoll ist. Diese Frage kann ohne weiteres bejaht werden, denn je mehr gegessen wird, desto mehr wird üblicherweise auch getrunken.
2. ein linearer Zusammenhang angenommen werden kann. Die Prüfung dieser Annahme geschieht durch ein Streuungsdiagramm.

Streuungsdiagramm

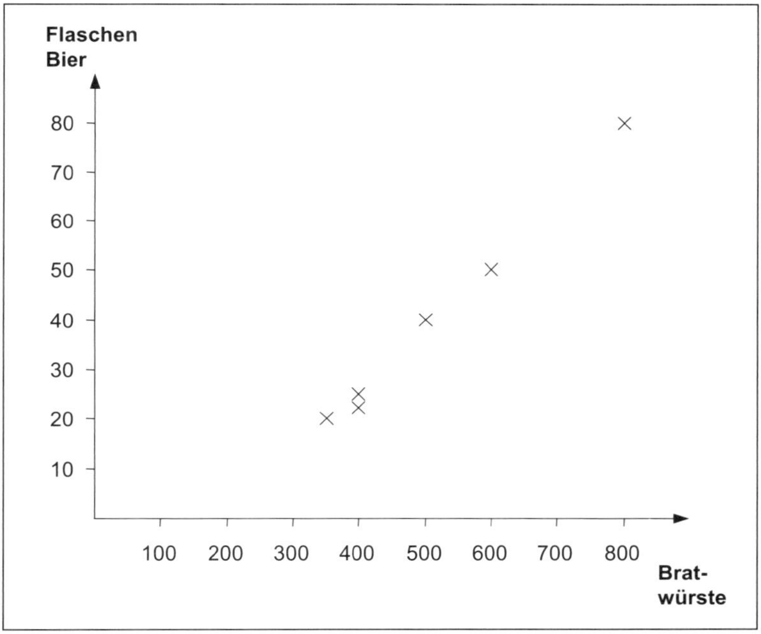

Da die Abweichungen der Punkte von einer (gedachten) Geraden nicht groß sind, ist die Annahme eines linearen Zusammenhanges plausibel.

Berechnung des Korrelationskoeffizienten:
x = Verkauf von Bratwürsten
y = Verkauf von Flaschen Bier
n = 6 (Anzahl der Wochentage)

Anmerkung: Es ist gleich, welches Merkmal mit x und welches mit y bezeichnet wird.

Arbeitstabelle 1

x_i	y_i	$x_i y_i$	x_i^2	y_i^2
500	40	20 000	250 000	1600
400	25	10 000	160 000	625
350	20	7000	122 500	400
400	22	8800	160 000	484
600	50	30 000	360 000	2500
800	80	64 000	640 000	6400
3050	237	139 800	1 692 500	12 009

Setzt man die entsprechenden Werte in die Formel ein, erhält man

$$r = \frac{6 \cdot 139\,800 - 3050 \cdot 237}{\sqrt{[6 \cdot 1\,692\,500 - 3050^2] \cdot [6 \cdot 12\,009 - 237^2]}} = 0{,}996$$

Der Wert des Korrelationskoeffizienten beträgt 0,996. Dieser Wert liegt ganz nahe bei der Obergrenze von +1. Es besteht daher ein sehr starker positiver Zusammenhang zwischen den beiden Merkmalen.

Kapitel 13

1. a) Berechnung der linearen Abhängigkeit des Bierabsatzes vom Verkauf von Bratwürsten

   Da der Korrelationskoeffizient den Wert 0,996 hat, besteht ein starker linearer Zusammenhang, der auch die Berechnung einer Regressionsfunktion sinnvoll erscheinen lässt.

Da alle erforderlichen Größen bereits berechnet wurden, ergibt sich für

$$b = \frac{6 \cdot 139\,800 - 3050 \cdot 237}{6 \cdot 1\,692\,500 - 3050^2} = \frac{115\,950}{852\,500} = 0{,}14$$

$$a = \frac{237 - 0{,}14 \cdot 3050}{6} = -31{,}67$$

Die Abhängigkeit des Bierverkaufs vom Bratwurstabsatz lässt sich mit der folgenden Regressionsfunktion angeben

$\hat{y} = -31{,}67 + 0{,}14\,x$

d. h., für jede zusätzlich verkaufte Bratwurst erhöht sich der Bierverkauf im Durchschnitt um 0,14 Flaschen. Oder verständlicher ausgedrückt: Werden 100 Bratwürste mehr verkauft, steigt der Bierverkauf durchschnittlich um 14 Flaschen.
Der Niveaufaktor a hat hier keine sachliche Bedeutung. Andernfalls müsste man erklären, was es heißt, dass –32 Flaschen Bier verkauft werden, wenn keine einzige Bratwurst gegessen wird.

b) Die Regressionsgerade wird hier durch die beiden Punkte gezeichnet

$\hat{y} = 24$ für $x = 400$ und

$\hat{y} = 52$ für $x = 600$

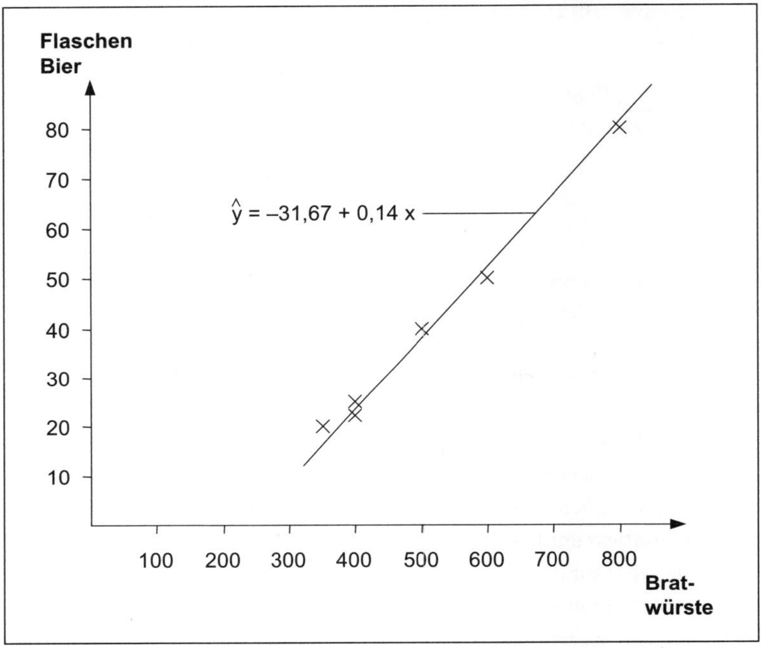

Aus sachlichen Gründen sollte die Regressionsgerade nicht allzu weit über den Wertebereich von x hinausgezogen werden, da sich sonst unplausible Werte ergeben.

c) Das Bestimmtheitsmaß hat den Wert $r^2 = 0{,}992$.
Die Abhängigkeit ist folglich sehr stark.

d) In diesem Fall ist es durchaus sinnvoll, die Beziehung zwischen x und y umzukehren, d. h., die Abhängigkeit des Bratwurstverkaufs vom Bierabsatz durch eine Regressionsgleichung zu ermitteln. Es ergibt sich eine zweite Regressionsgerade, deren Berechnung in diesem Buch jedoch nicht behandelt wird.

2. Gewinnschätzung
   Zunächst Ermittlung der Regressionsgleichung des Gewinns in Abhängigkeit vom Umsatz.

   Es ergibt sich

$$b = \frac{5 \cdot 1300 - 370 \cdot 17}{5 \cdot 27\,900 - 370^2} = \frac{210}{2600} = 0{,}08$$

$$a = \frac{17 - 0{,}08 \cdot 370}{5} = \frac{-12{,}6}{5} = -2{,}52$$

   Die Regressionsgleichung lautet

$$\hat{y} = -2{,}52 + 0{,}08\,x$$

   Setzt man für x die Umsatzerwartung für 2010 in Höhe von 100 Mill. € ein, ergibt sich ein geschätzter Gewinn von

$$\hat{y} = -2{,}52 + 0{,}08 \cdot 100 = 5{,}5 \text{ (Mill. €)}$$

   In diesem Fall lässt sich sogar der Koeffizient a = –2,52 interpretieren. Wenn das Unternehmen keinen Umsatz macht, fällt ein Verlust (= negativer Gewinn) in Höhe von 2,5 Millionen € an, da auch dann Kosten entstehen.
   Da die Regressionsbeziehung grundsätzlich nur für den zugrunde liegenden Wertebereich gilt, ist eine Gewinnschätzung für einen Umsatz von 100 Millionen € nur zulässig, falls man davon ausgehen kann, dass die Beziehung zwischen Umsatz und Gewinn auch außerhalb des Wertebereichs gültig ist. Das dürfte hier, da der Wertebereich nur geringfügig überschritten wird, zutreffen.

3. Abhängigkeit der Betriebskosten (y) vom Alter (x) des Kraftfahrzeugs.

a) Streuungsdiagramm

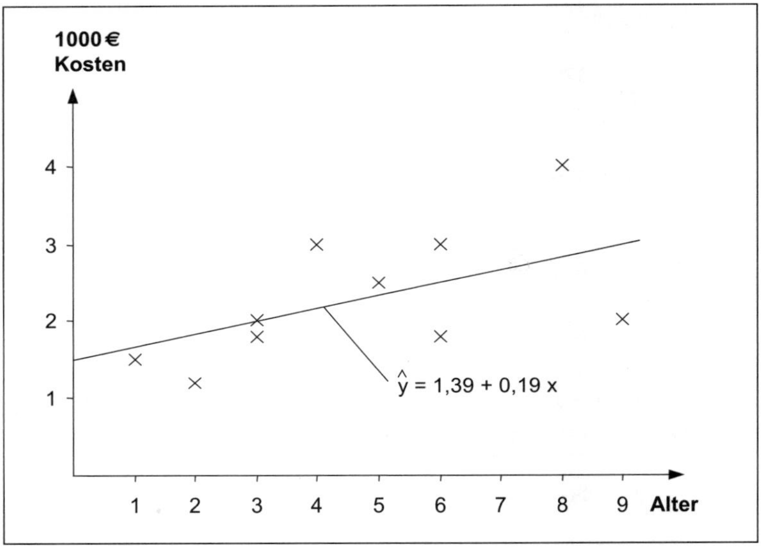

Das Diagramm lässt eine, wenn auch nicht sehr ausgeprägte, lineare Abhängigkeit vermuten.

Arbeitstabelle

x_i	y_i	$x_i y_i$	x_i^2	y_i^2
1	1,5	1,5	1	2,25
2	1,2	2,4	4	1,44
3	2,0	6,0	9	4,00
3	1,8	5,4	9	3,24
4	3,0	12,0	16	9,00
5	2,5	12,5	25	6,25
6	1,8	10,8	36	3,24
6	3,0	18,0	36	9,00
8	4,0	32,0	64	16,00
9	2,0	18,0	81	4,00
47	22,8	118,6	281	58,42

$$b = \frac{10 \cdot 118{,}6 - 47 \cdot 22{,}8}{10 \cdot 281 - 47^2} = \frac{114{,}4}{601} = 0{,}19$$

$$a = \frac{22{,}8 - 0{,}19 \cdot 47}{10} = \frac{13{,}87}{10} = 1{,}39$$

Die Regressionsfunktion lautet

$\hat{y} = 1{,}39 + 0{,}19\,x$

b) b gibt an, um wie viel (1000) € die Kosten steigen, wenn das Alter um 1 Jahr steigt. Hier ergibt sich eine Kostensteigerung von 0,19 × 1000 € = 190 €.

c) $\hat{y} = 1{,}39 + 0{,}19 \cdot 7 = 2{,}72$ (· 1000 €)
Die Instandhaltungskosten werden auf 2720 € geschätzt.

d) Nein, da das Alter nicht von den Kosten abhängt. Formal ist das jedoch möglich.

4. Abhängigkeit der Inflationsrate (y) vom Wirtschaftswachstum (x)

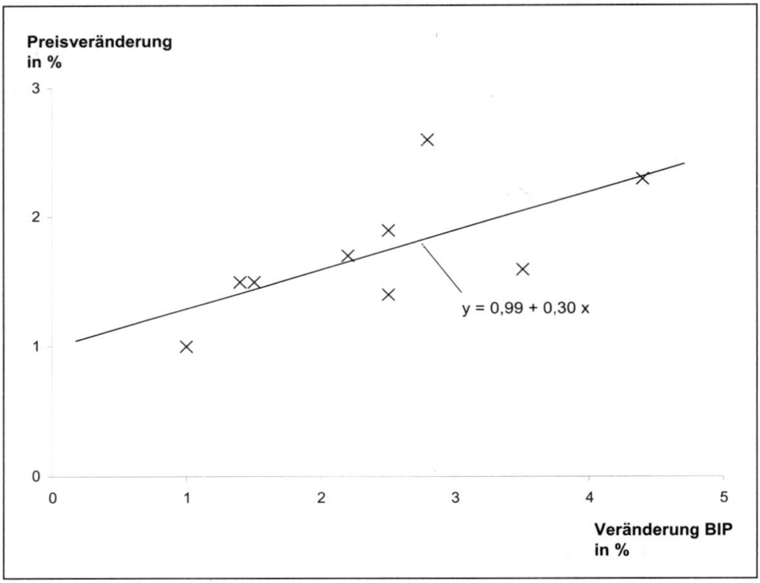

Das Streuungsdiagramm lässt vermuten, dass es nicht unplausibel ist, die lineare Abhängigkeit der Steigerungen der Preise vom Wirtschaftswachstum zu berechnen.

Arbeitstabelle

Jahr	y_i	x_i	$x_i y_i$	y_i^2	x_i^2
2000	1,4	2,5	3,5	1,96	6,25
2001	1,9	2,5	4,75	3,61	6,25
2002	1,5	1,4	2,1	2,25	1,96
2003	1,0	1,0	1,0	1,00	1,00
2004	1,7	2,2	3,74	2,89	4,84
2005	1,5	1,5	2,25	2,25	2,25
2006	1,6	3,5	5,6	2,56	12,25
2007	2,3	4,4	10,12	5,29	19,36
2008	2,6	2,8	7,28	6,76	7,84
	15,5	21,8	40,34	28,57	62,00

$$r^2 = \frac{[9 \cdot 40{,}34 - 21{,}8 \cdot 15{,}5]^2}{[9 \cdot 62{,}00 - 21{,}8^2] \cdot [9 \cdot 28{,}57 - 15{,}5^2]}$$

$$= \frac{25{,}16^2}{82{,}76 \cdot 16{,}88} = 0{,}453$$

Mit r^2 = 0,45 bestätigt sich einigermaßen die obige Vermutung: Die Abhängigkeit der Lohnsteigerungen von der Inflationsrate ist erkennbar.

Regressionsfunktion

$$b = \frac{9 \cdot 40{,}34 - 15{,}5 \cdot 21{,}8}{9 \cdot 62{,}00 - 21{,}8^2} = \frac{25{,}16}{82{,}76} = 0{,}304$$

$$a = \frac{15{,}5 - 0{,}304 \cdot 21{,}8}{9} = \frac{8{,}8728}{9} = 0{,}99$$

$\hat{y} = 0{,}99 + 0{,}30\ x$

Ein Wirtschaftswachstum von 1 % führt im Durchschnitt zu einer Preissteigerung von 0,3 %.

Ob das Wirtschaftswachstum ursächlich für die Preissteigerungen ist, erscheint fraglich. Vielmehr «bündelt» das Wirtschaftswachstum Faktoren, die preiserhöhend wirken, etwa Kostensteigerungen, verbesserte Absatzchancen, Kapazitätsengpässe u. Ä. Sie sind umso stärker, je höher das Wirtschaftswachstum ist.

Kapitel 14

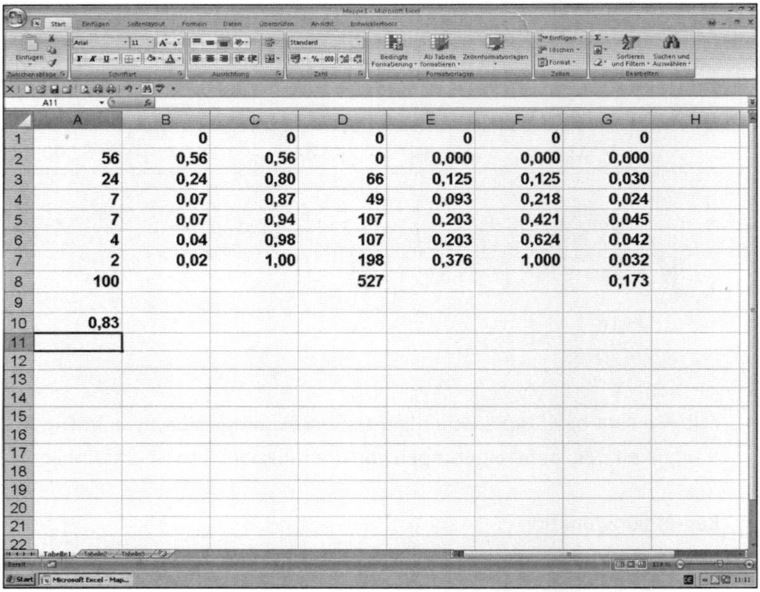

	A	B	C	D	E	F	G	H
1		0	0	0	0	0	0	
2	56	0,56	0,56	0	0,000	0,000	0,000	
3	24	0,24	0,80	66	0,125	0,125	0,030	
4	7	0,07	0,87	49	0,093	0,218	0,024	
5	7	0,07	0,94	107	0,203	0,421	0,045	
6	4	0,04	0,98	107	0,203	0,624	0,042	
7	2	0,02	1,00	198	0,376	1,000	0,032	
8	100			527			0,173	
9								
10	0,83							

1. a) Tragen Sie in die Zellen *A2* bis *A7* die absoluten Häufigkeiten 56, 24, 7, 7, 4 und 2 ein und berechnen Sie in Zelle *A8* deren Summe mit der Formel *=SUMME(A2:A7)*.

   b) Geben Sie in die Zellen *B1* bis *G1* jeweils den Wert 0 ein. (Zwar werden von Excel in einfachen Formeln leere Zellen und Zellen mit dem Wert 0 gleich behandelt, aber in anderen Situationen – wie etwa bei der Erstellung von Diagrammen – gelten sie als unterschiedlich.)

c) Geben Sie nun in Zelle *B2* die Formel *=A2/$A$8* und in *C2* die Formel *=C1+B2* ein.

d) Kopieren Sie den Zellbereich *B2:C2* nach unten bis in die 7. Zeile (durch Ziehen des Ausfüllkästchens).

e) Tragen Sie die *von den Ländern insgesamt gewonnenen Medaillen* mit den Zahlenwerten 0, 66, 49, 107, 107 und 198 in die Zellen *D2* bis *D7* ein und bilden Sie in Zelle *D8* die Summe mit *=SUMME(D2:D7)*. Tragen Sie in die Zelle *E2* die Formel *=D1/$D$8* ein sowie in Zelle *F2* die Formel *=F1+E2*. Kopieren Sie den Zellbereich *E2:F2* bis in die 7. Zeile.

f) Geben Sie nun in Zelle *G2* die Formel *=B2*(F1+F2)* ein, kopieren Sie die Zelle bis in die 7. Zeile und bilden Sie in Zelle *G8* die Summe mit *=SUMME(G2:G7)*.

g) Nun liefert in Zelle *A10* die Formel *=1-G8* das Endergebnis, also ein Konzentrationsmaß von Gini in Höhe von 0,83.

2. a) Geben Sie die Zahl der Erwerbstätigen (100 000) in die Zellen *A1* bis *A11* und die Steuereinnahmen (Mrd. €) in die Zellen *B1* bis *B11* ein.

b) Ermitteln Sie in Zelle *C1* den Niveaufaktor mit *=ACHSENABSCHNITT(B1:B11;A1:A11)* und den Steigungskoeffizienten in Zelle *C2* mit *=STEIGUNG(B1:B11;A1:A11)*.

c) Schließlich können Sie in Zelle *C3* das Bestimmtheitsmaß mit *=BESTIMMTHEITSMASS(B1:B11;A1:A11)* berechnen lassen.

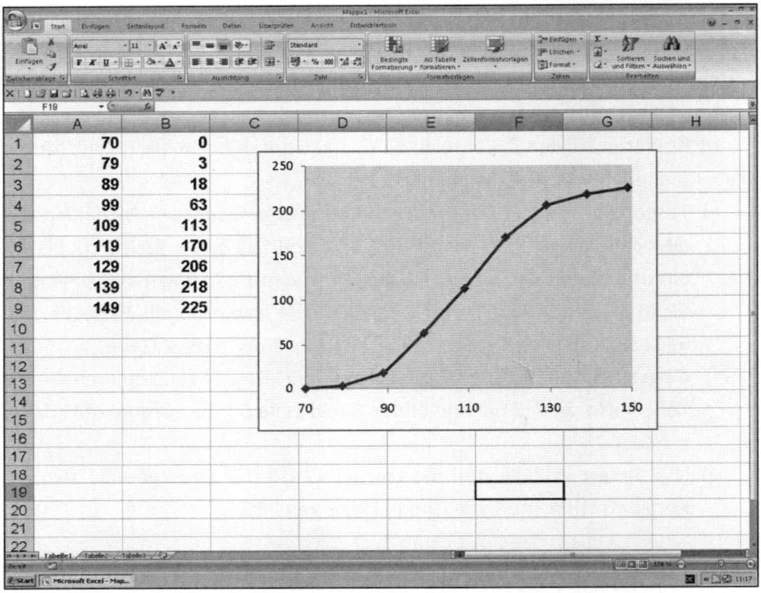

3. a) Tragen Sie in die Zellen *A1* bis *A9* die Grenzwerte des Intelligenzquotienten mit 70, 79, 89, 99, 109, 119, 129, 139 und 149 ein. Daneben kommt in die Zellen *B1* bis *B9* die jeweilige Anzahl der Kinder: 0, 3, 18, 63, 113, 170, 206, 218 und 225.
   b) Markieren Sie den Zellbereich *A1:B9* und wählen Sie im Menü *Einfügen* das Diagramm *Punkt*. Verwenden Sie vom Diagrammtyp *Punkt (XY)* den 4. Untertyp *(Punkte mit Linien)*.
   c) Formatieren Sie über den Menüpunkt *Layout* die Gitternetzlinien durch die Schaltfläche *Gitternetzlinien (Primärachse)* und entfernen Sie die Legende durch die Schaltfläche *Legende (Keine)*.
   d) Wählen Sie über *Achsen* den Punkt *Horizontale Primärachse (Weitere Optionen)*. Geben Sie bei dem Punkt *Achsenoptionen* bei *Minimum* die Zahl 50, bei *Maximum* die Zahl 150 und bei *Hauptintervall* 10 ein. Klicken Sie auf *Schließen*.

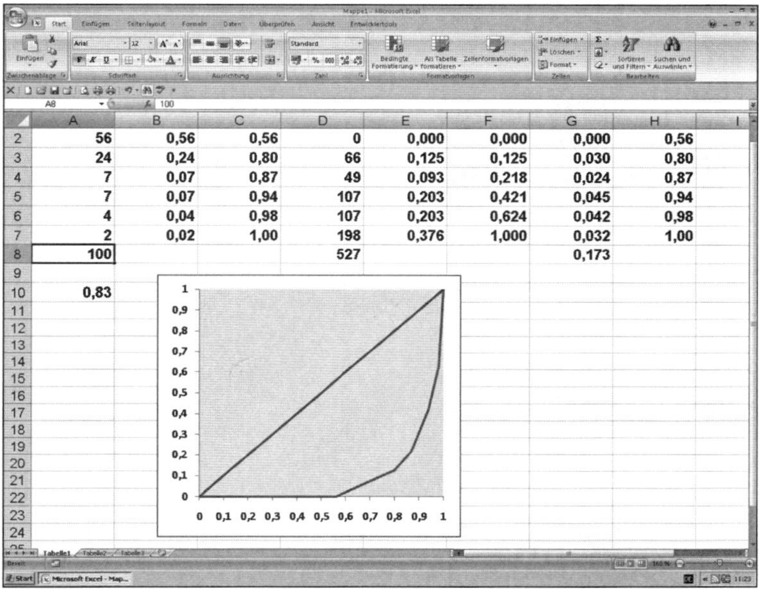

	A	B	C	D	E	F	G	H
2	56	0,56	0,56	0	0,000	0,000	0,000	0,56
3	24	0,24	0,80	66	0,125	0,125	0,030	0,80
4	7	0,07	0,87	49	0,093	0,218	0,024	0,87
5	7	0,07	0,94	107	0,203	0,421	0,045	0,94
6	4	0,04	0,98	107	0,203	0,624	0,042	0,98
7	2	0,02	1,00	198	0,376	1,000	0,032	1,00
8	100			527			0,173	
9								
10	0,83							

4. a) Geben Sie in die Zelle *H1* die Formel *=C1* ein und kopieren Sie diese Formel bis in Zelle *H7*.
   b) Markieren Sie nun gleichzeitig die Zellbereiche *C1:C7*, *F1:F7* und *H1:H7* (indem Sie die Zellbereiche nacheinander markieren und dabei die *Strg*-Taste gedrückt halten).
   c) Starten Sie im Menü *Einfügen* den Diagrammtyp *Punkt* und den 5. Untertyp *(Punkte mit geraden Linien)*.
   d) Formatieren Sie das Diagramm über den Menüpunkt *Layout* wie bei Aufgabe 3 c), diesmal für beide Achsen (*Vertikale* und *Horizontale Primärachse)*.

Literatur

Assenmacher, Walter: Deskriptive Statistik. 3. Aufl. Berlin/Heidelberg 2003.
Benninghaus, Hans: Deskriptive Statistik. 8. Aufl. Wiesbaden 2007.
Bourrier, Günther: Beschreibende Statistik. 7. Aufl. Wiesbaden 2009.
Lehn, Jürgen/Müller-Gronbach, Thomas/Rettig, Stefan: Einführung in die Statistik. Stuttgart/Leipzig 2000.
Pinnekamp, Heinz-Jürgen/Siegmann, Frank: Deskriptive Statistik. 5. Aufl. München/Wien 2008.
Schwenk, Jürgen/Schuster, Helmut/Schiecke, Dieter/Pfeifer, Eckehard: Microsoft Office Excel 2007 – Das Handbuch. Unterschleißheim 2007.
Toutenbourg, Helge/Fieger, Andreas/Kastner, Christian: Deskriptive Statistik. 7. Aufl. Berlin 2009.
Vonhoegen, Helmut: Excel 2007 – Das umfassende Handbuch. Bonn 2007.

Sachregister

rowohlts enzyklopädie

Klaus Amann
Robert Musil – Literatur und Politik
Mit einer Neuedition ausgewählter politischer Schriften aus dem Nachlass (55685)

Aristoteles
Metaphysik (55544)
Nikomachische Ethik (55651)
Politik (55545)

Ruth Ayaß / Jörg Bergmann (Hg.)
Qualitative Methoden der Medienforschung
(55665)

Doris Bachmann-Medick
Cultural Turns
Neuorientierungen in den Kulturwissenschaften (55675)

Sabina Becker
Literatur- und Kulturwissenschaften
Ihre Methoden und Theorien (55686)

Claudia Benthien
Haut
Literaturgeschichte – Körperbilder – Grenzdiskurse (55626)

Claudia Benthien / Hans Rudolf Velten (Hg.)
Germanistik als Kulturwissenschaft
Eine Einführung in neue Theoriekonzepte (55643)

Claudia Benthien / Christoph Wulf (Hg.)
Körperteile
Eine kulturelle Anatomie (55642)

Hartmut Böhme
Fetischismus und Kultur
Eine andere Theorie der Moderne (55677)

Hartmut Böhme / Peter Matussek / Lothar Müller
Orientierung Kulturwissenschaft
Was sie kann, was sie will (55608)

Klaus Michael Bogdal / Kai Kauffmann / Georg Mein
BA-Studium Germanistik
Ein Lehrbuch (55682)

02 / 2010

Helmut Brackert/Jörn Stückrath (Hg.)
Literaturwissenschaft
Ein Grundkurs (55523)

Eberhard Braun/Felix Heine/Uwe Opolka
Politische Philosophie
Ein Lesebuch. Texte, Analysen, Kommentare (55700)

Manfred Brauneck/Gérard Schneilin (Hg.)
Theaterlexikon 1
Begriffe und Epochen, Bühnen und Ensembles (55673)
Manfred Brauneck/Wolfgang Beck (Hg.)
Theaterlexikon 2
Schauspieler und Regisseure, Bühnenleiter, Dramaturgen und Bühnenbildner (55650)

André Breton
Die Manifeste des Surrealismus (55434)

Günter Buttler/Norman Fickel
Einführung in die Statistik (55645)

Jonathan Culler
Dekonstruktion
Derrida und die poststrukturalistische Literaturtheorie (55635)

Andreas Diekmann
Empirische Sozialforschung
Grundlagen, Methoden, Anwendungen (55678)
Spieltheorie
Einführung, Beispiele, Experimente (55701)

Andreas Diekmann/Peter Preisendörfer
Umweltsoziologie
Eine Einführung (55595)

Simone Dietz
Die Kunst des Lügens
Eine sprachliche Fähigkeit
und ihr moralischer Wert (55652)

Martin Esslin
Das Theater des Absurden
Von Beckett bis Pinter (55684)

Hannelore Faulstich-Wieland / Peter Faulstich
BA-Studium Erziehungswissenschaft
Ein Lehrbuch (55680)

Hannelore Faulstich-Wieland / Peter Faulstich (Hg.)
Erziehungswissenschaft
Ein Grundkurs (55692)

Uwe Flick
Qualitative Sozialforschung
Eine Einführung (55694)

Uwe Flick (Hg.)
Psychologie des Sozialen
Repräsentationen in Wissen und Sprache (55536)

Uwe Flick (Hg.)
Qualitative Evaluationsforschung
Konzepte – Methoden – Umsetzung (55674)

Uwe Flick / Ernst von Kardorff / Ines Steinke (Hg.)
Qualitative Forschung
Ein Handbuch (55628)

James George Frazer
Der Goldene Zweig
Das Geheimnis von Glauben und Sitten der Völker (55483)

Hugo Friedrich
Die Struktur der modernen Lyrik
Von der Mitte des neunzehnten Jahrhunderts bis zur Mitte des zwanzigsten Jahrhunderts (55683)

Gunter Gebauer / Christoph Wulf
Mimesis
Kultur – Kunst – Gesellschaft (55497)

Manfred Geier
Das Sprachspiel der Philosophen
Von Parmenides bis Wittgenstein (55500)
Fake
Leben in künstlichen Welten
Mythos, Literatur, Wissenschaft (55632)

02/2010

rowohlts enzyklopädie

Hans-Jürgen Goertz (Hg.)
Geschichte
Ein Grundkurs (55688)

Renate Grasse / Bettina Gruber / Günther Gugel (Hg.)
Friedenspädagogik
Grundlage, Praxisansätze, Perspektiven (55698)

Rainer Grübel / Ralf Grüttemeier / Helmut Lethen
BA-Studium Literaturwissenschaft
Ein Lehrbuch (55667)

Sabine Hake
Film in Deutschland
Geschichte und Geschichten seit 1895 (55663)

Walter Hess
Dokumente zum Verständnis der modernen Malerei
(55410)

Anton Hügli / Poul Lübcke (Hg.)
Philosophie im 20. Jahrhundert
Band 1: Phänomenologie, Hermeneutik, Existenzphilosophie und Kritische Theorie (55455)
Band 2: Wissenschaftstheorie und Analytische Philosophie (55456)

Johannes Huinink
BA-Studium Soziologie
Ein Lehrbuch (55668)

Johan Huizinga
Homo Ludens
Vom Ursprung der Kultur im Spiel (55435)

Sabine Huschka
Moderner Tanz
Konzepte – Stile – Utopien (55637)

Heiner Keupp u. a.
Identitätskonstruktionen
Das Patchwork der Identitäten in der Postmoderne (55634)

Thomas Klein
Sozialstrukturanalyse
Eine Einführung (55671)

rowohlts enzyklopädie

Nicolas Pethes / Jens Ruchatz (Hg.)
Gedächtnis und Erinnerung
Ein interdisziplinäres Lexikon (55636)

Platon
Sämtliche Werke
Band 1 (55561), Band 2 (55562), Band 3 (55563), Band 4 (55564)

Manfred Pohlen
Freuds Analyse
Die Sitzungsprotokolle Ernst Blums
von 1922 (55695)

Robert von Ranke-Graves
Griechische Mythologie
Quellen und Deutung (55404)

Norbert Rehrmann
Lateinamerikanische Geschichte
Kultur, Politik, Wirtschaft im Überblick (55676)

Jürgen Schmidt
Zivilgesellschaft
Bürgerschaftliches Engagement von der Antike bis zur Gegenwart
Texte und Kommentare (55687)

Siegfried J. Schmidt
Geschichten & Diskurse
Abschied vom Konstruktivismus (55660)

Siegfried J. Schmidt / Guido Zurstiege
Kommunikationswissenschaft
Systematik und Ziele (55697)

Hansgeorg Schmidt-Bergmann
Futurismus
Geschichte, Ästhetik, Dokumente (55705)

Herbert Schnädelbach / Heiner Hastedt / Geert Keil (Hg.)
Was können wir wissen, was sollen wir tun?
Zwölf philosophische Antworten (55704)

Erhard Schütz u. a. (Hg.)
Das BuchMarktBuch
Der Literaturbetrieb in Grundbegriffen (55672)

rowohlts enzyklopädie

Roberto Simanowski
Digitale Medien in der Erlebnisgesellschaft
Kultur – Kunst – Utopien (55696)

Stefan Lorenz Sorgner / H. James Birx / Nikolaus Knoepffler (Hg.)
Wagner und Nietzesche
Kultur – Werk – Wirkung
Ein Handbuch (55691)

Klaus-Jürgen Tillmann
Sozialisationstheorien
Eine Einführung in den Zusammenhang von Gesellschaft, Institution und Subjektwerdung (55476)

Benjamin Lee Whorf
Sprache – Denken – Wirklichkeit
Beiträge zur Metalinguistik und Sprachphilosophie (55403)

Ursula Wolf
Die Philosophie und die Frage nach dem guten Leben (55572)

Christoph Wulf
Anthropologie
Geschichte – Kultur – Philosophie (55664)

Siegfried Zielinski
Audiovisionen
Kino und Fernsehen als Zwischenspiele in der Geschichte (55489)
Archäologie der Medien
Zur Tiefenzeit des technischen Hörens und Sehens (55649)

Rolf Zimmermann
Moral als Macht
Eine Philosophie der historischen Erfahrung (55693)
Philosophie nach Auschwitz
Eine Neubestimmung von Moral in Politik und Gesellschaft (55669)